地生態学からみた
日本の植生

小泉武栄 著

文一総合出版

Geoecology of Japanese Vegetation

Takeei KOIZUMI
Bun-ichi Sogo Shuppan Co. Ltd.
2018
ISBN 978-4-8299-6540-5

はじめに

"植物はなぜそこにあるのか"これが私のずっと考えてきたテーマである。高山でも火山でも山地でも、あるいは河原や湿原でも、ある植物が無限の広がりをもって分布することはない。個々の植物の分布には必ず限界があり、場所が変われば別の種に移り変わる。それはなぜなのだろうか。またそれを決めている条件は何なのだろうか。野外で植物を見るたびに私はそんなふうに考えてきた。

ただ植物生態学とか植生学、植物社会学などといった分野では、群落の分類・記載、群落の組成と構造、群落の機能と生産、群落の遷移、炭素の循環、個体群の数の変動、生活史、進化など、「いかになっているか」が主要テーマで、そこでは一部の例外的な研究者を除いて、「なぜ」という発想は乏しいようにみえる。群落の分布と環境といった部門では、「なぜ」を論じる研究者も出てくるが、数はごく限られているようである。

私はもともと地形学を中心とする自然地理学が専門である。しかし大学院の修士論文で高山帯の自然景観を対象にしたために、植物生態学との関わりが生じた。また大学院の後輩の調査の手伝いを通じて、高山帯の地質と植生分布の間に強い関係のあることに気がつき、それが次のテーマになった。このため、研究の中心はいつのまにか地形から植生の方に移ってしまった。

このような経歴のせいか、私は地形・地質や自然史をベースに植物や植生の分布を考えるということに慣れており、いわばそれを武器に植生分布の成因を解明してきた。このような研究方法は珍しかったのか、1970年代から90年代にかけて私は各地の大学から非常勤講師として呼ばれ、話をした。しかし私の話を聞いた研究者の皆さんは異口同音にこう言うのであった。「あなたの言うことはもっともだ。けど、私にやれといってもそれは無理だよ。私は植物の成長の方に興味があるし、第一、植物の分布の解明など、私にはどうやって調べていいかわからない」

なるほど。皆さんの言い分もよくわかる。しかしこのままでは植物の分布がどう決まっているのかという問題はいつまでたっても解けない。DNAや遺伝子の解析は確かに魅力ある分野であろうが、それだけでは自然界の大き

な謎の解明には結びつかない。自然史的なテーマは決してやり尽くされているわけではないのである。

　この本は、こうした「どうやって調べたらいいかわからない」という方々に、私なりの研究方法を示したものである。私は地形・地質や自然史をベースに植物や植生の分布を検討するという研究方法をとってきた。こうした分野を"地生態学"と呼ぶが、この本では具体的な事例を取り上げながら、地生態学の研究方法を詳しく紹介した。掲載したものの中には学会誌に載せたものが多いが、最初になぜその問題に気づいたかという文章を入れ、研究を始める際の手がかりになるよう配慮した。また、原稿は最近の研究成果も取り入れて書き改めた。高山帯の事例が多いが、火山の植生や山地帯の森林、あるいは河原や湿地、海岸の植生なども取り上げた。また極地やチベットの永久凍土地域の植生、橄欖岩地や石灰岩地の植生や地形にも触れるなど、テーマはかなり広範囲にわたっている。地形・地質といっても多様性があり、一筋縄ではいかない。さまざまなケースを取り上げているので、ぜひ今後の研究の参考にしていただきたいと思う。また筆者に先行する研究者の地生態学的な研究についても、できるだけ広く紹介するように努めたので、これも参考になるはずである。

　なお、2008年から、日本ではジオパークの制度ができ、各ジオパークでは地質や地形といったジオの要素だけでなく、地形や地質の上に成立した植生も重要な役割を果たすことになった。しかしながらジオパークの専門員には地質学の出身者が多いため、植生については説明を省いたり、無視してしまったりすることが少なくない。これではせっかくのジオパークの魅力が半減してしまう。そういったジオパークではぜひ本書の記述を参考にして調査を進めていただきたい。似た事例を探せば、必ず参考になるはずである。

　また同様の理由で、この本は自然観察のガイドブックとしても役に立つはずである。一例をあげると、三陸海岸復興国立公園の最北部に「種差海岸」という景勝地がある。司馬遼太郎が絶賛した美しい海岸で、なだらかな砂丘を草原が覆っている。草原は鎌倉時代にはすでに馬の放牧場として利用されていたといい、野草が豊かで、ニッコウキスゲやエゾフウロ、スカシユリなどの花が私たちの目を楽しませてくれる。

　ただ私は草原を歩いていて、何となく違和感を覚えた。なぜここに砂丘が

できたのかが不思議に思えたのである。草原になっているなだらかな斜面は海面より20～30 mほど高く、その形は砂丘である。しかしここになぜ砂丘ができたかと考えると、急に謎が深まる。海岸には岩がそそり立っており、現在、砂の供給があるようにはみえない。

草地が剥げたところがあったので、表層の地質を観察したところ、砂ではなく、銀色の細かい軽石（パミス）であった。軽石というのは火山の噴出物である。そこで供給源となった火山を推定すると、真西にある十和田火山の可能性が強くなってくる。この火山では平安時代の西暦915年に噴火があり、銀色の軽石が真東に飛んだ。この際、海に落ちた軽石が風に吹き上げられ、陸に戻されたとみられる。その後、砂丘には草が生え、鎌倉時代には牧になったのである。

この火山では5,300年前にも、大きな噴火があり、「中掫パミス」という呼ばれる軽石を噴出している。銀色の軽石の下に見える赤く風化した軽石がこれに当たる。

このように説明すると、ツアー参加者の反応は明らかに異なってくる。砂丘の成因から考えた方がやはりおもしろいのである。

本書のタイトルは、『地生態学からみた日本の植生』とした。一部に外国の事例も入るが、基本的な姿勢は外国の事例と対照しながら、日本の植生の性格を明らかにするということにある。この点はご理解いただきたい。

地生態学はまだまだマイナーだが、実におもしろい分野である。この本を読んでこの分野の研究を志したり、楽しんだりしてくれる方々の現れることを期待している。

小泉武栄

目　次

　はじめに …… 3
　序章　生物多様性と地生態学 …… 9
　資料　岩石の分類 …… 22

第Ⅰ部　地生態学概論
　第1章　地生態学とは何か …… 27
　第2章　地生態学の歴史 …… 33
　第3章　地生態学の流れ　日本の地生態学 …… 49
　第4章　地生態学の課題と手順 …… 71

第Ⅱ部　高山帯の植生
　第1章　中央アルプス木曾駒ヶ岳高山帯の自然景観 …… 85
　第2章　北アルプス白馬岳の植生 …… 103
　　第1節　白馬連峰の高山荒原植物群落 …… 106
　　第2節　白馬連峰鉢ヶ岳の蛇紋岩強風地の植生 …… 123
　　第3節　鉢ヶ岳の花崗斑岩地と砂岩・頁岩地の植生 …… 132
　第3章　花崗岩からなる中央アルプス檜尾岳の植生 …… 145
　第4章　北アルプス蝶ヶ岳の植生分布と地質条件 …… 153
　第5章　南アルプス赤石岳の植生分布と地質条件 …… 165
　第6章　白馬岳高山帯「節理岩」における植生遷移と斜面発達 …… 179
　コラム　レバノン山脈の地形と植生と川 …… 192

第Ⅲ部　山地帯・丘陵帯の植生
　第1章　奥多摩三頭山・ブナ沢における森林の立地 …… 199
　第2章　飯豊山地の風食と植物群落 …… 211
　第3章　東北日本の多雪山地における地すべり起源の植物群落 …… 227
　第4章　多摩地域におけるカンアオイ類の分布と
　　　　　地形の生い立ち …… 239
　コラム　東京のカタクリは氷期からの生きた化石 …… 255

第Ⅳ部　火山の植生

- 第1章　遷移途中の火山植生から推定した御嶽の噴火活動 …… 263
- 第2章　磐梯山爆発カルデラ内の植生分布 …… 277
- 第3章　乗鞍火山の高山植生 …… 297
- コラム　八ヶ岳連峰、硫黄岳・横岳鞍部におけるコマクサの分布 …… 312

第Ⅴ部　蛇紋岩・橄欖岩地、石灰岩地の植生

- 第1章　アポイ岳の植生 …… 321
- 第2章　早池峰山の植生 …… 329
- コラム　秋吉台と平尾台のカルストを比較する …… 337

第Ⅵ部　永久凍土地域の植生

- 第1章　大雪山・小泉岳の植生 …… 343
- 第2章　極北の島・エルズミア島の植生 …… 353
- 第3章　黄河源流地域の植生 …… 367
- コラム　アカエゾマツとミズバショウのつくる静かな空間
　　　　　──北海道根室半島落石岬 …… 380

第Ⅶ部　ニュージーランドの自然

- 第1章　ニュージーランドの氷河と植生
　　　　　──日本との対比を通じて …… 385
- 第2章　北島・トンガリロ国立公園の自然を読む …… 393

第Ⅷ部　河川と水辺の植生

- 第1章　40年ぶりによみがえった多摩川のカワラノギク …… 405
- コラム　東海丘陵要素植物群の分布と地質の成り立ち …… 413
- 第2章　渥美半島のシデコブシ …… 417
- コラム　沖縄県・具志頭海岸の植生分布 …… 422
- コラム　伊豆半島・大瀬崎の礫洲に成立したビャクシンの林 …… 425

おわりに …… 429

参考・引用文献 …… 431

序章　生物多様性と地生態学

1．生物多様性の高い日本列島

　日本列島は世界的にみても生物多様性の高い地域として知られている。環境省のデータによれば、表0-1に示したように、日本には5,565種もの維管束植物が生育し、哺乳類も188種生息している。表には他に、イギリス、フィリピンといった、日本に似た面積をもつ島国の生物種数が出ているが、イギリスには維管束植物は1,623種しか生育しておらず（これは東京・高尾山の植物の種数とほぼ同じである）、哺乳類も50種と少ない。

表0-1　3つの島国の植物の種数

	維管束植物		哺乳類		鳥類		爬虫類		両生類	
	種数	固有種率	種数	固有種率	繁殖種数	固有種率	種数	固有種率	種数	固有種率
日本	5,565	36%	188	22%	250	8%	87	38%	61	74%
イギリス	1,623	1%	50	0	230	0	8	0	7	0
フィリピン	8,931	39%	158	65%	196	95%	190	84%	92	79%

　爬虫類は日本87種に対してイギリス8種、両生類も日本61種に対してイギリス7種と大きな差がある。ただし飛翔能力のある鳥類に関しては、差は小さい。いくつかの植物の属ごとの種数について、日本とフランスを比較してみると、モミ属が6対1、トウヒ属も6対1、ハンノキ属が7対3、コナラ属が15対8、ブナ属が2対1、カバノキ属が10対2、カエデ属が28対5と、日本の方が圧倒的に多くなっている（武内, 1991）。
　海水魚をみても、日本近海には、世界全体の15,000種のうち25％に当たる3,700種が生息し、クジラ、イルカ、アザラシ、ジュゴンなどの海棲哺乳類も、世界112種のうち50種が生息しているという。干潟や藻場、サンゴ礁地域の生物多様性の高さはよく知られている。このように動植物全体について日本列島は種類が多いが、固有種の比率が高いのも特色である。
　一方、熱帯モンスーン気候下にあるフィリピンの生物多様性は日本よりさ

らに高く、植物の種数は日本列島の1.6倍程度の値になっている。一般的に言って、生物多様性は熱帯雨林地域が突出して高く、亜熱帯、温帯、亜寒帯と熱帯から離れるにつれて急激に低下していく。しかしその中で温帯における日本列島の生物多様性の高さと固有種の多さは際だっており、地球レベルでみても多様性の高い地域に属している。

ところが日本列島において生物多様性がなぜ高いのかという点に関しては、①日本列島が南北に長く、亜熱帯から亜寒帯までのさまざまな気候地域を擁する、②四季がはっきりしており、年間を通じて降水量に恵まれている、③国土全体が山国であって、標高差が大きく起伏に富んでいる、④周囲を海に囲まれた島国であって海岸線が長い、⑤火山活動や豪雨、台風などによる攪乱が起こりやすい、⑥氷河期の影響が少なかった、といった一般的な性格があげられているだけで、謎は解明されているとはいえない（なおこの問題に関しては、イギリスが産業革命の発祥地であって、日本列島に比べて自然破壊が進んだためという異論もある）。

ただ日本列島には、極端に固有種が集中する地域や、特異な植生景観をもつ地域、あるいは著しく生物相の豊かな地域が各地にあり、生物多様性を高くすることに大きく貢献している。そうした特異な地域はホットスポットと呼ばれてきたが、そういった場所がなぜ存在するのか、といった点に関しても十分な説明は行われてこなかった。

ホットスポットが存在する理由は、日本列島全体に共通するような条件では説明できない。こうした地域レベルの分布現象には、その地域の地質、地形、あるいはその地域の自然がたどってきた道筋（自然史）のような、地域固有の条件が効いていると、筆者は考える。特にその地域固有の地形・地質や自然史が独特の多彩なニッチをつくり出し、それが多数の種に生育・生活の場（ハビタット）を与えているということである。

2. ツシマヤマネコの分布と地質との関係

一つの例として、筆者が行っていた東京学芸大学自然地理ゼミのOBである増沢直（株式会社地域環境計画）が中心になって明らかにした、ツシマヤマネコの生息環境についてのゼミでの発表に、筆者が現地を訪れた時に得た見解を加味して紹介しよう。

図 0-1　下島南部・内山盆地周辺ののっぺりした斜面
中央の白い部分は内山盆地の水田

　ツシマヤマネコは生息数が 200 頭あまりと推定され、絶滅が危惧されている国の特別天然記念物である。年に 2 頭から多い年は 9 頭もが交通事故で死んだり、けがをしたりしているため、早急な対策が求められていたが、なかなか有効な対策が立てられないまま年月が経過していた。

　増沢らが最初に集めた資料は、ツシマヤマネコがどこに分布しているかということである。これまでの事故情報や目撃情報等を総合すると、ツシマヤマネコは上島の北部に多く、下島には少ない。上島の南部はその中間である。しかしその理由は明らかになっていなかったので、彼はツシマヤマネコの身になって考えてみた。生活していくには隠れ家のほかに餌が必要である。ヤマネコはどこで餌を獲っているのだろうか。

　上島の北部の山地では、深い照葉樹の森の中に小砂利が堆積した小さな沢がたくさんあり、そこにはヤマネコの餌になるサワガニやカエル、水生昆虫、そしてそれを捕食するネズミやヘビ、鳥類などがたくさん生息している。事故に遭ったヤマネコの食性を調べた別の調査では、ヤマネコの餌は季節によって変わるが、主にネズミや鳥類、ヘビ類、昆虫類を食べていることがわかっている（琉球大学ヤマネコ生態研究グループ, 2018）。一方、下島では斜面はのっぺりしていて深い沢は少なく（図 0-1）、水流が乏しいため、サワガニやカエルなどの生き物は少ない。

　増沢はここまで確認してから、なぜ上島北部と下島で沢の入り方が違っているのかを検討し、島の地質に原因があることを突き止めた。上島の北部は対州層群の泥岩地域からなるが、下島は内山盆地を中心に花崗岩地域が広

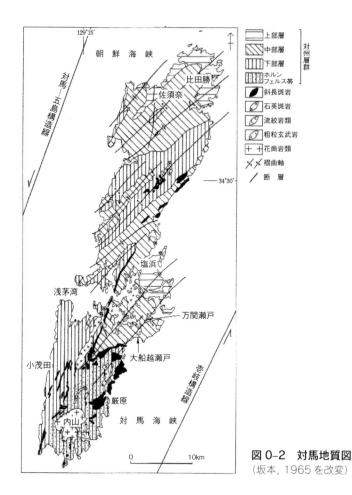

図 0-2　対馬地質図
(坂本, 1965を改変)

がっている（図0-2）。泥岩は雨水を浸透させないため、地表に生じた水流による浸食で小さな谷ができやすく、そこにはサワガニやカエル、水生昆虫、魚類などが生息し、それを食べるヘビや鳥、ネズミ類も生活しやすい。

　一方、花崗岩からなる内山盆地の盆地底では、河川の浸食によって岩盤が露出しており、逆に周囲の山地では花崗岩の真砂化が進んでいて雨水は浸透しやすい。またその回りの泥岩も、花崗岩の貫入の影響を受けてホルンフェルス化していて、硬いために小谷が入りにくくなっている。そのため、沢や水流ができにくく、当然ながらサワガニなどの餌は少なくなってしまう。餌

が少なければ、生息密度が低いのも当然である。なお上島の南部は対州層群の泥岩の分布地域で、かつてはヤマネコが広く生息していたが、スギの植林が進んで林道が縦横につくられたため、ヤマネコの生息するための条件は悪化しているとみられている。

　上の話をもう少し説得力のあるものにするために、彼は起伏量、谷密度などの地形・地質条件や森林率、林道と林縁の長さ、土地利用などについての資料を作成し、ヤマネコの生息しやすさを示すポテンシャルマップを作成した。

　ところが、生息密度の高い泥岩地域の内部に道路が通っており、ヤマネコはそこで交通事故に遭うことになる。そこで彼はこれまでヤマネコが交通事故に遭った地点を地図上に落とし、ヤマネコが事故に遭いやすい地点を抽出した。川と道路との交点が多いが、意外なことに見通しのいい直線状の場所でも事故が起こっている。これについて増沢は、車のスピードがでているので、ヤマネコは車に気づいても逃げられないのではないかと推測している。

　以上のことから、彼は道路の新設は避けること、事故の起こりやすい場所での事故対策と車の減速、餌場としてのビオトープの設置等を提案している。また浅茅湾に面する下島の北東部にも泥岩地域の飛び地があるので、いざという時のために、若干の個体をそこに移住させることも提案している。なお筆者なら、ヤマネコが事故に遭わないですむよう、ヤマネコがよく目撃される地点では、半強制的に車に徐行させることも考えた方がいいと思うが、住民の生活があるから、こうした規制はなかなか難しいようである。

　この例は、生き物の分布に地形・地質が関わっている典型的なケースで、地生態学的な発想が功を奏した代表的な事例である。自然界にはこのような事例は少なくないと思われるが、実際にこのような視点で野外の自然を調べる研究者がきわめて少ないため、明らかになった事例はごく少ない。しかしながらこの例をみると、貴重な動物や植物の保護に当たっては、その動植物がなぜそこに生育、または生息しているのかを明らかにすることの必要性が理解されるであろう。近年、種の保護に当たっては、生育場所、あるいは生息環境の保全が必要だということがようやく議論されるようになってきた。しかしこれは一歩前進ではあるものの、決して十分ではない。ある種の生育地を保護地域に指定した後、遷移などにより生育地がずれ、保護地域の指定

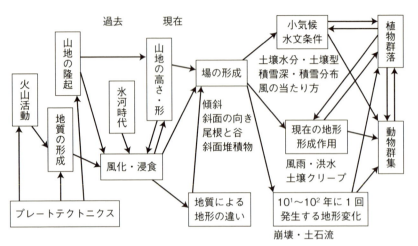

図 0-3　地生態学のシステム（小泉原案）

が意味をなさなくなることが少なくないのである。したがって生育地の指定の前に、その種がなぜそこに生育、生息しているのかを明らかにしておくことがまず必要である。

3. 地生態学

　上で述べたような、地形・地質を基盤環境として生物の分布を把握しようとする研究分野を「地生態学」（ジオエコロジー、geoecology）と呼んでいる。生態学を意味するエコロジーに、大地、地理、地質、地球などを意味するジオをつけてつくられた用語である。分野でいえば、地質学（geology）や地理学（geography）の geo（ジオ）と、生態学（ecology）を併せた複合的な分野と考えることができる。ただ、解明すべき主題を植生分布や動物の分布に置き、地形・地質条件を基盤環境として扱うという研究方法は、両者の提携という以上に、野外の「自然」の全体像の把握に最も近い分野に成り得る。地質が変われば、地形や表層を覆う岩屑が変わり、それが土壌や水文環境を変えて、植生や動物群集を変化させるという枠組みであるから、ボトムアップの形で自然の「つながり」が理解できるというわけである（図 0-3）。このような考え方は筆者が提案しているもので、わが国の地生態学者が皆こう

した考えに賛成しているわけではないが、第2章で紹介するドイツ流の地生態学よりも自然を把握する上で、有効だと考えている。これについてはそこで詳しく解説するが、ドイツ流の地生態学のわが国への導入者である横山秀司は筆者の考え方に批判的である。

　残念ながら地生態学の研究者は、今のところきわめて少ない。日本全体を見回しても研究者は横山秀司、水野一晴、渡辺悌二、高岡貞夫、下川和夫、清水長正、チャクラバルティー・アビックなど1ケタ程度に過ぎず、鈴木由告、大澤雅彦、大場達之、菊池多賀夫、酒井暁子、中村太士、石川愼吾、植田邦彦、広木詔三、原正利、羽田善夫といった地生態学に理解の深い植物生態学の研究者を含めても十数人といったところであろう。

　世界的にみても、地質・地形をベースに置いて考察する生態学の研究者は、蛇紋岩・石灰岩植生の研究者を除けば、ごくわずかしかいないのが現状である。したがってこの分野では日本の方がむしろ先行している可能性が高い。起源を同じにする分野とされている景観生態学（landscape ecology）の研究者を併せると、研究者の数はある程度増えるが、絶対数はまだまだ少ないといえよう。

4. この本の狙い

　筆者は数少ない地生態学徒の一人で、上で紹介したような立場から山地や高山、極地を中心とするさまざまな地域で、長年にわたり地質や地形、自然史と、植物や植生の分布との関わりを調べてきた。また近年は、丘陵地や低地の湿原、あるいは多摩川のカワラノギクのような川原の植生についても調べ始めている。本書はいわばその総まとめであるが、地生態学の研究を志す人や、植物生態学の研究者と学生、レベルの高い自然のガイドをしたい人、あるいは環境アセスメント業務で地生態学的な把握をする必要のある人たちやジオパーク関係者にも役に立つように、低地から高山、極地、火山までのさまざまな具体的な事例をあげて紹介した。またそれだけではなく、何がきっかけでその問題の存在に気がついたかも述べることにした。

　残念なことに、生態学の研究者の中には生物そのものにしか興味のない人が少なくない。生物の生理や成長、生活史、進化、群落や動物社会の構造、植物と昆虫の共進化、DNAの解析なども確かに興味深いものであるが、そ

れだけにとどまらず、もっと興味の範囲を広げ、野外における生物の分布やその原因にも関心をもっていただきたいと思う。たとえば植物社会学、あるいは植生学という分野がある。群落の構造や分類を明らかにすることを主目的とする分野だが、ごく一部の研究者を除いて群落の成因には関心がないようである。このため、生態学は自然保護を進める上で重要な分野だと目されてきたが、意外に貢献度が小さいのではないのではないかと、筆者は考えている。なぜそこにその群落が分布するのかを明らかにしなければ、「これは絶滅危惧種だから大事にしなければ」といった話で終わってしまい、先に紹介したツシマヤマネコの場合のような、具体的な保護の手立てを立てることができないからである。

生物にしか関心がないのは、おそらく地生態学といった分野の存在を知らないせいだろうと筆者は想像している。いわゆる自然観察会に私も参加することがあるが、ほとんどの場合、野草や樹木、あるいは鳥や昆虫の名前と見分け方を教えてもらってお終いである。そういう自然観察会しか知らないから、誰も疑問をもたないのだろうと考えるが、あまりにもレベルが低すぎると思う。つまり自然観察会といっても名前を覚えるだけで、実は誰も「自然」など観察していないのだ。例外はチョウの観察会くらいだろうか。毛虫が植物を餌にしているため、植物の話も出てくるし、植物の生育場所の話も出てくる。野草などの観察会は名前を知らない人には必要だが、いつまでもこのレベルで止まっていてほしくはない。頭を使うことがないからである。なお、このことについては拙著（小泉、2016b）で論じたから、ご覧いただきたい。

また生態学には「生態系」という便利な言葉がある。植物群落や動物群集の他に、基盤の地形・地質や土壌、水条件も含むという触れ込みだが、ほとんどの場合、総論にとどまり、具体的な地形・地質などの果たす役割などについては、ごくわずかしか明らかにされていないのが実態である。これでは議論は深まらない。

「生態系サービス」という言葉もよく用いられる。大気や土壌を浄化し、水をきれいなものにしてくれるような働きのことである。生態系サービスをもたらしてくれる基本的な要素として、森林があげられることが多い。しかし森林も大切だが、それ以上に大事なのは地形・地質や土壌、地下水、微生物等であって、目でみえる樹木などが果たす役割は予想されているほど大き

くはない。

　これまで生態学者の研究ではごく少数の例外を除き、地形条件といってもほとんどが斜面の向きと傾斜しか出てこなかった。地形とは単なる板みたいなものと考えられていたのである。また地質条件といった場合も、蛇紋岩や石灰岩などある特定の岩石の化学成分と植物群落との間に関係があるといった単純なものが多かった。このような感覚は日本だけのことではなく、世界的にみても変わらない。しかし実際のところ地形・地質条件には、他にも実にさまざまな側面がある。以下に列挙してみよう。

　　岩石の種類と硬さ（風化・浸食に対する抵抗性）
　　岩石の化学成分
　　地層の種類と傾斜
　　褶曲構造上の位置
　　風化様式の違い
　　節理密度
　　活断層
　　古い断層の有無
　　岩の割れ方やできた岩屑の大きさ
　　表層岩屑の移動
　　豪雨や地震に伴う斜面崩壊や土石流
　　地表面を流れる水流や地下水による土壌や表層物質の移動
　　地こりによる表層物質の移動
　　雪崩による斜面の浸食やデブリの堆積
　　凍結融解やソリフラクションによる表層物質の移動
　　斜面上の土壌形成と土壌型
　　斜面上の微地形による水文条件の違い
　　土壌水分の多寡
　　川の浸食と土砂の運搬・堆積
　　風による浸食と砂や土壌粒子の運搬・堆積
　　海岸浸食（波浪、津波、高潮による）
　　塩類風化

温泉変質

氷食（氷河による浸食・堆積）

雪食（残雪や雪崩による浸食や堆積）

斜面上の岩塊や積雪等がもたらす微気候の違い

永久凍土の有無

地下水面の深さ

地下水の挙動

湧水

溶岩やスコリア、火砕流等の噴出の歴史、噴火の歴史

風による火山灰やレス等の堆積

火山灰層の有無・火山灰層の風化

段丘や丘陵地の地形発達史

氷河や氷河地形の形成史

岩塊斜面や岩屑斜面等の周氷河地形の形成史

浸食前線

　ここであげた因子は、岩石の性質、地表面の形態、表層の岩屑の性格、地形変化のプロセス、地形発達史、水文環境などに大別されるが、植生分布への影響としては単独で働くことはむしろ少なく、岩石の違いがもたらす表層岩屑の違いとその安定度の違いとか、斜面上の微地形がもたらす水分条件の違いや崩壊等の発生頻度の違い、というように複合して作用することが多い。このことは野外で自然を観察する際に十分に考慮する必要がある。

5．筆者はなぜ地生態学の研究を始めたか

　次になぜ筆者がこのような多分野にまたがる地生態学の研究を始めたかを書いておきたい。それには以下にのべるような事情がある。

　現代は学問の細分化の時代である。自然科学の諸分野をはじめ、ありとあらゆる分野で次々に新しい発見があり、それは新しい部門となって発展していく。そして同時に定量化も進み、それに伴って研究は微に入り、細を穿ち、ますます精緻になってきた。

　野外での自然観察などもその例外ではない。かつては草原や森林を広く歩

き回り、牧歌的な雰囲気を残していた自然観察も、今日は野草の観察、明日は冬芽の観察、次はムササビの観察、次はホタルの幼虫の観察などと、ますます細かくなっていく一方である。

　こうした分化、精緻化はいってみれば、世の中の趨勢である。しかし、何ごとも度が過ぎると弊害が出てくる。人は分類をすることによってそれが何かの一部だったということを忘れてしまいがちだし、分類が細かくなればなるほど、全体像はわかりにくくなってしまう傾向がある。木をみて森をみないどころか、葉をみて木も森もみないような状況になっているのである。

　それならば、まず森をみることから始めようではないかと考えたのが、筆者が地生態学の研究を始めた動機であり、本書を執筆することになったきっかけでもある。木や葉をみる前に、まず森をみる。さらにはその森の成立している山地までも一緒に大掴みにしてみてしまう。これが、本書でご紹介する「地生態学」の方法である。

　本来、「自然」は一つのものであった。岩石や土壌、森林、昆虫などいろいろな要素から成り立っているが、それらは全体として一つのまとまった「自然」を構成していた。たとえば海抜 1,000 m くらいの日本の山地を考えてみよう。山地はある岩石（地質）で構成されている。その岩石は風化の作用を受けて表面から岩屑が削剥され、流水などの浸食によって谷が削られ、斜面や尾根などの地形（起伏）ができる。山の斜面や尾根には土壌ができ、森林や草原が成立する。そしてそこには雨が降り、地表や地下を水が流れる。谷の一番低いところには地下水が集まって湧水となり、そこから下では常時川が流れるようになる。時に豪雨があれば、斜面や沢筋、河岸には崩壊が起こり、崩壊物質は土石流となって流れ下り、下流のどこかに堆積する。場所によっては地辷りも発生し、大小の土塊が移動して地形を変化させる。

　林内には場の地形条件や土壌条件、水文条件等に応じてさまざまな木や草が生え（あるいは欠如し）、その葉っぱを毛虫や昆虫などが食べ、さらにそれを鳥が食べる。また木の実はネズミやリスが食べ、それをイタチや猛禽類が食べる。谷筋や河川の水辺には河原や河畔の植物が生え、岸辺や水中には水生昆虫やカエルやサンショウウオなどが生活し、それをイリナやヘビや小動物が食べる。森にはさらにシカ、サル、イノシシ、クマなどの大型、小型の哺乳類が生息する。土壌中や倒れて腐った木にはミミズやヤスデ、アリ、

コガネムシの幼虫などの土壌動物がすみ、キノコ類やカビ類も生育する。そしてこうした森の様相は四季の気候に応じて変化する。

このように、すべてのものはつながって、1つのシステム（地生態系 geoecosystem）を形成しているのである（対馬に例のように、このシステムは基盤の岩石が変わるだけで、全体が大きく変化する性質をもっている）。しかしこのシステムの性質や成り立ちは複雑で、簡単には把握できない。そこで人間はそれを理解する手段として、地質、地形、気候、土壌、水（河川や湖沼、地下水等）、雪氷、植物、動物、鳥、昆虫、森、草原、湿地、湿原などといった、さまざまな要素に便宜的に分けることにした。こうした分類が現在の野外の自然を対象にした科学の諸分野の元になっているわけである。ではこれらを寄せ集めれば、「自然」が理解できるかといえば、やはりそうはいかない。「つながり」が抜けてしまうからである。養老孟司の『考える読書』（2014）という本に、「学問は元来は普遍性を追うものだったが、いまでは専門性を追うものに変わった。だから明治の人はそれを「科学」つまり「分科の学」と名づけたのである。そうでない学問を哲学と訳したが、哲学もまた分科の学の一つになった。普遍性の追求がないところに、常識や良識があるはずがない」という文章があった。まさにこのことを指摘したものであろう。

地生態学の研究では、山や丘陵地などの自然を、「つながり」や「まとまり」といった視点から解き明かそうとする。難しいことばでいえば、「自然の全体像の把握」で、いわば人間が視覚で捉える、等身大の科学といえよう。近年、広大な宇宙に関する科学や極微な現象を扱う科学は大きく前進した。しかし最も遅れているのが、私たちが肉眼で捉えることのできる現象や景観の理解ではないかと筆者は考えている。

さて全体像の理解などということは、細かい分類に慣れた人には、聞くだけで難しく感じるに違いない。そんなことができるはずないと思う人も少なくないであろう。しかし地生態学はそれを目指す学問である。後述するように、不思議を感じる心（センスオブワンダー）が必要だが、特別に会得が困難な学問というわけではない。関わる分野が広いから基本的な知識の獲得に時間がかかるという難点はあるが、とりあえずはごく普通の人の感覚で自然をみていけばいいのである。たとえばあなたが日本アルプスのどこかの高山

図 0-4　北アルプスの代表的な山岳景観
白馬岳・葱平付近から杓子岳方面を望む。山肌の色や残雪の残り方、植生のつき方などが違っている

に登ったとする。中には山頂を踏むことのみを目的とする人や、高山植物しかみない人もいるだろうが、多くの人はまず遠くや近くの山の名前を確認する。そして山の景色をながめ、山肌の色の違いや稜線の走り方などを概観するだろう。次に残雪の分布や植生の違いなどを観察し、最後に足元の高山植物に目をやるであろう。これがまさに地生態学の感覚なのである（図 0-4）。その際、「あの斜面はザラザラしてコマクサが生えていそうだけど、手前はお花畑になっている」、「あそこは妙に赤くみえるなあ。」「おっ、こちらには岩峰がそびえているぞ。不思議だなあ」などと感じる人は、地生態学的な見方をすでに行っているといってよい。そこで「なぜそうなっているのだろう」ともう少しつきつめて考えれば、もうそれはそのまま地生態学の研究につながっていくのである。

　本書では、最初に地生態学の考え方や研究史と、野外での目のつけどころ、調査の仕方などについて、ごく基本的なところから説明した。次に地生態学のさまざまな研究事例について紹介した。取り上げた事例はごく一部を除いて筆者自身か、筆者のゼミに所属する学生諸君が調査したものばかりである。読者の方々には、本書で地生態学の考え方を理解していただき、身近な自然を対象に実際に調査していただきたいと思う。野外に出て植物や地形を観察し、ああでもない、こうでもないとさまざまな仮説を立て、それを立証していく。筆者にはその楽しさにまさる楽しさはないような気がする。研究の成果を理解するだけでなく、地生態学の楽しさをぜひ体験していただきたい。

資料　岩石の分類

　岩石の基本的な分類を紹介しておこう。岩石はでき方によって火成岩、堆積岩、変成岩に区分される。

①火成岩
　マグマが固まってできた岩。噴火で地表に現れた岩を火山岩、地下で固まった岩を深成岩と呼ぶ。石英（二酸化珪素）分の多い岩を珪長質、石英が少なく鉄・マグネシウムの多い岩石を苦鉄質（苦とはマグネシウムのこと）と呼び、珪長質の岩ほど白く、苦鉄質の岩ほど黒くなる。流紋岩質のマグマが地下で固まると花崗岩、玄武岩質のマグマが地下で固まると斑糲岩というように、火山岩と深成岩はそれぞれが対応する。おおよその区分は下図の通り。

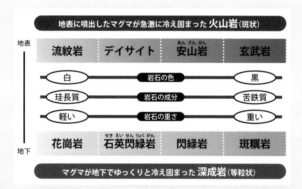

　なお図にはないが、かんらん岩や蛇紋岩のように、斑糲岩よりも石英分の少ない岩石があり、超苦鉄質岩と呼ぶ。主にマントルをつくっていたかんらん岩が直接地表に現れたもので、かつては超塩基性岩と呼んでいたが、最近は超苦鉄質岩と呼ぶことが多い。

②堆積岩
　岩石は風化や浸食を受けて岩屑に変化する。岩屑が河川や潮流によって運ばれ、堆積して固化したものを堆積岩という。粒子の大きさによって礫岩、砂岩等に分ける。火山から放出された火山灰などは、火山砕屑物またはテフラと呼び、やはり粒子の大きさによって区分する（表）。火山砕屑物

堆積岩の種類		堆積岩をつくる堆積物の種類と粒子のサイズ	
泥岩	粘土岩	泥	粘土：0.0039 mm以下の岩石や鉱物の破片
	シルト岩		シルト：0.0039～0.0625 mmの岩石や鉱物の破片
砂岩		砂：0.0625～2 mmの岩石や鉱物の破片	
礫岩		礫：2 mm以上の岩石や鉱物の破片	
火山砕屑物		火山灰：0.0625 mm以下の火山噴出物	
		火山砂：0.0625～2 mm以下の火山噴出物	
		火山礫：2～64 mm以下の火山噴出物	
		火山岩塊：64 mm以上の火山噴出物	
		軽石〔パミス〕（多孔質で密度が小さく、主に灰色。珪長質のマグマの発泡によって生じやすい）	
		スコリア（多孔質で密度が小さく、黒色。苦鉄質のマグマの発泡によって生じやすい）	
火山砕屑岩（火砕岩）		凝灰岩（火山灰や軽石が固結して生じた岩石）	
		凝灰角礫岩（火山灰と火山礫が混じって固結した岩石。礫が多いものを火山礫凝灰岩と呼ぶ）	
		溶結凝灰岩（火砕流堆積物が自らの熱で再度かたまったもの。柱状節理をつくることが多い）	

が固結したものを火山砕屑岩と呼ぶ。

　堆積岩にはこのほか、炭酸カルシウムの殻をもつ有孔虫やサンゴなどが固まってできた石灰岩と、石英分の殻をもつ放散虫が固まってできたチャートがある。両方とも生物起源のもののほか、海底で化学成分が沈澱してできたものが知られている。

③変成岩
　岩石が熱や圧力を受けて変化した岩石。主なものは次の4つ。
- **ホルンフェルス**：マグマの熱により、もともとあった岩石が再結晶化したもの。硬くて滝をつくりやすい。
- **大理石**：石灰岩がマグマに触れ再結晶化したもの。
- **結晶片岩**：地下深くで強い圧力を受けて変成したもの。薄い板を重ねたような形になっていることが多い。秩父の長瀞や四国の大歩危、小歩危の岩が代表。
- **片麻岩**：地下で熱の影響を強く受けて変成したもの。白い結晶が独特の縞々模様をつくることが多い。隠岐島の隠岐片麻岩が典型。

第 I 部

地生態学概論

第1章　地生態学とは何か

1．地生態学の定義

　地生態学とは、植物や植物群落、植生あるいは動物群集の分布を、そこの地形・地質・気候・土壌・水文などの環境諸条件に、その地域の自然環境の変遷（自然史）を考慮し、総合的、因果関係的に説明しようとする学問分野である。その場合の主体は、植物や植生、動物群集などであり、地形・地質等は環境条件として扱う。これは私個人の定義であって、後述する地生態学の開祖・トロールの定義とは違うが、先に述べたように、地質を基盤環境として、地形や土壌、気候条件、水文条件、植生などを順次ボトムアップする形で載せていく研究方法に特色があり、他分野の研究者にもそれなりに支持を得ている考え方である。地生態学の仕組みを図示するとp.14の図0-3のようになる。

　実際に野外で調査を行う場合は、この図の矢印とは逆に、右端の植物群落の違いを発見することから始まる。群落には必ず分布している範囲があるから、まずはそれを確認し、次に周囲をよく観察して分布を直接規定している小気候・水文条件（たとえば高山帯ならば、冬季の風の当たり方や積雪深、消雪の時期、土壌水分など）や、砂礫地か岩塊地かといった斜面堆積物の違い、あるいは特殊な地質や地形条件の場所であるかなどを探り出す。次にそうした場の違いをもたらした、尾根筋とか斜面とか谷筋とかといった地形的な条件や斜面の向き、傾斜、あるいは地形形成プロセスの違いや、地質の違いを検討し、何が効いているか明らかにする。必要な場合は氷河時代の地形形成作用についても考慮する。そして最後は、そうした地形や堆積物の違いを引き起こした地質が、いつ、どのようにして生じたのかを、プレートテクトニクスをはじめとする最近の地質学の研究に基づいて説明する。火山の場合は、火山学者や地質学者の研究成果や自身の観察に基づいて火山活動の歴史や噴出物の性格を明らかにし、植物群落の分布との関連を明らかにする。

　こうしたつながりが明らかになったら、今度は逆にプレートテクトニクスによる付加体の形成から順番に説明をする。岩石の付加や古い火山活動によって、個々の場所の岩石の配置ができると、個々の岩石は氷河時代や完新

図 1-1　600 年前の火山崩壊地に生じたガンコウラン群落（那須・茶臼岳）

世の気候の中で風化したり、浸食を受けたりして特有な地形や斜面堆積物を形成する。そうした地形的な場ができると、それを基にした小気候ができ、それに対応した植物群落や個々の植物の分布が生じる。そして場合によってはその植物を昆虫の幼虫が食べたりする。

　火山の場合は、新しい火山活動の歴史や噴出物の特色によって、植物群落の分布がこうなっているといった説明をすることになる（図1-1）。

　このように、筆者が考える地生態学においては、地質の成り立ちから植物の分布まで長いストーリーをつくることが可能であり、これによって野外の自然の魅力は、「これは○○です」で終わる、自然観察会の説明より数段増すに違いない。

　地生態学は、文字通り生態学より広い対象を扱い、生態系をその成立する土地を含めた、「地生態系」という形で考察しようとする点に大きな特色がある。別のいい方をすれば、野外の自然を地質から植物・動物までまとめて、ありのままに把握しようとする試みといってもよい。学問の系譜からいえば、地理学の一分野として生まれ、発展してきたが、名前からもわかるように生態学と関係が深い。むしろ両方の分野をあわせ、深めたものと考えるのが適切であろう。今ではすたれてしまったが、かつての博物学の伝統を色濃く残している分野ということもできる。

　筆者自身はこれまで地生態学を、たとえば登山者がみて美しいと感じるような山の景色をそのまま研究対象にしたような学問分野だと説明し、「山の自然学」と呼んできた。これは「山の自然」に学をつけてつくった私の造語

だが、定義にやかましくない人にはこの方が理解しやすいかもしれない。

なお対象とする現象のスケールとしては、数百分の1から数千分の1程度の地図上で表現できる現象、つまり肉眼で見て把握できる程度の自然の把握に適している。

2. 地生態学の特色

地生態学は2つの特色をもっている。1つは地球的な視野から自然現象を考察しようとすることにあり、もう1つは地形や地質、土壌、植生などをまとめ、自然を総体として分析しようという点にある。最初に具体例を挙げながら、地生態学の特色について紹介しよう。

(1) 世界的な視野から自然現象をみる

地生態学の特色の一つは、世界的な視野から自然現象をみる、ということである。ジオエコロジーのジオはこの場合、地球という意味になる。対象とする現象のスケールに基づいて考えると、地生態学は3つに分けられるが、この型の地生態学は「グローバル地生態学（地球生態学）」と呼ぶのが適当であろう。逆に、個々の植物を人が肉眼でとらえることのできる程度のミクロな自然を対象とする地生態学は、「ミクロ地生態学（局地地生態学）」とするのがよく、高山帯とか山地帯とかいったような、さまざまな地生態系からなるものを対象とする地生態学は「ローカル地生態学（地域地生態学）」ということになる。

「グローバル地生態学」の研究の代表例としては、世界の高山帯の地形・植生や森林限界の比較を行った、トロールの一連の研究を挙げることができる（Troll, 1972・1973a,b）。トロールは高山帯の景観や森林限界という、同一の自然現象を世界全体にわたって追跡し、さらにそれを生じさせた要因を考察しているが、このように世界的な視野に立って現象を比較することによって、ものごとの本質をより明確に把握しよう、というのが、地生態学の研究方法の一つである。

具体例として、図1-2に示した残雪の写真について考えてみよう。これは飯豊山地で7月下旬に撮影したものであるが、この写真をみて分野別の科学者が何らかの自然科学的な説明を求められたとする。その場合、どのような対応が考えられるだろうか。

図1-2 雪庇起源の残雪（飯豊山）

　まず雪氷学者から。彼はこれが冬季に稜線の西側から飛ばされてきた雪が吹きだまって雪庇をつくり、それが夏まで残った残雪であることを指摘した上で、7月下旬に残雪がこれだけ残っているためには、冬季どれだけの積雪が必要で、残雪は梅雨時には一日にこれだけのスピードで消耗していく、などという話をするだろう。

　気象学者なら、シベリアからの冬の卓越風によって日本列島に多くの積雪がもたらされるメカニズムと、稜線の東側の凹地に雪が吹きだまるメカニズムを解説するに違いない。ヒマラヤやチベット高原の存在が、シベリアからの寒冷な大気を日本列島の方に向かわせ、冬の季節風を強めているということも指摘するかもしれない。

　地形学者なら「雪が溜まっているのは雪食凹地という地形です。これは雪窪とか残雪凹地ともいい、日本海側の多雪山地でよくみられる地形です。形成のメカニズムはまだよくわかっていませんが、雪のグライド（滑動）による浸食作用に加え、雪が遅くまで残って植被がほとんどできないため、秋の豪雨の際などに表土が削り取られて凹地が拡大していきます。この作用を雪食作用（ニベーション）といいます」というような説明をするであろう。

　植物生態学者なら、残雪の回りが低温になっていることも指摘した上で、消雪の時期が残雪の縁から離れるほど早くなるため、それに応じて同心円状の植物の分布ができ、植物ごとの生活史が決まってくる、ということを説明するだろう。またここでは植物が発芽したばかりだが、ここでは別の種がもう開花している、などと指摘するに違いない。さらに雪解け水が常に供給さ

れるところではハクサンコザクラなどが生育するが、雪解け水がこない場所ではアオノツガザクラが分布するなどということも説明するであろう。

「ミクロ地生態学者」なら「この凹地はもしかしたら地すべり起源で、稜線部分の滑落により線状の窪みが生じたために、そこに残雪がたまりやすくなったのではないか」などというかもしれない。

このように各人の専門により、さまざまの説明が行われるだろうが、では「グローバル地生態学者」はどのような説明をするのだろうか。彼の視野は地球全体に向いているから、おそらくこんな説明になるに違いない。

「残雪は、高山なら地球上どこででもみられるわけではなく、中緯度にある多雪山地に限って出現します。たとえば日本の高山やスカンジナビア山脈、北米西部の海岸山脈、カスケード山脈、ニュージーランド南アルプスなどがこれに該当します。熱帯高山では季節変化がないため、夜間に降った雪は昼間にほぼ解けてしまい、残雪はできません。高緯度地域でも積雪が少ない上、夏は白夜になって、斜面の向きにかかわらずどこにでも日があたるので、春にはまだ残雪がありますが、夏には雪はもう解けて残っていません。熱帯高山や夏の高緯度地域で残雪のようなものがあったら、それはもう氷河そのものです。

ところで残雪が生ずるためには、冬季、積雪が強風地から吹き払われ、風背地や凹地に厚く吹きだまることが必要ですが、日本の高山は、わが国の上空でちょうどジェット気流が収斂するために、異常に風が強く、残雪の形成にきわめてよい条件を備えています。日本の山地は、3,000 m 程度の山地としては、世界でも突出して風が強く、特に冬の風はジェット気流が直撃するヒマラヤの 8,000 m 級の高山の風に準ずる速度になります。このことが夥しい残雪をわが国の高山に生じさせているのです。つまり写真のような残雪はわが国の多雪山地ではごく普通にみられ、それほど珍しいものではありませんが、世界的な視野からみると、思いの外珍しい現象に含まれ、そう簡単にみられるものではないのです。」

この説明で、残雪というものの世界の自然の中で占める位置が明らかになったと思う。このように視野を全世界に広げることによって、その現象に対する地生態学ならではの新しい解釈が可能になってくるのである。

（2）自然をありのままに把握する

図 1-3 鉢ヶ岳の強風斜面と地質

　自然を全体として把握する、あるいはありのままに把握するといった場合、そこには多様性に富む自然をそのままの形で把握しようという方向と、自然の中のつながりを理解しようという方向とがある。いずれも地生態学のテーマだが、詳しい事例は次章以降で紹介するので、ここでは最も典型的ともいえる高山帯での事例をあげて、地生態学のおもしろさというものを味わっていただきたいと思う。

　図 1-3 は、北アルプス白馬岳の北方に位置する鉢ヶ岳（2,563 m）と雪倉岳（2,611 m）の鞍部付近の西向き強風斜面を写したものである。一見してわかるように、表層物質の粒の粗さや植被のつき方に明瞭な差がみられるが、これは地質の違いを反映したもので、ここの植生の違いは地質条件抜きでは語ることができない。

　詳しい説明は後に譲るが、この例のように、高山帯の強風地では斜面を覆う岩屑の粒度組成や移動性の違いが植物の分布を支配している。これらの性質は地質ごとに大きく異なるために、結果として地質と植生分布との間に密接な関係が生まれているのである。

　これまでの植物生態学の研究では、高山植物の分布はもっぱら気候条件で説明しようとしていたから、ここで紹介したような分布の違いは解釈できなかった。日本のごく一部の研究者が地表面の粗さに差があることに気づいたが、その原因が地質にあることまでは思いいたらなかった。地質を考慮に入れることによって、初めてここの植生分布が説明できたのである。

第2章　地生態学の歴史

1. 前史

　地生態学的な自然の見方は、19世紀に活躍したアレキザンダー・フォン・フンボルト（1769〜1859）（図2-1）まで遡る。フンボルトは近代地理学、自然地理学、植物地理学、海洋学などの開祖とされるドイツの博物学者で、多くの分野で第一級の業績をあげたため（岩田, 1976）、「科学の帝王」、「地球学の開祖」、「最後の博物学者」、「近代のアリストテレス」、「アメリカの科学的再発見者」などさまざまな別称をもっているという（佐々木, 2015）。彼はナポレオン戦争のさなかの1799年から4年間、植物学者のボンプランとともに南米北部とアンデス山脈の探検を行い、その後、メキシコに渡り、さらにアメリカ合衆国を経由して1804年にパリに帰っている。彼の探検が、ダーウィンの南米探検のモデルになったことはよく知られている。

　フンボルトは南米の探検記や『コスモス』、『自然の相観』、『植物地理学試論』などの著作で、自然にはまとまりやつながり、調和があることを強調し、この考えは黎明期の地理学の確立に大きな影響を与えた。このためドイツのみならず、世界各国で最高の地理学者という評価を受けている。

　フンボルトはまずベネズエラとコロンビアの国境をながれるオリノコ川の源流への探検を行った。源流は熱病の蔓延するところで、フンボルトたちは蚊の大群に襲われたり、大きなボア（南米にいるニシキヘビの仲間）に遭遇したりしながら源流を目指し、分水界にある湿原を経由してアマゾン川の支流・ネグロ川の源流に到達している。その後、いったんキューバに渡るが、すぐに南米に戻り、エクアドルのアンデス山脈に移動する。コトパクシ（5,911 m）、ピチンチャ、アンティシャナなどいくつかの火山に登って火山の地質や地形の観察を行い、高度や地磁気の測定、岩石や鉱物についての調査もしている。さらに当時世界の最高峰だと考えられていたチンボラ

図2-1　フンボルトの肖像

図 2-2　フンボルトの旅行ルート（手塚, 1997）
左：ベネズエラにおけるフンボルトの旅行ルート、右：アンデス山系におけるフンボルトの旅行ルート

ソ山（6,310 m）に登って植物や昆虫等の記載と採集を行ったが、その際の登はん高度は当時の世界記録である 5,881 m にまで達した。この高度記録は、その後 30 年にわたって破られることがなかった。フンボルトの南米での旅行の経路を図 2-2 に示した。

　フンボルトはオリノコ川探検の際、ヨーロッパの穏やかな自然とは異なった、サバンナや熱帯雨林の豊饒な自然に感動し、感嘆している。彼は背が高く何層にもなったさまざまな樹種からなる雨林、広大な水面とそこに遊ぶ多数の水鳥の鳴き声のやかましさ、そこを横切るクロコダイルの姿、馬を川に追い込んでのデンキウナギ漁などについて克明に描写している。ただフンボルトの場合、自然の素晴らしさや珍しい事物、風景の美しさを記述するだけでなく、植物も動物も地形も水も気象もすべてをまとめて一つの統一のある全体像として理解し、宇宙の調和の法則を発見したいと考える点に特色があった。たとえば高山に登ると、標高に応じて森林が変化するだけでなく、森林限界に達すると樹木は姿を消し、草本類や高山植物の世界となる。そし

てさらに上では万年雪が現れ、その辺りでは地衣類だけが生育する。植生の変化に併せ、生息する動物の種類も形態も変化する。哺乳類、鳥類、爬虫類、昆虫類のいずれを取り上げても、土地の標高に応じて種類や生活の仕方が変化する。フンボルトはここにまとまりと調和を見出したのである。

　フンボルトは温度計や気圧計のほかにクロノメーター、六分儀、地磁気測定装置、化学分析装置など、当時の最新機器ももち込み、さまざまの測定を行った。また天文観測によって場所ごとの緯度経度を知り、探検した地域の地図をつくった。さらに等温線を考案して、植物の分布と対比させたりした。彼は探検に出る前は鉱山監督官だったから、岩石や鉱物の専門家だったが、植物にも強い関心をもっていた。フンボルトは気候が変わると群落が変化すること、同じ気候の地域には同じような生活型をもつ植物が多いこと、高山に登ると気温の低下に伴って植生帯が変化することなどに気がつき、植物生態学の開祖ともみなされてもいる。また植物の垂直分布帯が熱帯から北極に向かって高度を低下させていくことにも気づいている。フンボルトは、植物を地形や気候から切り離さず、群落を成立させている環境との結びつきを重視し、自然の全体像を把握しようとしたのである。彼はこれを「相観」Physiognomie と呼んだが、この考え方が後に「景観」に発達していくのである。

　フンボルトは南米探検から帰ってから 30 年もの年数をかけて膨大な報告書を書いた。全部で 30 巻、重ねると 1 m にも達する大部な豪華本である。この報告書は発行部数が少なく、かつてはヨーロッパの図書館でもみるのが難しかったそうだが、1970～1973 年にかけて復刻され、復刻版は私の勤めていた東京学芸大学の図書館でも購入することができた。図録の一部は新聞紙一面ほどの大きなもので、彩色されており、動植物や民族、文化に関するなど図は見ているだけで楽しいものである。

　フンボルトの南米での旅行記は、報告書の 4 巻分がこれにあてられている。わが国では長らく翻訳がなかったが、岩田（1976）や手塚（1997）はフンボルトの探検の概要を紹介したほか、一部は原文から直接翻訳している。またこれとは別に、2001 年から 2003 年にかけて全文が翻訳され、岩波書店から『新大陸赤道地方紀行』の名称で 3 冊に分けて刊行された（フンボルト著、大野英二郎・荒木善太訳, 2001～2003）。これでようやく完全な形で読める

ようになった。なお 21 世紀に入ってフンボルトに対する関心は国際的にも高まってきたようで、伝記が何冊も刊行され、そのうちボッティングの大著やガスカール、ケールマン、ウルフの本が翻訳されている（ガスカール著、沖田吉穂訳；ボッティング著、西川治・前田伸人訳 2008；ケールマン著、瀬川裕司訳 2008；ウルフ著、鍛原多惠子訳 2017）。わが国では佐々木博（2015）、西川（1988）が簡潔な伝記をまとめている。

　フンボルト以後、ドイツでは景観研究が盛んになり、ヘットナーやパッサルゲをはじめとする多くの研究者が輩出した。またシュレーターは文化景観を提唱している。その背景には、当時のドイツの地理学教室では、『自然の相観』や『植物地理学試論』が、学生や研究者が読むべき重要文献とされていたという事情があった（手塚, 1997）。そうした系譜の中からトロールが景観生態学を始めるのである。

2. 地生態学の始まり

　地生態学は 1938 年、ドイツの自然地理学者トロール（Carl Troll）（図 2-3）の講演によって始まったとされている（横山, 1981。なお論文になったのは 1939 年）。トロールは当時実用化されたばかりの空中写真を用いた景観研究を提唱し、高いアリ塚の点在するサバンナ、熱帯のマングローブ林、寒帯の周氷河地域などを事例に研究を進めた。トロールは、空中写真は直接的には植被や地形しか写していないが、自然の成り立ちをよく理解していれば、間接的に土壌の性質、地下水の状態、人間の関与の程度などを推論することができるとし、そのような研究を「Landschaftsökologie」（ラントシャフツ・エコロギー）と名づけた（横山, 1980）。これはドイツの地理学の伝統的な研究対象であった Landschaft（景観）と ökologie（生態学）を合成した用語で、日本語では景観生態学、英語では Landscape ecology と訳される。なお沼田眞（1996）はこれを「景相生態学」と訳し、武内和彦（1991）は「地域の生態学」と訳している。Landschaft を「景域」と訳した人もいる。

　トロールの研究は、地形・土壌・植生などに関して、均質な性質をもつ自然景観の単位を抽出しようという点に特色がある。横山（1995）によれば、トロールの景観生態学は「ある景観形成に関わりのある因子、すなわち気候・地形・土壌・地質・水・動植物などの地因子の多様な相互作用、およびそれ

図 2-3　カール・トロール
(鈴木, 2001)

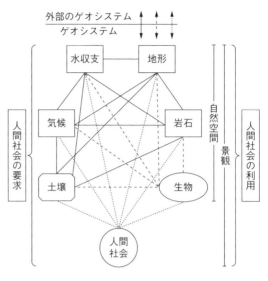

図 2-4　地因子の作用関係
(横山, 1995 を改変、原図は Finke, 1986)

に関わる人間の作用を分析して等質的景観単位を区分し、その景観単位の機能を明らかにする学」である（図 2-4）。

「地因子の多様な相互作用」というのがわかりにくいが、気候や地形、地下水位、植生などそれまでばらばらに扱われてきた、景観の形成に関わりのある多数の因子をすべて考慮の対象に入れ、文字通り飛行機から地上を俯瞰するような研究方法を取る点が特色である。特に植生や地質などについてさまざまの分布図がそろっている場合は、それを重ね併せて、同一の性格をもつ「景観単位」（エコトープ）を抽出することとなる。

図 2-5 に示したのは、トロール（1950）が描いた「アルプス山麓の日向斜面と日陰斜面の比較」の図である。アルプスの日向斜面と日陰斜面では、日照や風の当たり方、積雪分布、湿気といった気候条件に細かい違いが生じ、その違いを反映して、土地利用が耕地、森林、放牧地、牧草地などに分かれることをわかりやすく示している。また図 2-6 は「上ライン地溝と南シュ

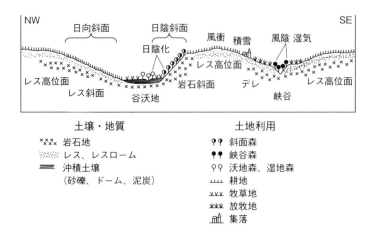

図 2-5　アルプス山麓の日向斜面と日陰斜面の比較
(横山, 1995 を改変、原図は Troll, 1950)

バルツバルト間の模式景観断面図」(Ganssen, 1972) である。この図では地質ごとの地形の違いも表現されており、自然条件と土地利用のつながりがよくわかる。トロールと彼の弟子たちの初期の研究には、こうした地形断面と土地利用の対応を明らかにした研究が多い。

　イギリスではスタンプ (L.D.Stamp) が、土地利用の合理的な配置を目的として執筆した、『イギリスの国土利用』(1946、翻訳は 1957 年) の中で、地生態学的な土地分類を試みている。資本主義の先進国イギリスは、19 世紀には世界一の工業大国となったが、その結果、工業を重視するあまり、逆に土地生産性の低い農業を軽視して食料の大半を輸入に頼るようになった。しかし二度の世界大戦においては、ドイツの潜水艦による海上封鎖を受け、食料の輸入が途絶えたため、深刻な食糧難に陥った。『イギリスの国土利用』は、その反省の上に立って、イギリス農業の復興を目指して執筆されたものである。スタンプは地質を基礎にし、その上に地形や土壌、植生を載せることによって、地質・地形・土壌・植生が均一な「土地ユニット」を設定した。そしてその分布を地図上に表示することによって、農業に適さない場所に都市や工場を置き、良好な土壌の場所は農地にするといった、理にかなった国土利用を提案した。この考え方は現在のイギリスでも生きており、イギリスの農産物の自給率を高く維持する上で役にたっている。

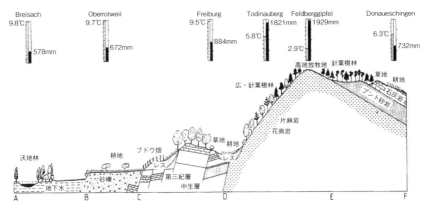

図2-6 上ライン地溝と南シュバルツバルト間の模式景観断面図
(横山, 1995、原図はGanssen, 1972)

3. ドイツとヨーロッパ諸国における景観生態学（地生態学）の発展

フンボルト以来の自然地理学の伝統をもつドイツの地理学界では、トロール以後、景観生態学は大きく発展し、現在では地理学教室の基幹講座の一つとなっている大学が少なくない（横山編, 2002）。著名な研究者としてはトロールの他、ヘラーマン（P.Höllermann）、ラウエル（W.Lauer）、レーザー（H.Leser）、ホルトマイヤー（F.K.Holtmeier）などがいる。

トロールはその後、ドイツ語のLandschaftという語が、景観の意味の他に風景や地域の意味ももっていて、さまざまの解釈を生みやすいことや、ドイツ人以外には理解しにくい用語であることなどを理由に、Landschaftsökologie（景観生態学）を翻訳しやすいGeoökologie（ゲオエコロギー）に改めた（Troll, 1968）。これの英訳がgeoecologyであり、和訳が地生態学である。そこではGeoökologieは、「ある景観単元のなかで卓越する生物共同体とその環境条件との間の複合的、総合的な諸作用の研究」と定義されている。すなわち、地生態学とは「景観内部で互いに錯綜している地因子（起伏、地質、土壌、水、気候、植生、動物）の多様な相互関係を分析し、類型化し、系統づける学問である」という（横山, 1980）。図2-4は、フィンケFinke（1986）が作成した「地因子の作用関係」の図であるが、トロー

ルの考えに基づく地生態学の考え方がわかりやすく示されている。このように、名称を変更しても基本的な性格に変化はないので、本稿では、トロール流のGeoökologieを従前通り「景観生態学」と呼ぶことにしたい。

トロールは1975年に亡くなったが、景観生態学（地生態学）はその後、ドイツからヨーロッパ各国に広がり、活発に研究が進められた。特にトロールが得意とした森林限界や高山帯の地生態学については、国際地理学連合（IGU）の「高地の地生態学委員会」が2回にわたって国際シンポジウムを開催し、それはArctic and Alpine Research誌の特集号としてまとめられている。

その後、ドイツでは、生態的に同質な最小単位であるエコトープの分布を地図上に表示する景観生態学図がさかんに作成され、地域計画や環境保全の基礎資料として利用されるようになった。

このように、ドイツ流の景観生態学は、地質図や地形分類図、土壌分布図、植生図などを次々に重ねていって、そこの自然の性質を把握するという方法をとることが多い。現象のスケールとしては、20万分の1から5万分の1、あるいは2万5,000分の1程度の地図に表示されることが多い。時には5,000分の1地図に表現できる程度の自然現象を把握するのに用いられる。

なおトロールが景観生態学から地生態学に名称を変更したために、地理学の分野ではおおむね地生態学を使うようになった。しかし生態学や林学、造園学、都市工学などの隣接分野では、地生態学の名称に変更することはなく、景観生態学をそのまま続けて用い、現在に至っている。またドイツ国内でも「連邦自然保護・景観生態学研究所」が存在し、この分野の国際学会も「国際景観生態学連合」と称するなど、景観生態学の用語が広く用いられている。その結果、この2つの用語が併存して用いられるようになって混乱が生じた。そこでレーザー（H.Leser, 1984）は、生物・植物を中心に据えて空間的・機能的な考察を行うものを生物生態学、地形、水文、気候、土壌を中心に据えて空間的・機能的な考察を行うものを地生態学、生物生態学と地生態学に人間の関与を加えたものを景観生態学と呼ぶことを提言した（横山，1999）。以後はおおむねこの使い分けがなされているというが、用語の混乱は解消されていないようである。

その後、景観生態学は世界各地に広がり、1970年代の後半から教科書や

専門書の刊行が増えてきた。ドイツ語の教科書としては、レーザー Leser,H.（1976）の『Landschaftsökologie』やフィンケ Finke,L.（1986）の『Landschaftsökologie』があり、それぞれ 1997 年と 1994 年に改訂版が出ている。ドイツ語以外では 1984 年にイスラエルの技術研究所のネーヴェとアメリカ・コーネル大学のリーバーマン（Z. Naveh and A. S. Lieberman）が共著で『Landscape Ecolgy. Theory and Application』を出版し、フォアマンとゴードン Forman, T. and Gordon, M.（1986）は『Landscape Ecology』を刊行している。1996 年にはハゲット Hugett, R.J. が『Geoecology：An Evolutionary Approach』を出版するなど、専門書の出版も急増している（以上、横山編, 2002 による）。この傾向は 21 世紀にはいってからも続いている。

　ただ筆者自身は必ずしもドイツ流の地生態学に満足していない。「自然」の総体的な把握を目指している点は評価できるのだが、研究方法があまりにも記載的に過ぎるからである。横山（1980）がいみじくも述べているように、トロールに始まる地生態学は、基本的には自然景観の分析を目的としているが、それは「野外において景観や地形の形態を読みとり、それらを総体的に記載する」学問である。つまりここでいう地生態学はきわめて記載的な性格の強い学問であって、「自然地誌学」あるいは「自然地域学」と呼ぶことがふさわしいものである。

　このことがよくないというわけではない。しかしこのような記載的な性格が研究にある限界を生じさせているのも確かであろう。ドイツ流の地生態学は基本に分類と記載を目的にしているために、「なぜそのような土地条件が生じたのか」を問うことがない。そのためひどい言い方をすれば、「ここの地質はこうです、地形はこうです、植生はこうです」というように記載し、それをまとめて類型化し、それでおしまいである。いわば縦糸が通っていないのである。これでは各要素間の「つながり」がつかめないから、全体を結ぶストーリーができない。筆者は、これは「地因子の相互関係を分析する」というあいまいな研究方法に起因すると考えている。

　またこれと関わるが、地因子をすべて対等に扱うという点にも疑問がある。環境というものは、沼田（1982）がいうように、主体があっての環境である。何が主体かわからないドイツ流の地生態学の方法は、地生態学というものをわかりにくくしているように、筆者には思われる。筆者は、序章の図 0-3

に示したように、地質をベースに置いたボトムアップ型の構造を提案している。この場合の主体は植物群落で、地形・地質等はそれを支える条件であるが、この方が自然の把握に適していると筆者は考えている。

4. 植物生態学者による地生態学的研究

地生態学との関連はよくわからないのだが、植物生態学者の中にごく稀だが、地質・地形と植物分布の関わりのようなことに興味をもつ人が現れるようである。その代表はやや古いが、シュレーター Schroeter（1908・1926）である。彼は『Pflanzenleben der Alpen』（アルプスの植物生態）を書いて、それ以前のアルプスの植生に関する膨大な研究を総括している。これは初版の 1908 年版が 806 ページ、1926 年の改訂版が 1283 ページに達する大部の書物で、その中では蛇紋岩や石灰岩のほかに、露出した基盤や破砕されたままの礫質の堆積物からなる岩礫地や崖地、崖錐の植物が、岩石の影響を直接受けやすいものとして項目を別にして紹介されている。以下、石塚（1977）を参考にしながら紹介する。

岩礫地のような厳しい立地に生育する植物は、①岩石の表面に根や体表全体で付着する岩表植物、②岩石表面の風化層や岩礫層の下に根を下ろす岩礫植物、③露岩の割れ目にたまった土壌に根を下ろす岩隙植物の3つに分けられる。崖錐（talus）や礫崖（scree）の表面では、重力や水、凍結融解、風などの作用で、岩礫が移動しやすく、そのため表土が不安定で発芽床が得にくいという特色があり、植物は少ない。岩礫の隙間や下にある土壌は土塊が散在するため、礫地はみかけほどは乾燥していないが、栄養分が乏しいので、植物は根茎を広く延ばし、地下で場所を奪い合っている。地下茎には岩礫の移動に抵抗して延びるものや、根をつけないまままばらに延びるもの、地下の浅い部分を横走するものなどさまざまなタイプがある。礫の移動が少ない場所では、キク科、マメ科、ハンノキ科などの植物が入り込み、遷移が進みやすい。

崖地では、土壌は少ないが、岩盤なので崖錐上ほど不安定ではない。しかし積雪が着きにくいため、風にさらされ、低温や風の害を受けやすい。このため崖の向きは重要で、日向と日陰では気温の条件が極端に異なり、また急傾斜なので方位による日照や蒸発の差が大きい。崖地の水分条件は微地形に

図 2-8

図 2-9

よる差が大きく、流水に恵まれる場所から、降水による水分の供給がほとんどない場所までさまざまである。冬凍結する場所や風化しやすい岩の場合は岩盤からの崩落が起こるが、暖かく乾燥する場所では崩落はほとんど起こらない。岩石によって風化の仕方や崩落の仕方が異なり、岩石表面の地形も異なる。未風化の岩石表面では、地衣類や蘚苔類が主だが、表面が水でうるおされている場合や土壌ができている場合、岩の隙間には維管束植物が生育する。クッション状の植物が多いが、隙間の大きさによって植物の種類が変化する。

　エレンベルグ Ellenberg（1978）は『Vegetation Mitteleuropas mit den Alpen』（中部ヨーロッパとアルプスの植生）の中で、やはり崖錐の植生について詳しく紹介している。崖錐は石灰岩地域でよく発達しており、粒径が大きいところでは表層が動きにくいために植物の侵入が早く、遷移が進行して、草原になりやすい。しかし細粒なところでは表土が不安定なために生育できる植物は乏しく、その状態はそのまま維持されやすいという。

　レイジグルとケラー Reisigl, H. と Keller, R.（1987）の『Alpenpflanzen im Lebensraum』（アルプスの高山植物と生育地）は植物生態学者とデザイナーが共同で執筆したという異色の本である（図 2-8）。「高山草原と岩礫上、岩盤上の植生」という副題がついており、中心は高山帯の植生に限定されているが、石灰岩と結晶片岩地域に分けて、さまざまな高山植物が岩礫地や岩の隙間にどのように根を張り、茎や葉を延ばし、花をつけているのかを写真とイラストで図解している（図 2-9）。著者たちによれば、この本は学術書で

図 2-10 アイブス（北アルプス立山にて）

はなく、野外で個々の植物を観察するためのガイドブックだという。筆者も実際にミュンヘンの一般書店で手に入れたが、レベルの高さには驚かされた。

5. アメリカ合衆国の地生態学

アメリカ合衆国では、TVA の計画段階で、スタンプの「土地ユニット」とよく似た発想で土地区分が行われた。特に 1930 年代に中西部の土壌浸食が激化し、そこから発生した砂塵が東部の大都市でも大きな問題となるにつれて、土壌浸食の対策のための土地調査の必要性が叫ばれ、調査が行われることになった。しかしこの研究はそれ以上に進展することはなかった。

地生態学的な研究は、1950 年代に入ってからコロラド大学の極地高山研究所を中心に始まった。特に 1972 年、この研究所の所長を務めていたアイブス（Ives）（図 2-10）がトロールの後を継いで国際地理学連合の「高地の地生態学」委員会の委員長になると、合衆国における地生態学の研究は勢いを増すことになった（渡辺、1992）。具体的な成果としては、『コロラドフロント山脈の地生態学的研究』（Geoecology of the Colorado Front Range. Ives, J.D. ed.1980）を挙げることができる。

しかしながら合衆国における地生態学の研究は、1980 年代に入ってからは、しだいにヨーロッパ流の地生態学とは異なったものになってきた。地質や地形、植生など、自然的な要素だけに対象を限定せず、人間の活動による山岳地域の自然破壊や、災害、ハザードマップの作成などといった人文社会現象をも広く研究対象にするようになったのである。その担い手の代表はアイブ

スで、彼は 1980 年に東京で国際地理学連合の大会が開催された際に、国際山岳協会（International Mountain Society）を組織して、自らその会長となり、1981 年には国連大学と共同で、山岳地域の開発と環境保全をテーマにした雑誌 Mountain Research and Development を創刊した（渡辺, 1992）。このように、アイブスらの研究はもはや従来の地生態学の枠におさまるものではなく、「応用地生態学」と呼んだ方がいいような性格をもち始めている。かれらは調査地域をネパールヒマラヤから、パプアニューギニア、エチオピア、アンデス、タイ北部などへ広げ、盛んに調査を進めた。

　アイブスを中心とする北米の研究者たちを、中越信和（1996）は「北米学派」と呼んだが、高岡貞夫（2002b）によれば、この学派は、現在ではさらに変化し、フォアマンとゴードンの景観生態学の本が非生物的な因子にほとんど触れていないことに象徴されるように、生物因子中心の水平的関係の科学になっているものが多いという。高岡はこれを、それまで手薄だった水平関係の分析に魅力を感じたせいだろうと解釈しているが、その結果、モザイク的な植生パターンとそこに展開する生態学的プロセスとの関係が重視され、地形・地質に始まる地生態学的な研究はほとんど影をひそめてしまった。2001 年に発行され、2004 年に日本語に翻訳された、ターナー、ガードナー、オニールの共著『景観生態学　生態学からの新しい景観理論とその応用』（中越信和・原慶太郎監訳）をみても、似たような傾向が認められる。400 ページ近い大著にもかかわらず、地形に触れたのは 2 ページだけで、あとはモデル、景観パターン、定量化といった言葉が並び、いかにも現代のアメリカの教科書といった感じがする。「景観攪乱動態」を扱った第 7 章のみが地生態学的な匂いを感じさせるが、トロールの発想からはずいぶんずれているのに、驚かされる。

　少し変わったものでは、アスキンズという鳥類学者による『鳥たちに明日はあるか　景観生態学に学ぶ自然保護』という本が翻訳された（黒沢令子訳, 2003）。この本ではアメリカ東部で草原の衰退によって草原性の鳥類が減少しつつあるとし、その原因を分析している。それによれば、東部は開拓前、大森林に覆われていたと考えられてきたが、インディアンの農耕による森林破壊地が予想以上に広く、またロングアイランドのヘムステッド平原のように、石英と花崗岩の礫が堆積していたところがあって、草原がもともと意外

に広かったのだと述べている。そうした草原は都市化や森林化によって衰退し、それが草原性の鳥類の減少を招いたという。また野火や定期的に起こっていた河川の氾濫を抑えたり、小川にダムをつくるビーバーが減少したりしたことが湿性草原を減少させ、生息地が分断されたことも重要だという。まさに景観生態学に基づく自然保護の主張である。

　ドイツの場合と同様に、植物生態学者による地生態学的な研究について最後に触れておこう。アメリカでは1950年代から60年代にかけて、ビリングス Billings とムーニー Mooney、ジョーンソン Johnson という3人の植物生態学者が、極地や高山の寒冷な環境での地形と植生分布の関わりを盛んに研究し、地表の凹凸→風による不均一な積雪分布→風衝や消雪の時期の違い→植生分布、といったつながりの事例を多数、紹介している（Billings, 1952、Billings and Mooney, 1968、Johnson and Billings, 1962 など）。彼らの研究は優れたものであったが、地質の影響については、扱いが小さく、Billings が多少は影響を認めているのに対し（Billings, 1950）、Mooney は土壌の影響の方が大きいと考えている（Mooney, 1966）。コロラドフロント山脈で高山ツンドラの植物群落を調べたエッドルマンとウォード Eddleman and Ward（1984）は、群落の分布は冬季の積雪深と夏季の消雪の時期の違いだけでは説明できないとし、土壌、水分条件、地温などについても調査を行っている。

　近年ではアメリカ・ワシントン大学植物学教室の名誉教授クルックバーグ Kruckberg（2004）が『Geology and plant life. The effect of landforms and rock types on plants』（地質と植生　植物に対する地形と岩石の影響）という本を著している。副題のとおり、高山や丘陵地の尾根筋と谷筋の気候条件あるいは土壌条件と植生の違い、岩盤上の植生、崖錐上の植生、雪崩地の植生、火山噴火と植生の関係などが詳しく紹介されている。また地すべりや崩壊・洪水などの自然攪乱の重要性などにも触れており、石塚和雄編『群落の分布と環境』のアメリカ版といった感じである。

　この人はもともと蛇紋岩植生の研究者だったが、調査を進めるうちに、植物には岩石の化学成分よりも、岩石の種類ごとに異なる地形ができ、それが植物に影響を与えるというように考え方を変えたようである。現在の時点で筆者にかなり近い考え方をしているが、地質ごとになぜ異なった地形ができ

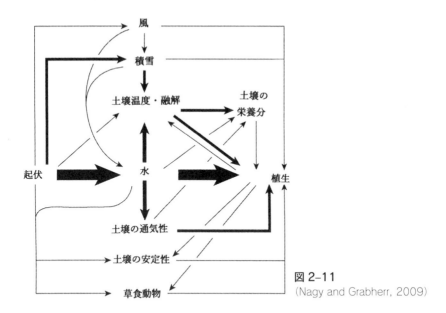

図 2-11
(Nagy and Grabherr, 2009)

るのかは不問のままで、その点は残念である。

　ネーギーとグレーブヘール Nagy, L. and G. Grabferr（2009）は、『高山植物の生育地の生物学』（The biology of alpine habitats）という書物を著し、高山植物の生育地の記載に当たって、地形と水文条件、それに土壌が植物の生育地をつくり出す上で重要な因子だとしている。彼らは地形学者の研究を参考にして細かい地形分類を取り入れ、植物の生育地について詳しい記載を紹介している。また図 2-11 に示したような、生育地の形成に関わる分かりやすいモデルを提唱している。文中に geoecology という用語が登場したり、マスムーブメントによる草地の剥離について触れたりするなど、トロールの影響が認められるが、地質の影響については石灰岩地域と超塩基性岩地域に触れるだけで、従来の見解から抜け出していない。

　注目すべきは研究者による専門書でなく、ガイドブックに優れたものが出はじめていることである。たとえば、ライトハムとケンペ編 Wrightham, M. and Kenpe, N. eds.（2006）『Hostile Habitats. Scotland's Mountain Environment』（不適切な生息地　スコットランドの山岳環境）というガイ

ドブックがある。想定している読者はハイカーで、当該地域の気候、地質、景観（地形）、植物、動物、鳥、昆虫、人間の働きかけ、自然保護といった章が順番に並んでいる。しかしこの本の特色は、専門家がそれぞれ分担した章を書くだけでなく、どの章でも他の章との関連を意識して書いていることである。地質と景観、地質と植生、地形と植生、植物と動物、植物と昆虫など、「つながり」がよく分かり、わくわくするようなおもしろいガイドブックになっている。特に地質の章を執筆しているグッデンナーフ Goodenough はスコットランドの山々の生い立ちを解説するだけでなく、一つの山において安山岩と流紋岩とで植被が異なることや、花崗岩が丸みを帯びた山頂部をつくるのに、斑糲岩はごつごつした山頂部を作り、植被も乏しいことなどを示しており、これぞ地生態学といった記述をしている。

残念ながらこのレベルのガイドブックはまだ少ないが、アメリカではイエローストーンなどの国立公園のガイドブックやアトラスに良いものがで始めている。今後に期待したい。

第3章 地生態学の流れ　日本の地生態学

1. 日本における地生態学的研究の先駆的研究

　地生態学あるいは景観生態学という分野で考えると、その歴史はトロール以降ということになるが、ドイツでトロール以前にも長い前史があったように、日本の場合も、よく調べると林学や造園学、国立公園などの分野で先駆的な研究があったことがわかる。最初に幕末に生れた二人の林学者から紹介しよう。一人は脇水鉄五郎（1867-1942）、もう一人は本多静六（1866-1952）である。

　脇水は岐阜県生れ。東京帝国大学（以下東大）理学部地質学科を卒業後、オーストリア、アメリカに留学。帰国後、東大農学部に所属し、地質と森林分布の関係を研究、日本における森林地質学、森林土壌学の基礎を築いた。退官後の1920年代、史跡名勝天然記念物の調査にあたる。代表的な著作に『日本風景誌』があり、各所に地生態学的な記述が表れる。

　本多は埼玉県生まれ。東大農学部林学科を卒業後、ドイツに留学、林学、造園学を学ぶ。帰国後、東大林学科の助教授、教授となり、校務の傍ら、日比谷公園、大沼公園、鶴ヶ城公園、羊山公園、大濠公園などを設計、公園の父と呼ばれるようになる。その後、わが国における国立公園制度の発足に当たって準備委員、調査委員となり、各地で調査するなど、国立公園の選定に尽力した。主著に『造林学』、『日本森林植物帯論』などがある。東大の教授でありながら、金儲けが上手だったという異色の人物で、現在でも人生論や金儲けの秘訣を書いた本が数多く出ている。没後、資産は埼玉県民のための育英資金として寄贈され、育英会は現在でも続いている。

　この2人に続くのは田村 剛（つよし）（1890-1979）である。岡山県生まれ。東大林学科を卒業後、すぐに明治神宮の森の造営に関わった。1920年、「日本庭園の発展に就いて」で林学博士となり、林学科造林第二研究室に造園学教室（後の森林風致計画研究室）を設置した。同時に内務省衛生局嘱託として国立公園制度の発足に尽力した。なお史跡名勝天然記念物を担当したのは内務省地理局である。

　1922年から24年にかけて欧米の国立公園事情を調査し、1929年には国

立公園協会の設立に参加、常務理事に就任し、1931年国立公園法が成立すると、国立公園の調査委員として活躍、「国立公園の父」と呼ばれるようになる。彼は『国立公園講話』(1948) に国立公園草創期のことを紹介しているが、地形・地質から植生、動物等にまたがる広い視野をもって、最初の国立公園の選定に当たったことがよくわかる。また1927年には、ダム建設計画がもち上がっていた尾瀬ヶ原を守るために、尾瀬保存期成同盟の結成に参加、代表に就任している。

　東大の林学科を出た小出博は、脇水と反対に地質学の研究を志し、地質調査所の技師となり、岩石の風化と森林立地をテーマに研究を進めた。彼は『応用地質　岩石の風化と森林の立地』(1952) の中で、岩石によって風化の仕方やできる岩屑の大きさが異なるために、成立する森林に違いが出ることを指摘している。これは優れた研究だったが、残念なことに林学の分野では彼の研究を受け継ぐ研究者は現れなかった。

　地理学の分野では、辻村太郎が景観生態学的な記述を行っている。彼は本業の氷河地形や断層地形研究の傍ら、『山』、『海岸の地理』、『日本の景観』、『日本の山水』等の随筆や啓蒙書を執筆したが、その中に景観生態学的な記述がしばしば表れる。彼は外国語に堪能なうえ、地形だけでなく、植物や鳥などにも詳しく、「自然のつながり」を意識していたようにみえる。東大理学部地質学科を卒業後、地理学科に移り、初代の山崎直方教授の死後、東大地理学教室の主任を長く務めた。

2. 日本における地生態学的研究

　日本にドイツ流の景観生態学が紹介されたのは、第二次世界大戦直後まで遡る。地理学者の辻村太郎は『地理学序説—地形と景観—』(1954) という書物の中などでトロールの景観生態学について解説した。また戦前の段階で辻村は『景観地理学講話』(1937) を刊行し、トロールより前の景観論の研究者パッサルゲやクレープス、グラートマン、サウアーなどの研究を詳しく紹介した。また日本国内の土地利用景観や集落景観として、静岡県久能山の石垣イチゴの栽培や砺波平野の散村、下総台地の地形と土地利用の関係など多数の事例を、写真を用いて紹介した。しかし素朴な事例が多い上、戦後の1950年代から70年代にかけての地理学界には、戦前の環境決定論的な景観

地理学に対する反発があり、また地理学の社会科学化が叫ばれたことや、植物が主な研究対象になるという点が地理学者になじめなかったせいか、景観生態学は日本の地理学者の受け入れるところとならなかった。

　1951年、矢沢大二は文献抄録の形でトロールの熱帯山地における地生態学の研究を紹介した。また西川治（1951）もトロールの1950年の論文「地理的景観とその研究」の抄録を紹介している。1956年には中野尊正が現代地理学講座第2巻『山地の地理』（朝倉書店）の中で、「世界の山地の種々相と山地の地形」という章を担当し、トロールのアイソプレスの図をはじめとして気候地形学の見方を紹介した。

　その後、1974年に、2人の人文地理学者によってトロールの景観生態学があらためて紹介されたが（水津, 1974、杉浦, 1974・1981）、やはり直接的な影響をもつまでには至らなかった。景観生態学がわが国に実質的に導入されるためには、ドイツやオーストリアに留学し、自らが景観生態学の研究者となった横山秀司の帰国を待つ必要があった。1980年前後のことである。

　しかしそれより先、1970年前後から、わが国では地生態学的研究の先駆とみなされる研究がいくつかみられるようになった。鈴木由告（1968）の北アルプスの白馬岳や雪倉岳の高山帯で見出した、礫地のタイプと植物群落の関係の対応の研究や、高山荒原植物群落の成立に砂礫の移動が重要であることを指摘した大場達之（1969）の研究などは、そうした研究の事例といえよう。これらは直接ドイツ流の地生態学の影響を受けたとはみなしがたいものである。なお鈴木は高山帯の礫地を、礫の大きさに基づいて砂礫地、石礫地、岩礫地の3つに分け、それぞれの礫地のタイプと、コマクサやオヤマソバ、トウヤクリンドウ、チングルマなど、さまざまな植物群落との対応を研究した。鈴木はその後、東京近辺のカタクリの分布とそれを決める要因について論じたが（1978・1987）、これも視点がユニークであり、優れた地生態学の研究であった。中学校の理科の教材にも用いられている。

　筆者自身も、後で詳しく紹介するように、高山帯では、森林限界以下に比べてなぜ地形や植生が突然、多彩になるのかという視点から、高山帯の自然景観の分析を行った（小泉, 1974）。この研究は高山帯の自然景観そのものを対象にしており、文字通りトロールの景観生態学の定義に当てはまるものである。調査対象となった事象は、中小の地形、植生分布、気温の年変化、

図 3-1 山頂現象

冬季の風と積雪深、消雪のパターン、残雪、植物の成長、凍結融解作用など多岐にわたっていて、横山(1995)はこの論文をわが国の景観生態学の最初の論文だとみなしている。

筆者は、高山帯における気温の年変化が地形や植生などさまざまな要素に成立の可能性を与えていること、実際に何が発現するかは、冬の強風による雪の吹き払いと吹きだまり、それにいつ雪から解放されるかによっていることを明らかにし(図 3-1)、結論として、高山帯の多彩な景観は、「山頂現象」(山頂効果)の形で成立していることを述べた。つまり高山植物は本来ならば、もっと高い標高に分布するべきものだが、強風による雪の吹き払いと吹きだまりが原因となって、2,000 m を下回る程度の山でも分布が可能になっているということである。この論文は、世界的にみた場合、中山もしくは低山に含まれる日本の高山に、なぜ高山植物が多数分布できるのかを初めて明らかにしたもので、日本の山岳研究においてはきわめて重要な論文だと考えている。しかし発想が生態学者の発想からあまりにもかけ離れているために、残念ながら引用されることが少ない論文となっている。

この論文は高山帯というまとまりのある地域を対象にしており、景観生態学の定義に該当する。しかし研究の方法や研究の系譜からみると、トロールというよりも、小林国夫や今西錦司といった日本の山岳研究の流れに連なるものといえよう。

筆者はその後、高山帯における地質と植生分布との関連を論じたが(小泉,

第3章 地生態学の流れ 日本の地生態学 53

図 3-2 白馬岳北方稜線の地質境界（中央の地表面の色が変化する部分）
地質が変わると、地形も植生も連動して変化していることがわかる

1979a,b・1980a,b など多数)、これもドイツ流というよりも、現地調査から始まった土着の地生態学とみなすことのできるものである。図 3-2 にその一例を示したが、地質が変わると、地形も植生もすべてが変化する。このように地質の影響は景観上きわめて明瞭だが、このことは不思議なことに筆者が指摘するまでずっと見過ごされてきた。このケースなど、見ようと思わなければみえないということの、典型的な事例になりそうである。

　地質と植物の関係といえば、古くから蛇紋岩地や石灰岩地が有名で、一般の登山者の中にもこのことを知っている人が少なくない。こうした岩石の分布地では百数十年前の 19 世紀半ばから特異な植物が出現することが知られており、その原因はもっぱら岩石の化学成分にあるとされてきた。しかし筆者らが調べた日本の高山の場合、岩石の化学成分ではなく、むしろ岩石の割れ方の違いに原因のある方が少なくない。これも世界的には初めての指摘であるが、世界的にみれば、未だに岩石の化学成分のことしか眼中にない研究者がほとんどである。

　小泉武栄・新庄久志（1983）は、大雪山小泉岳付近の永久凍土地域において、夏に凍土の表層が融解した時に生じる浅い地下水位と、エゾマメヤナギ、エゾノタカネヤナギといった植物の分布が密接に関係していることを見出したが、この報告なども、上着の地生態学の中に含まれよう。いずれも地質からボトムアップで自然を把握する、筆者流の地生態学的研究である。

3. 横山による景観生態学の紹介

　1970年代の末になると、ドイツ留学から帰った横山秀司が、この分野の専門家として初めてトロール流の景観生態学をわが国に紹介した（横山，1979など）。横山の『景観生態学』（1995）の「あとがき」によれば、横山は1948年生まれ。明治大学の大学院生だったが、1975年秋から2年間の予定で、ドイツのボン大学に留学している。当初は地形学の研究をするつもりでいたが、ヘラーマン教授の地生態学の講義やクリンク教授の植生地理学の講義などを聴き、その中でLandschaftsökologieやGeoökologieという語が頻繁に登場することから、ドイツの地理学界でこの分野が重要な部門になりつつあることを感じたという。トロールは横山が留学する直前の1975年の7月に他界してしまっていたから、横山はトロールの講義は聴けなかったが、地理学教室はヘラーマンをはじめトロールの直系の研究者がたくさんいたので、横山は研究の指導や文献の収集などの点でも恵まれた留学生活を送ることができたという。

　横山はその後、アルプスの森林限界の実地調査を行うために、オーストリアのインスブルック大学に移り、オーストリア西部のレヒタールアルプスとエッツタールアルプスで現地調査を行った。彼はイン川を挟んで南北にそびえる2つの山脈を連ねる、地質‐植生断面図を作成し、その特性を論じている（図3-3）。また2つの山脈を構成するいくつかの地区を取り上げ、森林の分布や土地利用、地形、斜面上に生じた水流や雪崩道などを景観生態学図に示したほか、風、雪、地質、ホシガラスによる種子散布、人による森林伐採など森林限界の高度や成立に関わる因子について詳しく論じている。この研究はいわばトロールの系譜に連なる森林限界研究ということができよう。

　横山は帰国後、雑誌地理や地理学評論などに精力的に景観生態学の紹介や関連論文の執筆を行った。ドイツ語に堪能な横山は多数の文献を読みこんで、ヨーロッパ東アルプスの森林限界に関する研究のレビューを行い（横山，1979）、それまでのヨーロッパにおける森林限界の研究史と、森林限界を構成する樹木の生理・生態について詳しく紹介した。また気温、雪、風、地形、土壌、動物といった、森林限界の成立に影響する地因子について具体的な事例をあげて論じた。

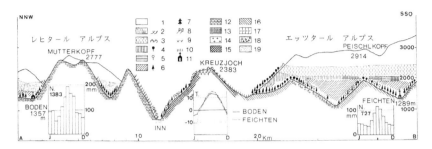

図 3-3 レヒタールアルプスとエッツタールアルプスの地質 – 植生断面（横山, 1995）
1. 高山草地 2. ハイマツ帯 3. 高山灌木帯 4. シモフリマツ林 5. カラマツ林 6. ドイツトウヒ林 7. モミ 8. 山地性マツ 9. 放牧地 10. 牧草地 11. 集落 12. 白雲岩 13. 白亜系の砂岩，礫岩 14. 花崗岩 15. 石英質千枚岩 16. 石英質雲母片岩 17. 角閃岩 18. 氷期の堆石 19. 沖積層

　横山はその後、ヨーロッパアルプスの事例の紹介から研究を発展させ、日本の飛騨山脈（北アルプス）の森林限界について精力的に調査を始めた。北アルプス全域の森林分布図を作成した後、蝶ヶ岳や薬師岳近傍の太郎兵衛平、朝日岳、前穂高岳北尾根地区などで景観生態学図を作成し、各地区の雪、風、地形等について詳しい報告を行った（横山, 1991・1992）。その1例を図3-4 に示す。

　横山はまず太郎兵衛平の植生景観の分布図を作成し、ここでは丸みを帯びた尾根に沿って、高山湿草地が分布し、亜高山針葉樹林と高山湿草地の間にハイマツ群落が現れることを指摘した。

　横山は図 3-4 のような植生分布が生まれた原因を、図 3-5 の地因子の作用構造図にまとめている。それによれば、鈍頂尾根では水を通しにくい手取層の地質に加えて、火山灰の風化層が不透水層となり、それが原因で高山湿草地ができたこと、谷筋では浸食により火山灰層が除去されたために、そこにオオシラビソ林が成立したことなどが示されている。

　このような作用構造図は、ドイツ流の景観生態学には存在せず、横山自身の工夫といえるが、筆者の地質から始まりボトムアップで自然を把握する考え方にきわめてよく似ているということができる。こうした作用構造図をみると、横山自身が並々ならぬ自然観察力をもっていることがわかるが、その後、横山はこのような研究から離れ、アルプスなどにおける農村ツーリズム

図 3-4　太郎兵衛平地区の
景観分布図（横山, 1995）
1. オオシラビソ林
2. ダケカンバ林
3. 低木林
4. ハイマツ群落
5. 雪田植生地
6. 高山湿草地
7. 裸地
8. 森林限界

の研究やジオツーリズムを中心とする観光研究等にシフトしてしまった。これはこれで大切だと思うが、野外で優れた観察力をもつ研究者はきわめて限られるので、筆者自身は彼の方向転換を残念に思っている。

横山は1995年には『景観生態学』（古今書院）という、わが国初の専門書の刊行も行い、後発の研究者に大きな影響を与えた。

4. 地生態学の発展

この頃からわが国では景観生態学的、あるいは地生態学的な研究が徐々に増加し始めるが、これには筆者らの土着の地生態学の流れと、横山に始まる景観生態学の流れの両者がタイミングよく合流できたということが大きかったといえよう。今ではこの分野の研究は、日本地理学会の機関誌『地理学評論』や『日本生態学会誌』などでも特別に珍しい存在ではなくなりつつある。

水野一晴（1986・1989・1990）の南アルプスや北アルプス大雪山の「お花畑」や高山植生の立地に関する研究、渡辺悌二（1986）の立山の内蔵助カール内の植生景観に関する研究などは、その代表的なものである。

水野は南アルプスのお花畑の分布をきめているのは遅い雪解けで、その原

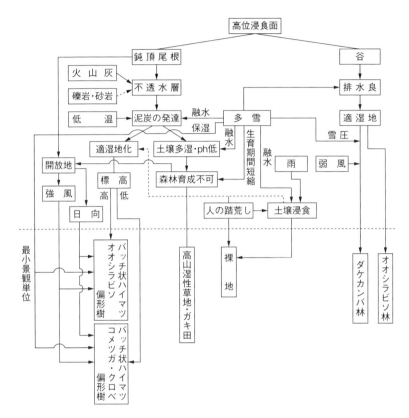

図 3-5 太郎兵衛平地区の地因子の作用構造（横山, 1995 を改変）

因は冬場、厚い積雪が生じることだとし、それをもたらしたのは、風背側斜面、線状凹地など6種類の地形だということを明らかにした。また北アルプスの黒部五郎岳と野口五郎岳の2つのカール内の植生分布については、克明な調査を行い、遅い雪解けに加え、カール内の微地形や表層地質が積雪分布を決める上で重要な役割を果たしていると述べた。ただなぜその地形ができたのかは考察しておらず、地質については調査しているものの、記載に止まっているため、もったいない感じがする。

　下川和夫（1980・1982）は、越後山脈の谷川岳や御神楽岳といった、極端な多雪山地から、雪崩のつくる地形について報告している。下川・横山

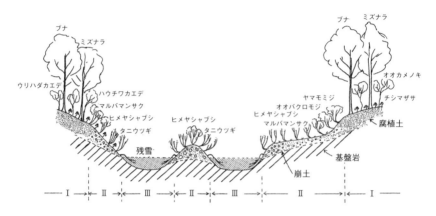

図 3-6 谷川岳一ノ倉沢の雪崩頻発地の植生分布（下川・横山, 1980 を改変）

(1982) は、谷川岳一ノ倉沢の雪崩の頻発する沢筋の植生分布について報告し、雪崩のつくる微地形に応じた植生分布が生じていることを明らかにした（図 3-6）。

　鈴木由告・清水長正（1985）、清水（1983）は、秩父山地の金峰山や破不山において、氷期に形成された岩塊斜面が森林限界を低下させていることを報告し、清水（1994）は早池峰山においても同様の事実を指摘した。

　筆者らも高山帯における斜面発達と植生分布の関わりという視点から、日本アルプスの赤石岳や蝶ヶ岳、薬師岳などの山岳地域において調査を行った（小泉, 1989・1995、小泉・田村光穂, 1985、小泉・関秀明, 1988）。それまでわが国では山地斜面に時代性があるということは、氷期の岩塊斜面を除いてほとんど認識されてこなかった。高山地形研究グループ（1976）の白馬岳での共同調査の際、岩田修二は鉢ヶ岳の西側山麓の長池を囲む流紋岩質の残雪砂礫地で、砂礫に埋もれた泥炭層を発見し、その生成年代がヒプシサーマルの温暖期に当たることを明らかにしたが、これは当時においては数少ない事例である。岩田は1946年生まれ、筆者とはほぼ同世代に当たる。卒業論文では白馬岳の北にある鉢ヶ岳で雪食凹地の形成過程をテーマにし、地生態学的な色彩の強い論文を書いた（岩田, 2018）。しかしその後、周氷河地形や氷河地形の研究に方向を転じ、2011年にはそれまでの研究をまとめて『氷河地形学』を出版した。また2018年には『統合自然地理学』を著し、

図3-7 岩屑に生じた風化風化被膜（周囲の白色部）

表3-1 薬師岳石英斑岩地域で識別された4期の斜面形成期
薬師岳・石英斑岩地域の岩屑にみられる風化被膜とその推定年代

岩屑が形成された推定年代	地 形	風化被膜
最終氷期前半（約6万年前）	モレーン	8.0 mm
〃	モレーン	7.8 mm
最終氷期極相期（約2万年前）	モレーン	4.6 mm
〃	平滑斜面	4.0〜4.4 mm
晩氷期（約1万年前）	モレーン	2.6 mm
〃	平滑斜面	2.4 mm
ネオグラシエーション期（約2,000〜3,000年前）	平滑斜面	0.8 mm

地生態学に通じる主張をしている。

　筆者らは岩塊や岩屑に生じた風化被膜（図3-7）を用いて岩屑斜面の時代区分を行い、たとえば薬師岳の高山帯の石英斑岩地域では表3-1に示したように、最終氷期前半、最終氷期極相期、晩氷期、ネオグラシエーション期、の4つの時期が識別できることを明らかにした。当該地域では、植物がほとんど生育していない岩屑斜面が広がるが、その原因はネオグラシエーション期という新しい時代の斜面の形成にあることが明らかになった（小泉・青柳, 1993）。

　同様に風化被膜による岩屑斜面の識別を行った白馬岳三国境付近の「節理岩」地区では、気候や地質の面で同じ条件下にありながら、植生が大きく異なる斜面について調べた。ここでは最終氷期極相期、晩氷期、ネオグラシエーション期の3つの斜面が識別でき（表3-2）、それぞれの植物群落も以

表 3-2　節理岩において風化被膜によって識別された斜面
3つの礫地における礫の風化被膜の厚さ

	風化被膜の厚さ（平均）	標準偏差	推定される形成年代
礫地 I	1.08 mm	0.43	ネオグラシエーション期
礫地 II	2.13 mm	0.85	晩氷期
礫地 III	4.05 mm	0.73	最終氷期極相期

下のようになっていることが明らかになった。たとえば、最終氷期極相期（2万年前）に形成された斜面では風衝矮低木群落が成立しているが、ネオグラシエーション期（3,000年前）の斜面では地衣類が生育しているだけであった。また晩氷期（11,000年前）の斜面では地衣類に蘚苔類が加わったが、矮低木や草本は生育していなかった（小泉, 1998）。この結果も驚くべきものであるが、未だに追随するものが現れないのは残念なことである。なおこの論文は、後に筆者が東京大学に提出した博士論文の中核部となった。

筆者と鈴木由告らは次に、地質の影響が山地帯でどのように現れるかを調べるために、奥多摩の秋川源流にある三頭山で地形と植生の調査を行った（小泉・鈴木・清水, 1988、小泉, 1993a）。この山には石英閃緑岩と硬砂岩（ホルンフェルス）という2種類の岩石が分布している。石英閃緑岩の方は斜面がなだらかで土壌が厚く、そこにブナが生えている。一方、硬砂岩の方は岩盤が露出していて高さ5〜10 mくらいの崖が現れ、岩盤にしがみつくように、イヌブナやツガやミズナラが生えている。このように山地帯でも地質の影響があるのだということが明らかになった。

三頭山ではさらに、鈴木からテーマを与えられた、筆者のゼミの学生（赤松直子）が、ブナ沢の渓床の森林にみられるシオジとサワグルミのすみ分けを調べ始めたが、調査の途中で豪雨による斜面崩壊と土石流が発生するという事件が起こり、大量の流木が発生した。その結果、図らずも、シオジとサワグルミのすみ分けや更新に土石流が大きな役割を果たしていることが明らかになった（赤松・青木, 1993）。これについては第III部第1章で詳しく紹介する。

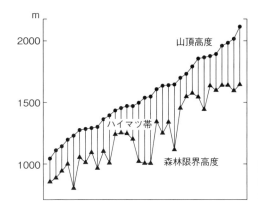

図 3-8 北海道の高山における
ハイマツ帯の高度分布
(沖津, 2001 を改変)

5. 沖津によるハイマツ帯の研究

沖津進は北海道の高山を対象とした一連の論文（沖津, 1983・1984・1985・2001 など）の中で、北海道では森林限界高度、つまりハイマツ帯の下限高度が山によって著しく異なることを指摘し、その原因を探った。これまでは WI（温かさの指数）15 の標高が森林限界に一致するとされてきたが、実際の森林限界は、いずれの山でも気象データから推定した WI15 の標高よりも低く、山頂の高度から 200 m ほど低い場所に位置していた（図 3-8）。

この原因として沖津は、冬の強い季節風によって山頂近くの雪は吹き払われ、亜高山針葉樹林は風衝による害を受けて生育できなくなってしまう、そのため森林限界が低下し、風衝に強いハイマツが生育することになったのだと結論づけた。

また彼は、ハイマツ帯が世界の他の地域には存在しない日本独特の植生帯であることを主張し、次のようなハイマツ帯の形成メカニズムを提唱した。2 万年前を中心とする最終氷期の極相期と 12,000 年前頃の晩氷期には、寒冷で乾燥した気候の下、北海道北部を広く覆っていたのはグイマツとエゾマツの林で、ハイマツはグイマツの林の林床に細々と生育していた。しかし完新世に入ると温暖化と多雪化によってグイマツは生育が困難になり、山岳地域に避難したが、強風や多雪に阻まれてハイマツだけを残して滅亡する。残されたハイマツは山岳上部でハイマツ帯を形成することになった。沖津の研究は、第四紀的な視点からハイマツ帯の形成を論じたユニークなものである。

6. 研究の中間総括と組織化

　1990年、松井健・武内和彦・田村俊和編で『丘陵地の自然環境—その特性と保全—』が刊行された。これも広い意味で地生態学の成果とみなすことができる書物である。編者の一人武内によれば、当時、丘陵地の地形は波状の起伏が続くばかりで把握しにくく、植生も人の手の入った二次的なものばかりだと思われていた。このため、丘陵地の地形や植生に関する研究はほとんどなく、自然の価値もほとんどないとみなされていたという。その結果、1960年代から70年代にかけて全国各地の大都市近郊で進められた開発計画に対して、自然保護側からの歯止めが効かず、大都市近郊の丘陵地は広い範囲で改変されてしまった。しかし多摩丘陵や仙台近郊など大規模なニュータウン建設計画のもち上がったところでは、環境アセスメントに基づく調査が実施され、丘陵地の自然が予想以上の多様性と価値をもっていることが明らかになってきた。『丘陵地の自然環境』はこうした調査にあたった研究者たちの報告である。そこからは田村の「丘陵地の地形分類」（図3-9）をはじめとする優れた研究も現れ、その後の里山の自然研究を導く成果となった。その後の研究でもたとえば、日本のチョウの多くは里山の人為的につくられた草原に生息していて、里山の自然の荒廃によって多くのチョウが絶滅の危機に追い込まれているということが明らかになってきた（石井実ほか、1993）。

　1990年代に入って、筆者はそれまでの地生態学的な研究の流れについて総説を書き、地生態学のあるべき姿について論じた（小泉、1993b・1996、Koizumi, 1996）。これはトロールの景観生態学とは異なる、わが国土着のボトムアップ的な地生態学の重要性と考え方を述べたものである。

　一方、2002年には横山の編集で、『景観の分析と保護のための地生態学入門』が出版された。この本では、地形、表層物質、地質、気候、雪、植生などの「地因子」別に、何人もの著者がこの時点までの地生態学的な知見を整理して紹介している。また2001年には、水野の編集で『植生環境学—植物の生育環境の謎を解く—』が刊行され、地生態学や植生学を専門にする若手が自己の研究を紹介し、研究の意義について述べた。

　地生態学の分野では、1990年代からようやく研究者が増え始め、1993年

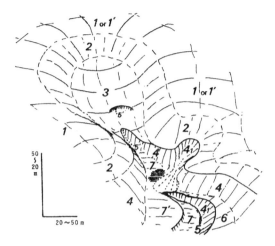

図 3-9　丘陵地の地形分類 (田村, 1987)

1：頂部斜面
1'：頂部平坦面
2：上部谷壁斜面
3：谷頭凹地
4：下部谷壁斜面
4_1：新期表層崩壊
5：水路（恒常的）
5'：水路（非恒常的）
6：麓部斜面
7：谷底面
7'：谷底面（わずかに段丘化）

度からは北海道大学大学院の地球環境科学研究科に、わが国では初の地生態学の講座が開設された（公式名称は「地球生態学講座」）。学部学生はゼロで、大学院生のみという研究科だが、北海道を主なフィールドにして特色のある研究を展開している。

　この研究科では、ヒマラヤや北海道の山岳地域における人間活動と自然破壊を扱った渡辺悌二（1989）や小野有五（1990）の研究など、アイブス流の応用地生態学的な研究も盛んになりつつある。また横山は、景観に配慮しながら進められているヨーロッパアルプスの山村におけるグリーンツーリズムについて紹介するなど、観光地の望ましい姿に関する研究を広く展開し（横山, 2002）、その後はジオパークをベースにしたジオツーリズムのあり方について議論を行っている。

　この他では、独立行政法人土木研究所の佐々木靖人を中心とする研究グループが、『応用地生態学　生態系保全のための地盤の調査・対策技術の体系化』という報告書を出している。副題は、「地形地質的視点に基づく生態系への環境影響の予測・軽減技術に関する共同研究報告書」となっていて、実際に環境アセスメントや河川工事などを行う立場からの研究事例が多数紹介されている。巻末には地生態学や景観生態学の文献リストがついていて役

立つ。

7. 植物生態学者による地生態学的研究

　植物生態学者による地生態学的研究も急激に増えてきている。植物生態学には、「地形分布」、「地質分布」という言葉もあり、石塚和雄編『群落の分布と環境』(1977)には、1970年頃までに行われた研究が紹介されている。「地形分布」には、高山における風と植生の関わり、積雪深と植生、残雪の分布と植生、雪崩と植生というような「小気候」に還元されるものが多いが、河原と河辺林、湿原、海岸（崖、塩沢地、砂浜、砂丘）といった地形単位ごとの植生も取り上げられており、地形形成作用の影響についても触れている。

　「地質分布」では、主に石灰岩地、蛇紋岩地の植生と火山地帯の植生が取り上げられている。石灰岩地で固有種やレリック的な特殊な植物が出現することは、ヨーロッパでは19世紀半ばにはすでに知られていたといい（清水建美, 1977）、その時点で$CaCO_3$という岩石の化学成分に原因があることが明らかになっている。『群落の分布と環境』では、山中二男が石灰岩地の植生について担当しており、日本の暖温帯林では、気候的極相の主体となるシイ林が石灰岩地にはほとんどないこと、モミやツガの代わりにカヤが多く出現することを紹介している。

　蛇紋岩地や橄欖岩地の場合も、超塩基性という岩石の化学成分の影響が強く表れ、日本では夕張岳、アポイ岳、早池峰山、至仏山、白馬岳、東赤石山（四国）などの高山に、遺存固有種が多数存在することが紹介されている。これについても山中が執筆している。蛇紋岩や橄欖岩はほかに高知や愛知、和歌山などの山地にも分布するが、広葉樹の代わりに、クロベ、コメツガ、キタゴヨウマツ、ヒノキ、ヒメコマツといった針葉樹が優占するのが特色だという。北海道の場合はアカエゾマツが優占することが知られている。低木ではシモツケ属、ツツジ属、ドウダンツツジ属が多いという。なお蛇紋岩地や橄欖岩地の植生については、北村四郎（1993）が日本全国の約30カ所を対象にした総説をまとめており、地形分布に含まれる崖地の植生については、永野巌が石灰岩でできた各地の崖について調査し、膨大な数の報告をしている。

　世界的にみると、石灰岩地、蛇紋岩地の植物の研究者はかなりの数に上っ

ているようで、『蛇紋岩植生』（Serpentine Vegatation）というタイトルの本も出版されている。筆者は白馬岳高山帯の蛇紋岩地の植生について日本生態学会誌に論文を掲載したことがあるが（小泉，1979b）、世界各国の 20 数名もの研究者から別刷りの提供を求める手紙が来て、驚いたことがある。

　『群落の分布と環境』の中で、火山地帯の植生については、石塚が執筆している。1914 年、1946 年に爆発した桜島や 1929 年に爆発した北海道駒ヶ岳などの噴火後の植生遷移の紹介が主だが、それだけに終わらず、たとえば広い面積を覆う溶岩流や火砕流（原文では浮石流）地域の場合、表面の性質が一様でないため、生えてくる植物に違いがある、などといった、地生態学的な指摘もされており、著者の観察眼がなみなみならぬものであることを示している。

　この本は植物生態学者が地形・地質に着目したという点で画期的な書物で、参考になる事柄も多いが、1977 年という早い時期にまとめられたものだけに、地形・地質に関してはどうしても限界があるように感じられる。

　しかし 1990 年頃から、大きな変化が起こる。森林の成立に山地斜面での崩壊や、渓床での土石流や洪水の発生が重要だということが、林学や生態学の分野でも指摘されるようになったのである。中村太士（1990）はその嚆矢だが、続いて酒井暁子と大澤雅彦（Sakai and Ohsawa, 1994）は、房総半島の清澄山の小流域で木本種の分布パターンを解析し、樹幹の直径が大きく安定相の群落をつくる種は尾根側に、直径が小さく遷移初期に出現するような種は谷側に分布することを明らかにした。尾根部に生育する種は針葉樹のツガ、モミと常緑広葉樹のスダジイ、アカガシ、ウラジロガシなどで、谷側に現れる種はほとんどが落葉広葉樹であった。谷側は土壌も薄いことから、Sakai らはここが浸食の活発な下部谷壁斜面にあたり、樹木はときに除去されるが、安定した上部谷壁斜面には極相を構成するような種が分布するのだと考えた。

　原正利ほか（Hara et al. 1996）も奄美大島の斜面で尾根から谷にかけて樹木の分布をしらべ、大きい個体は斜面上部（頂部斜面と上部谷壁斜面）に分布するが、下部谷壁斜面以下は小さい個体しかなく、樹種も上部と下部でははっきり分かれていることを示した。そして下部では地すべりや斜面崩壊といった地表の攪乱があるため、幼樹が大木になるまで生き残ることができ

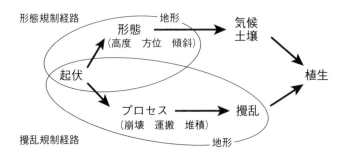

図 3-10　起伏がもたらす 2 つの作用（菊池, 2001 を改変）

ないのだろうと解釈した。

　この 2 つの論文は、それまで群落の分類や記載に重点を置いてきた生態学者の中にあってまさに画期的なものと言える。

　酒井 (1995) はフサザクラがもっぱら崩壊地に分布することを指摘した上で、フサザクラは幹の成長に伴って次第に傾き、ついには地面に平行になって頭を下にして垂れるようになるが、その結果、根元の部分には空いた空間ができるので、そこに新たな萌芽が次々に発生し、同時に古い枝は枯れてしまうのだということを明らかにした。これはフサザクラという種を対象にした地生態学的な研究といえる。

　菊池多賀夫は 2001 年、『地形植生誌』という優れた書物を著し、それまでの地形分布に関する研究を総括すると同時に、自身の行ってきた多数の研究を紹介した。菊池は起伏の役割を形態とプロセスに分け、前者は気候や土壌に影響するのに対し、後者は攪乱を経て植生に作用するという、地生態学そのものというべき考え方を示している（図 3-10）。この本では崩壊と植生分布の関係、東海地方の丘陵に分布するシデコブシ群落の成立要因などが詳しく紹介されている。

　彼は地形学者である田村 (1974) の提案した丘陵地の微地形分類と、同じく羽田野誠一 (1986) の提案した「後氷期開析前線」という概念を取り入れ、山地や丘陵地における地形の把握に大きな進歩をもたらした。「後氷期開析前線」というのは、1 万年ほど前に氷期が終了すると、豪雨の増加などによって山地や丘陵地では山麓の谷筋から浸食が始まり、徐々に上部や斜

図 3-11　後氷期開析前線の一例（飯豊山）
左手雪渓と植被の境目が後氷期開析前線にあたる

面に波及していくという考えに基づくもので、羽田野は浸食の上限に当たる遷急線を「後氷期開析前線」と呼んだ。この線より上部では氷期にできた地形が保存されているため、なだらかな丸みを帯びた地形になるが、この線より下方では浸食が活発になり、斜面は急傾斜になるという。スケールは異なるが、Sakai and Osawa（1994）の上部谷壁斜面と下部谷壁斜面に通じるような概念である。

図 3-11 は飯豊山の御西岳付近の山頂部に広がるなだらかな斜面である。周囲には後氷期開析前線が迫っており、その線より下方は急峻な地形が連続する。そのコントラストには驚くばかりで、開析前線より上方ではササ草原が広がるのに、下方では雪食凹地ができ、残雪や裸地や雪田植物群落が分布している。

2002 年、広木詔三編の『里山の生態学』が出版された。この本では東海地方の里山の自然が主に紹介されているが、その中に植田邦彦の東海丘陵要素植物群の成立に関する地生態学的な考察や、里山の歴史と成り立ちに関する論考も含まれ、きわめてレベルの高い書物となっている。編者の広木は大学院生時代には磐梯山で遷移初期の火山植生を調査しており、そこには地生態学的視点が認められる。

静岡大学の増沢武弘は『高山植物の生態学』（1997）を著し、富士山やヒマラヤ山脈での自らの研究を中心に、高山植物群落の立地や生態について紹介している。

増沢と明治大学の長谷川裕彦らの研究グループは、南アルプスの高山を舞

台に精力的な研究を行い、氷河地形、構造土などの微地形、あるいは植生を対象としたレベルの高い3冊の報告書を刊行している。また2016年には、上高地自然史研究会のメンバーが『上高地の自然誌　地形の変化と河畔林の動態・保全』という本を出版している。上高地とその周辺の北アルプスの高山や、そこを流れ下る河川を対象に、梓川の氾濫原の植生、扇状地や沖積錐・崖錐の植生、山地斜面の植生などの分布や成立環境を地形・地質とからめて説明している。この本もレベルが高く、堤防の建設による河道の固定や河床からの砂利の採取が、ケショウヤナギやドロノキからなる河畔林の存続を脅かしているとし、河畔林の保全を呼びかけている。

　筆者は2013年、『観光地の自然学　ジオパークに学ぶ』を出版した。これは伊豆半島や隠岐の島、佐渡、磐梯山、岩手山などの自然を対象にし、地生態学的な視点からの自然観察に役立つガイドブックを目指したものである。

　森定伸ほか（2014）は、瀬戸内海に浮かぶ豊島という島で、キャップロックである讃岐岩質安山岩の層が上部にある地域とない地域では、下部の花崗岩地域の地形や植生に違いが出ることを明らかにした。

　2016年には、『微地形学』（藤本潔・宮城豊彦・西城潔・竹内裕希子編著）という本が刊行された。丘陵地の地形分類に大きな貢献をした田村俊和氏の定年退職を記念して編集された本で、田村による総説の他、丘陵地や山地、平野における微地形分類、マングローブ林における微地形と植生配列、地すべり地の災害と危険度評価、自然災害と微地形、微地形と人間活動、といったさまざまな論考が掲載されている。地生態学そのものとはいえないが、きわめて近い分野の研究者が執筆しており、いい意味で現在の研究の到達点を示した記念碑的な書物になっている。植物生態学や景観生態学など、関連分野に対する影響も大きいだろうと思われる。

　2017年には崎尾均が『水辺の樹木誌』を出版した。この本では山地上流の渓畔林・渓谷林から扇状地や下流域に発達する河畔林、さらには後背湿地や湿原周辺に発達する湿地林や亜熱帯のマングローブ林についてまでを取り上げ、その成立条件を検討している。優れた労作である。

8. 日本における景観生態学の発展

　一方、緑地学や造園学、都市工学などの分野では、ドイツなどと同じように、景観生態学の研究方法が盛んに活用されるようになった。彼らは、雑木林やスギ林、アカマツ林、水田、畑、池、住宅地、公園などさまざまな景観要素がモザイク状に配置された里山や農村、郊外の田園都市のような場所を好んで研究対象とし、従来の景観生態学の枠を超えるような研究を盛んに行うようになった。

　上で上げた雑木林や池などの要素は、これまではすべて別々の分野の研究対象となってきたが、たとえば全体を里山という形でまとめて考えることによって、その地域の特色が把握しやすくなった。また水田と湿地の間の水生昆虫や両生類の移動、トンボ類の行動範囲、あるいは里山全体を行動範囲とする猛禽類の餌場や生活史の把握などといった問題も盛んに議論されるようになった。その結果、あるトンボの地域集団が孤立せずに交雑できるためには、500 m くらいの範囲内に別の池が必要だとか、繁殖に池と山地の両方が必要なサンショウウオの仲間が存続していくためには、どのような条件が必要か、といった類の研究が行われるようになった（森本編, 2012 など）。

　また農村を対象とした場合は、農村生態系の保存、河川の自然再生化に対する提言、谷戸田の保存、水田雑草の研究、土地利用の解析などがあり、他には、都市の緑と都市気候、ダムの建設と河川管理、河川改修工事の影響、景観に配慮した山地の緑化法、生物多様性などがテーマになっていて、自然に関わる人間活動全般が対象になってきていることがわかる。この分野では武内和彦と中越信和、森本幸裕、一ノ瀬友博の活躍が目立つ。武内（1976）は「景域生態学的土地評価の方法」を書いて、トロールの景観生態学を紹介し、1985 年には東ドイツにおける地生態学について紹介した。また 1985 年には井手久登と共著で『自然立地的土地利用計画』を著し、1991 年には『地域の生態学』を書くなど、精力的に活動している。

　中越はドイツで景観生態学を学んだ後、1987 年に帰国し、広島大学を拠点にして旺盛な研究活動を始めた。彼は 1996 年に「景相生態学の研究手法と解析」を書いたのをはじめとして、山火事跡地での植生回復や里山の管理、農村計画などについて多くの業績をあげている。彼は国際教育研究科という部門に所属しているため、東南アジアや中国などからきた留学生と共著で、

それぞれの国の農村計画や森林管理などについて論文を書いている。2004年には原慶太郎とともにターナーらの『景観生態学』を監訳している。

　中越らは1991年、沼田眞を会長にして「国際景観生態学会日本支部」を結成し（中越, 1996）、雑誌の刊行を始めた。日本支部はその後、名称を「日本景観生態学会」に変更し、現在では和文と英文の機関誌を刊行するまでに発展している。沼田の没後、会長は中越が務めている。

　なおこの学会に参集する研究者の一部には、自らの研究分野を景観生態学ではなく、ランドスケープ・エコロジーとする人たちも出てきている。1999年には、『ランドスケープ大系』という名前の全7巻の叢書が、日本造園学会の編集で刊行された。そのうちの第5巻が『ランドスケープ・エコロジー』に充てられているが、内容は緑地生態や植生管理、都市公園、農村生態系、里山、森林レクリエーション、アメニティ、草地・水辺の植生管理、ビオトープといった、かつて農学部の造園学科で扱っていた事柄である。この本ではランドスケープ・エコロジーは「生態系の空間的な分布のパターンに由来する現象を主な目的とする研究分野である」としており、「空間における不均一性や空間のパターン、あるいはそれらと生物現象の関係が研究の主な対象となる」としている。トロールの論文は引用されているものの、彼の考え方の影響はほとんどなくなり、実質的には環境計画やランドスケープ・プランニングといった側面が強く表れた分野となっている。生態学とエコロジーが違った分野とみなされるように、景観生態学とランドスケープ・エコロジーはもはや別の分野と考えた方がいいのかもしれない。ランドスケープ・エコロジーをあえて意訳すると「景観生態工学」ということになろうか。井手久登・亀山章（1993）の『緑地生態学』の場合も、英文タイトルはランドスケープ・エコロジーとなっており、これも同様の発想によるものと考えることができる。

　ちなみに日本造園学会は古い学会だが、1994年には学会誌の名称を70年近い歴史をもつ「造園学会誌」から「ランドスケープ研究」に変更している。

第4章　地生態学の課題と手順

1. 自然の全体像の把握

　地生態学は、自然のありのままの把握、別のことばでいえば、自然の全体像の把握を目指すが、そのためにはどのような方法をとったらいいのだろうか。序章で標高1,000 m程度の山地で起こっているさまざまなプロセスについて紹介したが、それは予想以上に多岐にわたり、多様性に富むものである。あらためてプロセスをまとめ直してみると、以下のようになる。図0-3を再掲する。

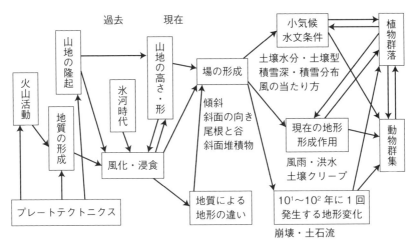

図0-3　地生態学のシステム（小泉原案）

・プレートの動きに伴う付加体（地質）の形成や、地層の堆積による基盤の岩石の生成
・火山活動による溶岩や火砕流の噴出と軽石・火山灰などの降下・堆積
・マグマの貫入による深成岩の生成
・マグマの貫入による基盤岩の変質
・地殻変動や隆起による基盤岩の高地への上昇
・風化・浸食による岩屑の生産と地形（起伏）の形成

・氷河時代（氷期）の地形形成プロセス
・重力や地震、水流、風等による岩体や岩屑の移動と堆積
・降水とその配分（一部は蒸散し、残りは表流水と地下水になり、地下水はどこかで湧きだす）
・数百年に1回程度発生する崩壊や土石流、あるいは地震や地すべりによる顕著な地形変化
・土壌の形成と土壌動物や菌類の活動
・樹木や草本の生育による森林や草原の形成
・毛虫や昆虫等を含む動物の生育と活動
・猛禽類など捕食動物の活動と食物連鎖
・四季の変化に伴う生物活動の変化
・川の流れと水路、河原、段丘等の形成
・川原における水位の変動と植物の生育
・川の中のさまざまな水生昆虫や魚、両生類などの生息

　山地ではこうしたさまざまのプロセスや生物活動が、いわば同時平行のような形で進行しており、それが生の「自然」を構成している。この多様性に富むさまざまのプロセスや活動は、これまでさまざまの学問分野に属する研究者によって調べられ、結果が報告されてきた。しかしながら、これで十分かというと決してそうではなく、すでに述べたようにこれまでの研究にはじつは大切な作業が抜けていた。それはさまざまの分野の間を「つないで」、山地の『自然』の全体像を把握することである。

2. 分野と分野の間をつなぐ作業の欠如

　山地の「自然」を構成する要素の中で、最も代表的な存在は森林であり、それを成立させている場が山地斜面である。この2つの間の関係はこれまでどのように扱われてきたのだろうか。筆者が論文を読んだり、生態学や林学関係の学会に参加したりして、この問題を理解するところでは、わずかな例外はあるにしても、植物生態学者や林学者にとって長い間、山地斜面とは単に樹木や草本が根をおろすための場所にすぎなかった。すなわち、その上に土壌は載せているものの、いわばある傾斜と向き（方位）をもった「板」の

ようなものでしかなかった。

　しかし実際には、山地斜面は単なる傾いた板ではない。その上で風化や浸食が起こり、表面や地下を水が流れ、土壌ができ、時には地すべりや崩壊、土石流などという地形形成プロセスが進行するダイナミックな地形変化の場でもある。また氷期という時期を経ることによって、岩塊斜面や、「後氷期開析前線」（羽田野誠一, 1986）と呼ばれる浸食の前線などが生じた。後者は斜面や谷筋を下って行くと突然現れる、傾斜の急になる場所（傾斜変換線）を指す。いわば浸食が盛んに起こっている場所の上限にあたる。そしてその結果でもあり、原因でもあるのだが、斜面には水平方向にも垂直方向にも凹凸が生じている。このことは樹木などの植物の生育に大きな関わりがあるはずだが、こうした性質は長い間ほとんど無視されてきた（小泉, 1992）。

　また現在の地形はそうした風化や浸食の結果として存在するものである。しかしこの点もほとんど考慮されることがなかった。したがってその場の傾斜が何度であるかとか、そこが岩盤になっているとか、礫がゴロゴロと堆積した場所であるとか、あるいは土壌が薄い場所であるとか、逆に厚い場所であるとか、などといったことは、まったく与えられた条件として扱われるだけで、斜面そのものがなぜ現在のような傾斜や向きをもつようになったのかとか、なぜそこが岩がちな場所になったか、などという点についての考察が行われることもなかった（小泉, 1993a）。例外はあるにしろ両者の関係は正しい意味では把握されてこなかったのである。

3. では何が問題なのか

　ところで上で紹介した優れた植物生態学者でもほとんど盲点になっている分野がある。それは地質や岩石といった分野で、地形とともに森林の成立する基盤環境を形成する重要な存在である。ツシマヤマネコの事例や後で紹介する事例のように、地形の形成そのものが地質や岩石によって大きく左右されるから、地質は基盤環境の中の基盤環境とみなすことができる。

　図4-1に示したのは、北アルプス白馬岳北方の主稜線沿いの自然景観である。写真の中景には白い色をした砂礫斜面が広がり、ほとんど植被を欠くが、手前は黒や褐色の岩塊や礫が覆い、そこに密な植被がついている。これは表層の地質（岩石）の違いを反映したものである。

図 4-1 地質の違いを反映した植物群落（白馬岳）

　ただしこの場合、地質の影響は、いわゆる「地質分布」で登場する石灰岩、蛇紋岩、橄欖岩といった、塩基性もしくは超塩基性と呼ばれるような特殊な岩石ではない。安山岩、流紋岩、花崗岩、砂岩、泥岩などといったごくありふれた岩石である。後で述べるように、この場合は岩石の化学成分ではなく、岩の割れ方や風化の仕方とできた岩屑の大きさが植生を決めている。地質が異なると、岩の割れ方や岩屑の大きさが違ってくるために、植生に違いが出てくるのである。

　先に示した図 0-3 は、以上で述べてきた筆者の地生態学についての基本的な概念を示したものである。図は左側に基盤環境を置き、右側に植物群落や動物群集を置いてあるので、左から順番に見ていっていただきたい。

　まずプレートテクトニクスによる付加体の形成や、地層の堆積により、何らかの地質（岩石）ができる。岩石はその後、地殻変動によってもち上げられ、高いところに位置するようになる。また火山活動によって噴出した溶岩やスコリア、溶結凝灰岩などは最初から高いところに位置する。

　こうして高所にもち上げられた岩石には、ただちに風化や浸食の作用が働き、岩片や岩屑が削剝されて起伏が生じる。岩石は緻密さや割れ目の入り方の違いなどによって、風化や浸食に対する反応が異なるため、「硬い」岩石は突出部をつくり、「軟らかい」岩石は浸食によって早く地表が低下する。こうして地表には凹凸が生じる。図 4-2 は北アルプス燕岳高山帯の花崗岩地域の写真であるが、同じ岩石なのに、突出した岩体をつくる部分と、これとは対照的ななだらかな砂礫地をつくる部分がある。原因はまだ明らかに

図4-2　燕岳高山帯、花崗岩のつくる地形

図4-3　木曾駒ヶ岳山頂部の中岳付近の岩塊斜面

なっていないが、おそらく割れ目の多寡や、鉱物粒子の大きさの違いが地形の違いをもたらしたものであろう。

　また2万年ほど前の最終氷期には、日本列島でも現在よりもはるかに寒冷な気候が卓越していたから、カールやU字谷のような氷河地形や氷河堆積物ができた。また凍結破砕作用のような、現在ではそれほど顕著でない風化作用が働いて、岩塊斜面のような、大きな岩が累々と堆積した地形をつくり出した。図4-3は中央アルプス木曾駒ヶ岳山頂部の中岳付近の岩塊斜面を写したものである。直径1〜3mもある大きな岩塊が斜面を覆い、岩塊の隙間を埋めるようにハイマツが生育している。岩塊斜面は日本アルプスや北海道の高山、あるいは関東山地の高山には広く分布し、山の自然の構成要素と

して重要な役割を果たしている。

　河川の働きも台風や豪雨の減少によって弱まり、河川沿いには河岸段丘ができた。また海面が現在よりも100 m あまり低下していたから、日本列島は拡大し、瀬戸内海が陸化するなどの変化もあった。河川のシステムも現在とは大きく異なっていたのである。

　氷期にできた氷河地形や岩塊斜面などの地形の原型に、完新世の風化や浸食が加わることによって、たとえば高山の非対称山稜や斜面といった現在の地形（場の条件）ができたが、この地形に冬の猛烈な強風や世界有数の多雪といった条件が加わり、高山の植生分布に大きな影響をもつ積雪分布や風衝、風背といった小気候条件、それに土壌水分や土壌型といった土壌条件ができる。また場の条件は風化や土壌の形成、あるいは匍行や地すべりといった現在の地形形成作用にも影響を与え、斜面崩壊や土石流の発生といった $10^1 \sim 10^2$ 年に1回程度発生する地形変化も支配する。

　そしてこの場の条件は植物群落や動物群集の分布に影響を与える。さらに植物群落は動物に餌や隠れ家を与えたり、逆に動物は毛虫が葉を食べたり、菌根菌が植物の成長を支えたりするというように、相互に影響を与える。また植物は根を張ったり、地表を保護したりして場の条件に影響を与え、動物も地面に穴を掘ったりすることで、場の条件を改変する。図では単純に表現されているが、それぞれの関係はクモの糸のように複雑に絡み合っているのである。地生態学徒にはこうした複雑な関係を切らずに把握することが望まれているといえよう。

4．地生態学研究の手順

　次に地生態学の研究を行う上での手順について書いておきたい。この種の本では、通常、テーマが決まってからの手順を書いている場合がほとんどだが、筆者はテーマをどのようにしてみつけ出すかということが、研究を進める上で最も大切なことだと考えているので、ここでは野外でテーマを発見するにはどうしたらよいかということから始めたい。

　(1) まず疑問をもつ訓練をする
　科学は基本的にまず何かについて不思議に思い、どうしてだろうという疑問をもつことから始まる。どんな分野であれ、これが一番大切なことである。

よい疑問をもち、それを解き明かすための優れた仮説をもつことができれば、それはそのままいい研究につながっていくことが多いし、逆ならずまずいい研究はできない。大学生や大学院生の場合、指導教員にもらったテーマで研究するのもいいが、研究者として自立していこうという気があるならば、やはり自前のテーマで研究すべきであろう。新しい分野を開くのは基本的に若い研究者の役割なのだから。

たまたま与えられたテーマが非常によかったために、思いがけずいい研究ができたという場合もよくあるが、これでは本人の実力とはいえない。やはり最終的には自分でテーマを発見する能力を身につけなければならない。そのためには常日頃から好奇心を旺盛にして、何にでも顔を突っ込み、何にでも疑問をもつように自分を訓練していく必要がある。他人の調べたことを覚えるだけでは、レポートは書けても研究にはならないということを早く理解すべきである。また指導教員や先輩にテーマをもらうことの重みをもっと自覚すべきであろう。

では地生態学的な「なぜ」を発見するにはどうしたらいいか。一番の基本は、植物でも地形でも何でもいいから、野外で実物をみて、「この植物はなぜここにあるのだろう」、「ここにはなぜこんな坂があるのだろう」というような疑問をもつ癖をつけることである。最初は単純な疑問でいい。たとえば里山でカタクリをみたら「なぜここにカタクリがあるのだろう」と考えてみる。高い山でゴツゴツした岩場をみたら、なぜここはゴツゴツしているのだろうかと考えてみることである。カタクリを見て「ああ、きれい」と思うのはいいが、それで終わっては単なる山草の愛好家にすぎない。研究者を志すなら、「なぜ」という疑問を常に忘れないことである。また自然観察会などに参加しても、よく植物や昆虫の名前を聞くだけで満足してしまう人がいるが、研究をしようというなら、名前を知るだけで満足していてはいけない。理由は同じことである。

普段の生活でも「電車に乗る時、人はなぜ端っこの席から座りたがるのだろうか」とか、「自由通路では多くの人が左側通行をするが、なぜか」、「この町にはなぜこんなに寺が多いのだろうか」、「この街にはなぜ若者がたくさん集まるのだろうか」、「女性はなぜ長風呂なのだろう」、「日本人はなぜヴィトンのハンドバッグをもちたがるのだろうか」、「ここはなぜ交通事故が起こ

りやすいのだろうか」などと考えるようにすると、効果が出ると思う。

　疑問をもったら、その時点でできるだけ自分なりの答えを出してみることが必要である。カタクリがあるところとないところでは、何が違っているのだろうか。生育している場所の地形はどうか。土壌水分はどうか。分布地に何か共通点はないだろうか。練習問題のつもりでいろいろな可能性を考えてみるとよい。

　このように、原因がこうであろうと推定することを『仮説』を立てる、という。いい仮説を立ててそれを立証していくのが、科学の研究である。これについては後の方でもう少し詳しく述べよう。

　さてこうした訓練を積み重ねていると、次第に自然の成り立ちがみえるようになってきて、疑問も解答も深くなっていくはずである。したがって野外へは何回も繰り返して観察に出ることが望ましい。

　ところでやみくもに疑問をもてといっても、まったくの白紙の状態ではなかなかうまくいかない。たとえば、カタクリが本来は雪国の植物だということを知っていてカタクリを観察する場合と、何も知らないで観察するのでは、観察の深みに大きな差が出てくるのは当然である。したがって自然については、当然ながらある程度の知識と教養があった方がいいわけである。

　ここで練習問題として、私が今、疑問に思っている疑問を書いておきたい。山形県の鶴岡市の近郊に、「高舘山」という標高200mに満たない低い山がある。この山はカタクリなど春植物の名所として知られているが、開花は何と東京よりたった1週間遅いだけの4月上旬である。新潟県辺りがまだ雪に覆われている時期に、この山では雪が解け、さまざまな花が咲き乱れているのである。このことから推定されることは、この山の一帯はかなり暖かいのではないかということである。ところがこの山では標高100m位から上部はブナ林に覆われている。ブナ林は一度伐採された後、再生したもののようだが、この高度でブナ林があるということは、気温が低いせいではないかということになる。春植物の分布を可能にする条件とブナ林の分布を可能にする条件が矛盾しているのである。なぜ両者の生育が可能になったのか、ぜひ謎を解き明かしていただきたい。

　(2) 先行研究の追体験をする

　さて次の段階でお勧めするのは、先輩の調査のお手伝いである。野外で実

際に調査の手伝いをしながら、なぜこのようなテーマをみつけたのか（あるいは与えられたのか）、どのような仮説をもって調べているのかなどと聞いてみるとよい。参考になることがいろいろあるはずである。発想の訓練にもなるし、新しい研究方法を身に着けることもできる。思わぬ副産物として新しいテーマを思いつくこともある。

　学会誌などに掲載されたいい論文をもって、その研究が実際に行われた調査地（フィールドとも呼ぶ）へ出かけ、その研究を追体験するということも大切である。これも非常によい勉強になる。可能ならば、その研究者にじかに案内してもらうとよい。これはもっと勉強になる。地理学や地質学、生態学などの分野では、研究者や教員が野外に研究者や学生を連れてでかけることを、「野外巡検」とか「巡検」あるいは「エクスカーション」、「臨地研究」などと呼ぶが、そういうチャンスがあったら、何をおいても参加した方がよい。それが面倒な人や、野外に出るのがおっくうな人はこういう分野の研究には向いていない。そういう人は実験や文献で勝負ができる別の分野にいくことが望ましい。野外の自然を相手にする研究者になるのはやめるのが賢明であろう。

　なお研究のごく初期においては、先行研究で使われた発想や研究方法を吸収すること自体が非常に大切なことが多い。たとえば卒業研究では、カタクリのような誰かが調べたのと同じ植物について、調査地域を変え、同じ発想、同じ方法で研究してみるだけでも、それなりのよい研究ができるものである。研究対象となる植物を変えるだけでもよい。他人のまねといえば、その通りだが、決して悪いことではない。オリジナリティーを云々するのは、先行研究のまねをきちんとすることができるようになってからで十分である。

（3）テーマの選定

　疑問を発展させていくとテーマが生まれる。研究テーマは疑問の延長上にあることが望ましく、一般的に言ってもその方がおもしろい研究になることが多い。

　地生態学の研究は、基本的に土地条件から生物の分布を考察していくという方法をとるから、生態学の研究とは自から異なってくる。その上、研究が始まってまだ日が浅いため、先行研究は少なく、それこそいくらでもテーマが成立しうる。地生態学の研究は研究対象によって次の3つに分けて考える

のが便利である。
　①個々の植物や動物を対象にした地生態学的研究
　②特定の地形形成作用に注目した地生態学的研究
　③ある地域の自然全体を対象にした地生態学的研究
　以下、それぞれについて簡単に解説しよう。
　①個々の植物を対象にした地生態学的研究
　鈴木由告のカタクリに関する研究が代表的なものだが、研究者の絶対数が少ないため、個々の植物を対象にした地生態学的研究は意外に多くない。鈴木にはカタクリの他に、ユリ科の草本・コシノコバイモに関する研究や、多摩川の流路変更によって生まれた細長い沼沢地に生じたミクリの群落に関する研究がある（鈴木, 1985a・b）。
　またすでに紹介したが、最近では房総半島清澄山付近で、川沿いに生育する樹木フサザクラの更新について論じた酒井（1995）の研究をそのよい例として挙げることができる。筆者らのタマノカンアオイやカントウカンアオイについての地生態学的研究も（小泉・押本・牧野, 1995）、その例に含まれよう。本書の第Ⅲ部4章も参考になるだろう。
　この他、筆者の関係した例では、清澄山のヒメコマツの分布に関する地生態学的研究（有井仁美・小泉, 1991）、山梨県櫛形山における遺存植物ヒメザセンソウの存続に関する研究（内藤大輔・小泉, 1994）などがある。
　このように個々の植物に関する地生態学的研究はまだ始まったばかりなので、研究を進めてもらいたい植物はそれこそ目白押しである。ブナ、ネズコ、ゴヨウマツ、トチノキ、サワグルミ、ダケカンバ、ハイマツ、コマクサ、ウルップソウ、ミヤマキンバイ、各地の高山に隔離分布するウスユキソウ属、地域ごとの種の分化が著しいカンアオイ類など、それこそきりがない。ブナは北陸から東北地方の日本海側で、太平洋側より明らかに低い標高にまで降りている。これはどうしてだろうか。ハイマツのように、すでに生態学的な研究がたくさんあるものもあるが、地生態学的な視点からきちんと見直しをすれば、おもしろい結果が得られるに違いない。エンレイソウやショウジョウバカマ、ミツガシワ、チョウノスケソウ、ミネズオウ、ガンコウラン、コタヌキラン、トウヤクリンソウ、イワスゲ、イワヒゲなども調べてみるといい結果が得られそうである。

私は通常、高山の強風地に現れるミヤマダイコンソウが、秋田駒ヶ岳では湿原周辺の水のたまるようなところに生育しているのをみたことがある。大雪山では残雪の消えたばかりの土地にミネズオウが多数咲いていた。いずれも不思議な現象であった。

②特定の地形形成作用に注目した地生態学的研究

　洪水や山地崩壊、土石流、地すべりなどといった、ダイナミックな地形変化が、植物の分布に与える影響を論じるような研究がこれに含まれる。このような地形変化は 10^1 年から 10^2 年に一回程度の頻度でしか発生しないから、その役割は、これまでの生態学の研究ではほとんど考慮に入れられることがなく、わずかに河原の植生と洪水の関係を論じた石川愼吾（1983・1987）の研究や、中村（1990）、崎尾（2017）の議論があるだけである。筆者のゼミでは、後で紹介するように、斜面崩壊や土石流の発生に伴ってシオジ、サワグルミの分布が決まってくることを論じた、赤松直子・青木賢人（1994）の三頭山での研究がある。

　しかしながら、崩壊や土石流は稀な現象ではあるが、200年に一回の割合で発生すると仮定すれば、氷河時代が終わって現在に近い環境になった、およそ1万年前から現在までの間（完新世）に、なんと50回も発生することになる。この程度の頻度で発生するとすれば、それは寿命の長い樹木にとっては、もはや事件というよりも当たり前の出来事といえよう。したがって当然そういう事件をうまく利用して分布域を広げるような形に進化した植物が生まれてくるだろうと考えられる。筆者は、サワグルミやシオジはそういったタイプの植物であると考えているが、タマノカンアオイなどのカンアオイ類も、豪雨の際などに斜面上を勢いよく流れる水流の働きや小規模な斜面の崩れなどによって、種の分布を拡大している可能性が強い（牧野・小泉，1995）。さまざまの植物についてこうした視点からもう一度分布や生活史を見直せば、興味深いことがいろいろわかってくるのではないかと思われる。

　また筆者は、日本海側の第三紀層からなる多雪山地において、地すべりの活動が植物群落の分布や構成に与える影響を調べたが（小泉，1999）、これにより、今まで植物社会学の研究などで存在が知られていた群落について、その成因が別の視点から説明できるようになったと考えている。

　近年、植物生態学の分野や林学の分野で、羽田野（1974）の後氷期開析

前線（または浸食前線）の考え方が急速に普及し、研究に大きな影響を与えつつある。これなどはたいへん望ましい傾向であるということができよう。

いずれにしてもさまざまのスケールの地形変化が、植物や群落の分布や組成に大きな関わりをもっていることは確かである。この点についても研究の絶対数が少ないので、研究に今まで以上の力を注ぐことが望まれる。

③ある地域の自然全体を対象にした地生態学的研究

個々の植物や群落だけでなく、ある特定の山域や丘陵地を対象にした地生態学的研究を行うことも可能である。

最も代表的な研究として、すでに紹介した筆者の木曽駒ヶ岳の高山帯の多様性に富む自然景観の成因を論じた研究を挙げることができよう（小泉，1974・1993a）。

横山は本来、ヨーロッパ流の景観生態学を得意とする研究者であるが、北アルプス薬師岳の太郎兵衛平付近の、森林限界とそれに関わる景観についての研究は（横山，1991）、日本流の地生態学の特色をよく示している。彼は、高位浸食面をつくる緩斜面のうち、谷筋では排水が良好なため、オオシラビソやダケカンバの林が成立するが、鈍頂尾根では排水が悪く、泥炭が発達するため、森林の成立は不可能で、湿性の草地やガキ田ができやすいことを明らかにした。この研究は森林限界の成立がテーマになっているが、地域地生態学の研究としても優れたものといえよう。

このようなタイプの研究は今のところ研究事例がごく少ない。しかしこの薬師岳の例のように、研究が進むと思いがけない結果が得られることがしばしばある。また調査自体が非常におもしろくなることが多い。多くの研究者の参加をぜひ望みたい。

第 II 部

高山帯の植生

第1章　中央アルプス木曾駒ヶ岳高山帯の自然景観

研究のきっかけ

　筆者は大学の学部時代、鳥海山や月山など東北地方の火山や、南アルプスの北岳、仙丈ヶ岳などに登り、地形や植生の観察を始めた。しかし本気で高山の自然の研究を始めようと思ったのは、大学院修士課程1年の夏（7月）、山の研究者・五百沢智也(いおざわともや)さんに連れられて、北アルプス最北部の朝日岳から雪倉岳を経て白馬岳にかけて縦走したことがきっかけである。雪倉岳や鉢ヶ岳付近には思わず息をのむような広闊で多彩な景観が展開し、筆者は高山帯の風景の美しさに強く感銘を受けた。お花畑を彩るさまざまな高山植物の群落。そこでは強風地や風背地のお花畑そのものがさらに多くの群落に分かれ、さまざまな色合いのモザイクをつくって分布していた。そしてハイマツやお花畑の間には、おびただしい数の残雪や、雪食凹地や岩屑斜面があり、二重山稜の地形も至るところでみることができた。砂礫地にはみごとな条線土や多角形土が発達している。こんな素晴らしい山域は初めてである。私はこの一帯の山の自然の美しさにすっかり魅了されてしまった。

　ここは北アルプスの主稜線から別れた支尾根にあたるため、見あげると行く手には主稜線にあたる白馬岳や旭岳の山体がどっしりとそびえている。旭岳には氷河が削りとったカールの窪みや崖があって、崖の下には崖錐ができ、沢筋には小さい流れもみえる（図1-1）。実にのびやかな風景である。

　筆者がこの時、不思議に思ったのは、日本の高山では亜高山帯までは針葉樹林の中を延々と登る単調な登山を強いられるのに、森林限界を超えて高山帯に入った途端に、風景が多彩になり、美しくなる、それはどうしてだろうか、ということである。このことは南アルプスでより明瞭に現れるが、下山してから調べてみたところ、日本人はこうした高山帯の風景を当たり前のものだと思っているせいか、筆者の抱いた疑問に対する答えはなかった。つまり誰も調べてはいなかったのである。そこで筆者が考えたのは、いささか乱暴だが、これを修士論文のテーマにしてしまおうということであった。

図 1-1　上空から見た白馬連峰北部
中央左に白馬岳、右下のピークは鉢ヶ岳

　とは言っても誰もやっていないテーマだから、研究計画を立てようとしてもお手本はない。しばらく手探りの状態が続いたが、山岳気候や構造土に関する文献を読むなどしていろいろ考えたところ、高山植物の生育も構造土の形成も残雪も、山の1年間の季節変化に伴って生じる現象だということに気がついた。そこでまずは高山帯における四季の自然の変化を追い、それとの関わりで高山植物の分布や構造土の形成条件を考えてみようと思いついた。ただ北アルプスの北部は冬の気象条件が厳しく、筆者の力では冬季の登山は危険すぎるので、代わりに冬場もロープウェイが稼働し登山もできる中央アルプスの木曾駒ヶ岳に調査地域を設定した。そして秋口からほぼ毎月1回は登山して、冬季の積雪深の変化や春先から夏にかけての雪解けのパターンを把握しようと考えた。こうして私は1971年の10月から木曾駒ヶ岳の高山帯で定期的に植生や積雪の調査を始めたのである。

1. 木曾駒ヶ岳高山帯の自然地理的環境

　木曾駒ヶ岳は中央アルプスの北部に位置する標高2,956 mの高山である。中腹以上はほぼ花崗岩からなり、山頂部を除いて険しい地形が続く。森林限界は2,600 m付近にあり、そこより下がコメツガやシラビソを主体とする亜高山針葉樹林帯、上が高山帯となる。ロープウェイ終点の千畳敷駅は標高2,600 mにあり、駅を出ると正面にすり鉢を半分に割ったような巨大な窪みがみえる。これが千畳敷カールで（図1-2）、氷期の氷河の浸食でできた地形である。

第 1 章　中央アルプス木曾駒ヶ岳高山帯の自然景観　　87

図 1-2　千畳敷カール

図 1-3　調査地域
手前の中岳から本岳の南斜面を望む

　カールの内部にはさまざまなお花畑やミヤマハンノキの低木林が広がり、散策に適した場所になっている。山頂に向かうには、平坦なカールの底から美しいお花畑の続く崖錐を通り、急なカールの壁を登っていく。2,880 m 付近で乗越浄土という高原に出る。ここからはなだらかな地形が続く。この高原上には、最高峰の本岳（木曾駒ヶ岳 2,956 m）と中岳（2,925 m）、宝剣岳（2,931 m）の 3 つのピークがそれぞれ 50 m あまりの比高でそびえている。筆者は、このうち本岳と中岳の間の、たわんだ鞍部を中心とする一帯（図 1-3）を調査地域にすることにした。
　本岳と中岳からは東西方向に支稜線が延びており、両者にはさまれた菱形の部分に当たる。ここには高山帯の植生や地形が凝縮した形で分布しており、調査には適した場所であった。

88　第Ⅱ部　高山帯の植生

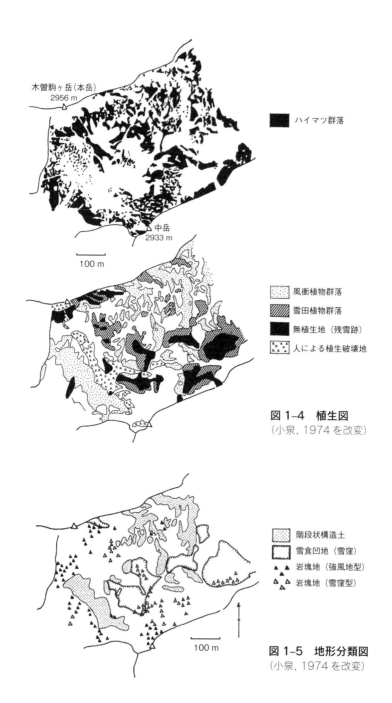

図 1-4　植生図
（小泉, 1974 を改変）

図 1-5　地形分類図
（小泉, 1974 を改変）

第1章　中央アルプス木曾駒ヶ岳高山帯の自然景観　　89

図 1-6　階段状構造土 (小泉, 1974 を改変)

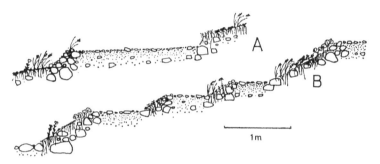

図 1-7　木曽駒ヶ岳の階状土の断面 (小泉, 1974 を改変)

2. 植生分布と地形分類

　現地調査と空中写真の判読により、最初に植生図（図 1-4）と地形分類図（図 1-5）を作成した。植生図は高山帯の極相植生にあたるハイマツ群落と、それ以外の群落に分けて示した。
　冬場は広い鞍部を西からの強風が吹き抜けるため、植生図の左側一帯は風衝植物群落が優勢で、それを囲むようにハイマツが分布する。ただし強風地でも斜面上の岩塊の背後など、ちょっとした凸部の背後に丈の低いハイマツが点々と現れる。その東には登山者による人為的な植被の破壊地が広がる。残念なことだが、昔の登山者が野放図な歩き方をしたため、広い面積にわたって植被が破壊されてしまった。
　これに続く部分は、強風地から吹き払われてきた雪が堆積する場所にあた

図1-8　ヒナウスユキソウ

り、そこには深さ数mの雪食凹地ができ、その内部には夏まで残雪があり、雪田植物群落ができている。強風地から雪が吹きだまる場所への移行地に頂上山荘がある。雪食凹地の底には無植生地があり、その周囲には蘚苔類や地衣類からなる貧弱な群落ができている。

　これより東方では、斜面上の凸部に風衝植物群落、凹部に雪田植物群落が現れ、それを2回繰り返す。凸部にはみごとな階段状構造土（階状土ともいう）が生じている（図1-6）。これは幅数十cmないし2m、長さ数mから十数m、高さ数十cmの階段状の地形で（図1-7）、数十段も連続している。階段状構造土の平らな面を上面、崖になった部分を前面と呼ぶ。上面は砂礫地になっていてミヤマキンバイやイワツメクサが点在するものの、ほぼ無植生に近い。前面にはヒナウスユキソウ（図1-8、別名コマウスユキソウ、中央アルプスの固有種）やオヤマノエンドウ、ヒゲハリスゲ、トウヤクリンドウなどが密に生育している。

　また図1-5の地形分類図に示したように、本岳、中岳の頂上に近い斜面や雪食凹地内を中心に、径1～2mもあるような粗大な岩塊が累々と堆積している（第Ⅰ部の図4-3）。

　ここでごく簡単に各群落の組成と構造を述べておきたい。

　ハイマツ群落はハイマツがほぼ100％地表を覆う場合から、丈の低い個体が斜面上に点在するものまでさまざまである。群落の高さも前者の場合、数十cm～1m程度に達するが、後者の場合は10～20cm程度に過ぎず、周囲は風衝植物群落に囲まれる。丈の高いハイマツ群落にはハクサンシャクナゲ

やコケモモ、ゴゼンタチバナ、コイワカガミなどが伴い、林床にはゴカヨウオウレンやミツバオウレンとスギゴケ、ハナゴケなどが生育する。

　風衝植物群落は図では1つにまとめて表現されているが、実際は3つに分けられる。1つはヒゲハリスゲ、オヤマノエンドウ、ミヤマクロスゲ、イワスゲ、ヒナウスユキソウ、トウヤクリンドウなどからなる群落で、通常、風衝草原と呼ばれるものである。群落は丈が低く、地面にへばりつくように生育している。

　2つ目はガンコウランやクロマメノキ、イワウメ、コメバツガザクラなどのツツジ科の矮低木を主体とし、ミヤマコゴメグサ、ミヤマダイコンソウなどを伴う群落である。これは通常、風衝矮低木群落と呼ばれている。以上の2つの群落は60～90％程度の植被率を示し、ハナゴケ類、エイランタイ類、ムシゴケ類などの地衣類が混じるのが特色である。

　3つ目は砂礫地に出現する群落で、ミヤマキンバイやイワスゲ、イワツメクサ、タカネツメクサがまばらに出現する。植被率はごく低い。

　3つの群落はいずれも強風の吹き抜ける斜面上の凸部に入り混じって分布しており、植生図に分けて表現するのは困難なので、まとめて示してある。

　雪田植物群落はチングルマやコメススキ、ウサギギク、アオノツガザクラ、コイワカガミなどからなり、一部にはガンコウランやキバナシャクナゲも入り込んでいる。これも細かくみれば、いくつかの群落に分けられるが、ここでは一括して扱うことにする。植被率は95～100％に達し、群落の高さも10～30 cmとやや高い。雪田植物群落というのは、本来ならば白馬岳のような多雪山地の残雪跡地にできるハクサンコザクラやイワイチョウを主とする群落を指しており、ここの群落は低茎草原に分類した方が正確だが、本論文では便宜上、雪田植物群落と呼ぶことにしたい。

　このように調査地域内には、雪倉岳や白馬岳には及ばないものの、多彩な植物群落や地形がモザイクをつくって分布していることがわかる。

3．多様性の原因を探る

　一帯には多様な植生や地形、残雪のあることはわかったが、その原因を探るにはどうしたらいいのだろうか。山に関する本や論文を読み漁っているうちに、たまたま『現代地理学講座2　山地の地理』という講座本に出会った。

1956年に発行された古い本だったが、そこにはトロールの熱帯山地の気候や周氷河地形に関する論文の紹介が載っていた。ペルーやボリビアのような熱帯にある国の高山では季節変化というものがほとんどない。このため、植物の垂直分布帯は気温に応じて明瞭に発達し、たとえばペルーの標高3,800～5,200 m くらいにかけては、1年を通じてほぼ毎日気温が0℃をはさんで上下するため、地表面が凍ったり解けたりを繰り返す。そういう日を凍結融解日といい、その日数は1年に340日近くに達する。そこでは構造土の発達がきわめてよいのだという。私はトロールの原典に当たるほか、極地と温帯高山の構造土に関する大部の研究（Troll, 1944）も読み、思考を深めることを考えた。

トロールによれば、温帯の高山では夏冬の寒暖の差が大きく、季節変化がはっきり現れる。これは当たり前といえば、当たり前なのだが、たとえば植物の立場に立って考えると、その変化は植物の生活を左右することになる。たとえば冬場にはそのままなら枯死してしまうような低温にさらされるわけで、生育はもちろんできない。しかし初夏にあたる時期になると、気温は徐々に上がって植物は生育を始め、夏場には気温が上昇して、植物は旺盛な生育が可能になる。そして秋から冬にかけて植物は再び生育が困難な時期に移行していく。

これに対し、構造土の形成には春と秋の表土の凍結融解が重要な役割を果たすことになる。表土が凍ったり解けたりを何回も繰り返すと、砂礫は大きな礫と細かい砂や泥に篩い分けられ、移動して条線土になったり、多角形土になったり、階段状になったりする。

つまり温帯高山の季節変化は、植物の生育を可能にしたり、不可能にしたりするが、一方で構造土の形成も可能にしたり、不可能にしたりしているわけである。この辺りに多彩な景観を読み解くヒントがありそうだと、私は考えた。

(1) 気温の年変化

たまたまロープウェイの千畳敷駅で通年の気象観測をしていることがわかったので、さっそくその資料を借り受け、毎日の気温のデータを整理することにした。私は自記記録紙から日最高、日最低の気温を読み取り、1カ月ごとに平均し、その年変化をグラフに表した（図1-9）。資料は1968年から

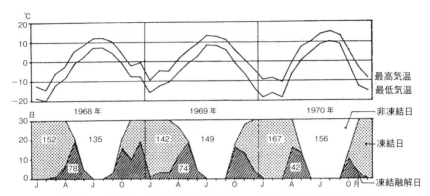

図 1-9　木曾駒ヶ岳周辺における気温の年変化・凍結日・凍結融解日（小泉，1974 を改変）
千畳敷山荘の気象データをもとに作成。下のグラフ中の数値は日数

1971年にかけての3年間分である。またTroll（1943）にしたがって、気温が0℃以上に上がることのない凍結日、0℃を挟んで上下する凍結融解日、0℃以下に下がることのない非凍結日の3つを月別に集計し、それらの年間分布を示した。各日数の3年間の平均はそれぞれ153日、65日、148日となった。つまりおよそ5カ月は凍結しっぱなしで、2カ月が凍結融解の繰り返し、残りの5カ月が温かいということである。なお調査地域は千畳敷より300mあまり高い場所にあり、気温は1.5℃ほど低くなるはずであるが、補正はしないでそのまま用いることにした。

木曾駒ヶ岳の高山帯における気温の年変化をみると、次のようである。

12月から3月までは厳冬期である。1、2月は月平均で−15℃程度まで下がり、最低気温の極値は−25℃を下回る。3月から4月にかけて気温は次第に上昇し、氷点を挟んで上下する日が現れる。この凍結融解日は4月中旬から5月にかけて急激な増加を示すが、6月に入ると減少し、代わって氷点下に下がることのない非凍結日が卓越する。7、8月は気温の高い季節で、特に8月には日中15℃を超える日がかなりの頻度で出現する。9月から気温は下がり始め、10月には再び凍結融解日が増加する。11月になると、0℃を超える日はまれになり、再び厳冬期に移行していく。

このような季節変化はどのような役割を担うことになるのか、順番にみて

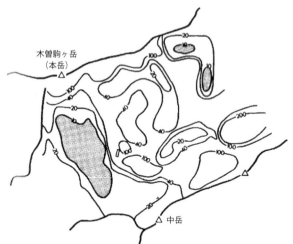

図 1-10　1月半ばの
積雪深の分布
(小泉, 1974 を改変)

みよう。

　まず冬季の低温は土壌を硬く凍結させ、地形の変化を止めてしまう。また植物の生育を不可能にする。次に氷点を挟んでの気温の上下は、表土の凍結と融解を繰り返し引き起こすことによってソリフラクション（表土の流動）を発生させたり、構造土を形成したりする。また岩石を破砕して岩屑を生産することもある。一方、夏の高温は高山植物の旺盛な生育を保証する。

　以上のように、気温が年周期で変化するため、この地域は1年のうちに構造土の形成条件もハイマツや高山植物の生育条件も、さらには植物の生育を拒否する条件もすべて備えているといえる。結果的に、同じ土地の占拠をめぐって植物と構造土の間に競合が生じるであろう。問題はそうした気候条件が両者にいかに有効に作用しうるかということである。これについては積雪の有無が重要になってくる。雪は熱を通さないため、ある程度の積雪があれば、低温は植物や地表に直接作用することはなくなってしまう。つまり低温は効果を発揮しないことになる。筆者はこのような仮説を立て、それに関わる冬の積雪深と、春から夏にかけての融雪パターンを調査することにした。

　(2) 冬の積雪深

　図 1-10 は 1971 年 1 月 18 日、つまり厳冬期における調査地域の積雪深の分布を示したものである。10 cm 以下の場所にドットをかけてあるが、風衝

草原や階段状構造土の分布する鞍部の西側や東の凸型斜面では、積雪は 10 cm 以下で青氷になっているところが多く、積雪は多いところでも 20 cm に満たなかった。下の地面は完全に凍結していた。一方、ハイマツの広く分布しているところはおおむね 40〜100 cm ほどの積雪深になっていて、ハイマツはほぼ雪にカバーされていた。ただし強風地に近いところではハイマツは雪面すれすれか、わずかに露出しており、そこの積雪深は 10〜12 cm であった。露出していたハイマツはその後、赤く変色し、後には葉が落ちて枯れてしまったから、ハイマツの生存には少なくとも 10 cm 程度の積雪深が必要なようである。

雪田植物群落の分布する凹地の中の積雪深は、最も深いところで 200 cm を超していたが、大部分の凹地では 100〜200 cm と、厳冬期にしては意外に少なかった。これは西高東低の冬型の気圧配置の時には、太平洋側に位置する木曾駒ヶ岳ではそれほど雪が降らないことを意味している。日本海からの雪はこの山まではなかなか到達しないのである。3 月の調査でわかったのだが、木曾駒ヶ岳では南岸低気圧の通過に伴う積雪が多く、この時期に積雪深が急増する。この時、私たちのテントは夜中に大量に降った雪でつぶされそうになり、あわてて外へ出て雪かきをせざるを得なかった。3 月 9 日の積雪深をみると、積雪深は強風地ではほとんど変わらなかったが、凹地の内部では大幅な増加を示し、4 m の測深棒を用いた方法では測定の限度を超えるところが多かった。春先の残雪の厚さから推定すると、6〜8 m 程度に達していただろうと思われる。

強風地では雪がほとんど欠如しているような場所が多いが、風衝地の植物はさまざまな工夫をして低温や強風、凍結に耐えている。植物はほとんどが多年生で、結実後、ロゼット葉や地下茎だけ残して地上部が枯れてしまうものと、イワウメやミネズオウのように、できるだけ丈を低く抑えてじゅうたん状に密生しているものがある。後者の場合、越冬葉は丸く巻き込んで針のようになっている。厳しい環境だが、前年のイネ科植物の枯死体などによって寒風にさらされることを免れている植物が多い。

なお 1 月の調査では、3 日分の調査データを記録したフィールドノートが強風にさらわれるというアクシデントがあり、風の強さをまさしく体感したが、こうした冬山の厳しさを肌で感じることができたのは後々、貴重な体験

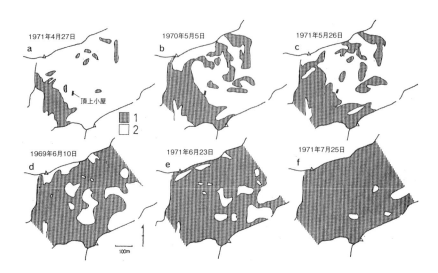

図 1-11　木曽駒ヶ岳頂上周辺の消雪のパターン (小泉, 1974 を改変)
消雪した部分をアミがけで示す

になった。
(3) 消雪パターンと消雪の時期

　厳冬期には雪による保護のあった方がいいが、春から夏にかけてはある程度早く雪が消え、暖かさを利用できることが植物にとって望ましい。消雪が遅れると生育期間が短くなるため、生育できる植物は限定されてしまう。ハイマツは特に光合成を行わない木部の割合が大きいため、生育期間が短い場所では生育が困難である。

　筆者は1971年の4月下旬からほぼ1カ月間隔で消雪の進み方と残雪の残り具合を調べてみた（図1-11のa、c、e、f）。参考のため1970年5月5日と1969年6月10日現在の消雪地の分布も示す（図のb、d）。消雪の時期は年によってかなり異なるが、おおよその傾向は把握できる。消雪が最も早いのは風衝植物群落の分布する場所で、4月下旬には消雪が始まり、5月中旬までには完了する。これに次ぐのはハイマツの分布地で、4月下旬から6月上旬までに雪が消える。6月上旬から7月中旬にかけて消雪する凹地には雪田植物群落が成立する。

　このような消雪時期と植生分布の関係を、群落ごとの環境条件の変化の図

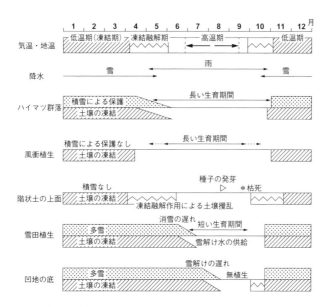

図 1-12 場所ごとの生育条件の変化（小泉，1974 を改変）

にまとめた（図 1-12）。

　まず一番条件のいい場所に成立するのはハイマツ群落である。ハイマツの生育する場所は、冬は積雪で保護され、その一方で消雪は風衝植物群落の分布地に次いで早い。このため、ハイマツは常緑樹の特質と夏季の高温を生かして旺盛に生育し、条件が許す限り広く分布する。その結果、条件のいい土地はすべてハイマツに占拠されることになる。

　このことがハイマツを高山帯の極相種にしているわけだが、冬場、積雪に乏しく低温と強風にさらされる場所や、雪解けが遅れ、夏季の高温の利用が制限される場所では、ハイマツは生育できない。このため土地が空き、初めて他の高山植物群落の成立が可能になる。斜面凸部の風衝植物群落と、窪みに成立した雪田植物群落がこれに当たる。

　ただ凸部では冬の厳しい条件に耐えうる植物しか生育できないため、早い雪解けによって長い生育期間をもつにもかかわらず、群落は丈が低く、生産力の低いものとなっている。冬の条件が悪すぎるために、春から夏の恵まれた条件を生かし切れていないのである。

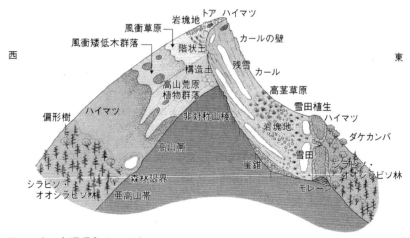

図 1-13 山頂現象のモデル（小泉，1983b を改変）

　逆に凹地の中では、生育期間は短縮されているものの、夏の高温期の直前に雪が消えるため、植物は与えられた条件を生かしてある程度丈を高くすることに成功している。ところによっては高茎草原に近いお花畑をつくることができるほどである。ただし7月下旬以降に残雪がもち越される窪みの底では、生育期間の不足で貧弱な群落になったり、無植生になったりしている。

（4）山頂現象

　ここでもう少し視野を広げて、山全体の中での高山景観の位置づけについて考えてみよう。山全体を見渡すと、風衝植物群落や雪田植物群落、構造土などは、実は稜線に近い部分に限って出現していることがわかる。これは強風の影響を受けて吹き曝されるところと、雪が吹き溜まる場所とが稜線に近い部分に限られているからである。稜線からある程度下がれば、冬の強風の影響はもはやみられなくなる。

　ヨーロッパアルプスでは、森林帯の標高にありながら山頂部や稜線沿いで森林が欠如する現象が知られており、山頂現象とか山頂効果とか呼ばれてきた。木曽駒ヶ岳の場合、欠如するのは森林ではなく、ハイマツだが、基本的な性格は同じものだと考えられる。つまり本来ならばもっと高い標高に出現する高山植生や構造土が、山頂現象としてハイマツ帯の中に低下してきていると考えることができるのである。

そこで話をわかりやすい非対称山稜に移して表現したのが、図 1-13 である。図の左側が風上側に当たるが、強風の影響を受けるのは稜線から標高差にして 50〜200 m くらいの範囲である。一方、風下側では氷期にできたカールがあるため、影響を受ける範囲は 300〜400 m と広がる。こちらでは雪崩の影響も大きいと思われる。

まとめと考察

　日本列島では、3,000 m 近い高山は日本アルプスと八ヶ岳連峰、それに富士山・御嶽・乗鞍岳・白山といった火山に集中している。このうち火山については、火山活動の影響が現れるから、その点も考慮する必要があるが、日本アルプスの山々や八ヶ岳についてみると、高山帯の景観はやはりモザイク状であり、基本的に山頂現象として生じていることが理解できる。

　日本アルプスなどに次ぐ高山は関東地方北部と西部にある。北部では日光白根山が 2,500 m を超え、男体山、女峰山、皇海山、草津白根山、浅間山などの火山も 2,000 m を超える。尾瀬の燧ヶ岳や至仏山、平ガ岳も同様である。西部は関東山地に当たり、金峰山や国師ヶ岳、甲武信ヶ岳、瑞牆山などの高峰がそびえる。

　しかしそれ以外の地域では、2,000 m を超える高山は少ない。東北では鳥海山 (2,236 m)、飯豊山 (2,105 m)、岩手山 (2,038 m)、会津駒ヶ岳 (2,133 m)、帝釈山 (2,060 m) 辺りが 2,000 m を超えるが、それ以外は早池峰、朝日岳、月山、蔵王山といった有名な山でも 2,000 m に届かない。また北海道でも大雪山の旭岳が 2,290 m、日高山脈の幌尻岳が 2,052 m、十勝岳が 2,077 m、石狩山地のトムラウシ山が 2,141 m と、辛うじて 2,000 m を超えているものの、羊蹄山や利尻山ははやり 2,000 m に届かない。

　このように東北・北海道地方では、2,000 m をわずかに超える山々や 1,000 m 台後半の山々が中心で、中には高山とはいえない山も少なくない。しかし、こうした山々でも山頂部には高山植物の群落があるのが普通である。これも山頂効果の現れたものと理解できよう。

　近畿以西では 2,000 m を超える高山は存在しない。標高が低いだけでなく、緯度的にも南に下がるから、高山植物はさらに分布しにくくなるが、それでも山頂付近には何がしかの高山植物の群落がみられるのが普通である。これ

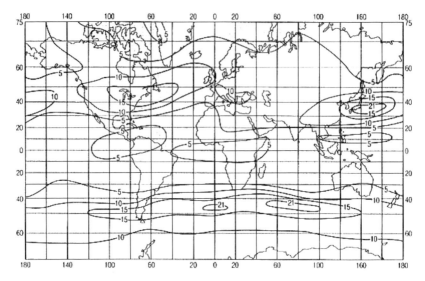

図 1-14　700hPa 面における地衝風の強さ（m/sec.）
(Haestie（1960）を小泉（1984）が改変)

も山頂効果の結果と考えることが可能である。

　以上述べてきたように、日本列島の高山では山頂効果の果たす役割はきわめて大きいが、これにも訳がある。日本列島は世界で最も風が強い地域に位置しているということである。標高 3,000 m 程度という高さは、高層気象でいう、700 hPa（ヘクトパスカル）面に相当するが、この高度における 1 月の自由大気中における風速（図 1-14）をみると、日本列島付近が毎秒 21 m と世界で一番強い。南半球にも風の強い場所があるが、こちらは季節は夏に当たり、いわゆる「吼える 40 度線」の強風地帯に当たっている。標高 5,000 m に当たる 500 hPa 面での風速をみると、日本列島上空は毎秒 36 m と、間違いなく世界一である。

　つまり日本列島の山々は 3,000 m 前後の山地としては世界一の強風地域に位置し、それに加えて世界有数の多雪山地だということが、山頂効果を起こり易くしているということができる。その結果、高山帯の多彩な植生やモザイク状の地形の分布が生まれ、全体として類稀な、複雑な自然景観を形成したということができるのである。そして冬の強風をもたらした条件として、

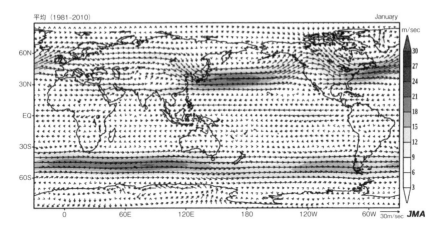

図 1-15　700hPa 面における 1 月の風の強さと向き（気象庁）
日本付近やアメリカ東部では北西からの季節風の吹き出しが目立つ。ヨーロッパアルプスは風が弱い

　ジェット気流の存在と沿海州付近からなだれ落ちるように日本付近に吹きだす冬の季節風がある（図 1-15）。
　逆にいえば、日本列島が偏西風やジェット気流の強い温帯でなく、他の気候帯に位置し、積雪も少なかったとすれば、現在のような美しい景観は生まれず、高山帯の領域はすべてハイマツに覆われ、高山植物はほとんどが姿を消して、何の変哲もない植生帯になっていたに違いない。

第2章　北アルプス白馬岳の植生

研究のきっかけ

　木曽駒ヶ岳での修士論文をまとめた後、筆者は東京大学の大学院博士課程に進学した。そこには山岳地域や寒冷地形、あるいは第四紀学を研究対象とする何人かの大学院生がおり、お互いに調査の手伝いをすることによって、野外での自然観察力や調査能力を高めることができた。手伝いといえば、確かに手伝いだが、実質的には野外で現物をみながら指導してもらえる訳だから、こんなにありがたいことはない。

　またこれより少し前の、筆者が修士課程2年の時、インターカレッジの組織「寒冷地形談話会」が発足した。それまで氷河地形や周氷河地形、あるいは高山の地形や地質、植生などの研究者は、個々の大学にポツンポツンと点在していたが、孤立した研究者間の交流を進め、研究発表やシンポジウム、巡検を行ったりして全体のレベルアップを図ろうというのが談話会の目的である。談話会は1972年11月に発起人9人で発足したが、さまざまな大学の若手の教員や大学院生、学生それに社会人が加わって、会員はあっという間に百人を超し、40年あまりたった現在でも活動を継続している。2022年には50周年を迎える予定である。

　会は当初、院生などの研究発表が主だったが、翌年の夏からは「夏の学校」とかサマースクールと称する巡検が、大雪山や白馬岳北方にある鉢ヶ岳周辺などで順次行われるようになり、筆者はそこでも先行する研究者による研究成果を現地で見せてもらうことができた。これもきわめて効果的で、最新の研究をいろいろ吸収することができた。その際、筆者が強い印象を受けたのは、大学ごとに関心をもつ分野が異なり、また研究方法や考え方に違いがあるということであった。ある大学では火山灰を用いて地形の形成年代を決めるテフロクロノロジーに関心があり、別の大学では地形形成のメカニズムや速度の解明に重点を置き、他の大学では地形発達史を中心に据えている、といった具合である。研究方法については、自分ではできなくてもその仕組みは理解しておいた方がいい。そんな訳で、筆者は高山の自然に関する知識や研究方法をできるだけ広く吸収することに努めた。

図 2-1　線状凹地（白馬岳小蓮華尾根）

　さて博士課程の2年生になった時、修士課程の相馬秀廣君がそれまで二重山稜と呼ばれていた、稜線や山頂部の斜面を切る線状の凹地（図 2-1）を調べることになった。主なフィールドは、偶然だが、筆者が2年前に通過して山岳景観に感動した雪倉岳や鉢ヶ岳の一帯であった。

　当時、線状凹地については周氷河地形の一つとされており、吸い込み穴のような形で岩屑が地下に吸い込まれてできるのだろうと考えられていた。これに対し、ポーランドのヤーン Jahn（1960）という研究者は重力性の断層起源ではないかという説を出したが、まだほとんど研究がないのが実態であった。相馬君はヤーンの研究を参考にして、重力性の断層によって線状凹地ができるのではないかという仮説を立てて研究を進め、わが国におけるこの分野の先駆者となった。

　筆者は調査を手伝っていて、線状凹地がところどころ上部からの岩屑によって埋没していることに興味を感じた（図 2-2）。どうやら地質の違いが原因らしい。よくみると生えている植物も違っている。これはおもしろい、もっと調べてみよう、というわけで、他の研究者の手伝いで気がついたことが、「地質と植生分布の関係」という新たなテーマに発展していくことになった。

　地質と植物分布の関係では、蛇紋岩地域や石灰岩地域に変わった植物が分布することが、19世紀の半ばにはすでに知られており、岩石の化学成分に原因があるとされてきた。しかし、雪倉岳や鉢ヶ岳の場合は岩石の化学成分ではなく、凍結破砕作用による岩の破砕（岩屑の生産）とできた岩屑の移動

図 2-2　埋没した線状凹地（手前）
左側のハイマツ分布が砂礫地でとぎれている

性（安定か不安定か）に原因のあることが、調査でわかってきた。ある岩は細かく割れるが、別の岩は径 1 m くらいの岩塊を生産するといった具合である。

　このテーマは、寒冷地形談話会の中にできた研究グループ「高山地形研究グループ」の研究テーマの一つとなり、故鈴木由告氏と筆者が中心になってその後、数年がかりで調査を進めることになった。筆者らは岩田修二の先行研究を参考にして、地表面を覆う岩屑や岩塊の大きさを計り、斜面上の岩屑の移動量を計り、さらにそれと植物分布との関連を調べた。

　このような調査は当時、世界的にみてもまったく行われていない画期的なものだったと考えるが、最近のアメリカなどの学会誌に出た報告をみると、現在の時点においてもまだ理解されているとは言えず、未だに化学成分を分析して植物の違いを説明しようという考え方から脱却していないようにみえる。

第1節　白馬連峰の高山荒原植物群落

　白馬連峰は北アルプスの最北部に位置する、白馬岳（2,932 m）を中心とする山並みである。範囲についてはっきりした定義はないので、ここでは北の雪倉岳と南の白馬鑓ヶ岳に挟まれた山域を呼ぶことにしたい。白馬連峰は、標高は3,000 mにわずかに足りないが、氷河地形や残雪に富み、日本アルプスの代表的な高山景観を示す地域となっている。稜線はほぼ南北に走り、東側はカールや崖になっているのに対し、西側はなだらかな岩屑斜面が広がって、顕著な非対称山稜を形成する。

　白馬連峰の高山帯は植物相が豊かで、多彩な植物群落が発達する。高山植物には固有種や稀少種も多く、植物群落の広がりも大きい。このため、1922年、日本を代表する高山植物群落として、国の特別天然記念物「白馬連山高山植物帯」に指定された。

　一帯は高山帯の極相種であるハイマツ低木林の分布が狭く、代わりに雪田植物群落や風衝植物群落が他に例をみないほど広く分布している。これはこの山域が冬の日本海からの北西季節風に対する第一線となっているため、著しく多雪なことに加え、強風によって稜線沿いでは吹きさらしが生じ、風背側には吹きだまりが生じやすいということが原因であろう。

　この山域ではもう一つ、高山荒原植物群落の発達のよいという特色がある。これはいわゆる alpine desert に当たり、コマクサなど2～3種類のごく限られた丈の低い植物しか生育せず、植被率も低いため、相観的には砂礫地にしかみえない貧弱な群落である。この群落は、白馬連峰では稜線沿いや風背地を中心に広く分布しており、遠目には無植生の砂礫地が広がっているようにみえる（図2-3）。岩田（1974）はこうした砂礫地をそれぞれ「強風砂礫地」、「残雪砂礫地」と呼んだ。砂礫地は岩屑の白い色を反映してしばしば雪と見誤りそうな色調を呈し、草原などに覆われた部分ときわめて明瞭なコントラストを示している。

　白馬連峰の高山荒原植物群落は、存在そのものは古くから知られていたが、研究が行われるようになったのは、1960年代に入ってからである。鈴木（1968）は雪倉岳と鉢ヶ岳の礫地植生を調査し、表土の状態によって植生が

図2-3　強風砂礫地　白馬岳三国境付近

異なることを見出した。鈴木によれば、細土の多い「砂礫地」にはオヤマノエンドウ群落、礫の多い「石礫地」にはコマクサ群落が成立し、粗大な礫の集積した「岩礫地」は植生が乏しいという。大場（1969）はこの山域の砂礫地にコマクサ－タカネスミレ群落が分布するとし、その成立条件として表層土の周氷河性の攪拌をあげた。

　これらの研究は優れたものではあるが、共通の限界をもっている。表土の状態が重視されているにもかかわらず、いずれの研究においてもそれは所与の条件として扱われており、表土がある状態になった原因は不問にされているのである。そのため、高山荒原植物群落がどのような条件の下で生じ、この山域でなぜこれだけの広い分布をもつのかという点は明らかにされていない。したがって問題の解決にはこの地域独自の原因を考える必要がある。

　この山域における高山荒原植物群落の成立要因を明らかにするためには、砂礫地の成因そのものから明らかにしていくことが必要である。そのためには基盤岩が風化や凍結破砕作用などによって破壊されてどのような粒径の岩屑を生産するか、また岩屑は斜面上をどのように移動するか、といった地形プロセスを調べる必要が出てくる。また調査の過程で、こうした地形プロセスは地質によって大きく異なることが明らかになったので、全体を地質－地形プロセス－植物群落、といったつながりの中で理解するように調査範囲を拡大した。

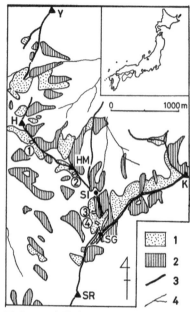
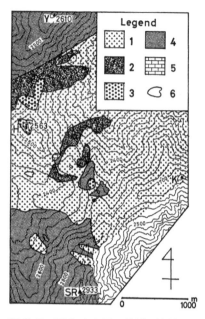

図2-4 砂礫地の分布(図2-5とも小泉,1979a)
1:強風砂礫地、2:残雪砂礫地、3:稜線、4:水系、①〜④:植生調査地点、SR:白馬岳、SG:三国境、SI:節理岩、K:小蓮華岳、HM:鉢丸山、H:鉢ヶ岳、Y:雪倉岳

図2-5 図2-4と同一地域の地質図
1:流紋岩、2:蛇紋岩、3:花崗斑岩、4:砂岩・頁岩、5:石灰岩、6:長池、等高線間隔50m

1. 砂礫地の分布

調査地域における高山荒原植物群落の分布状況を知るために、まず空中写真を判読して白馬岳以北の砂礫地の分布図を作成した(図2-4)。砂礫地は強風砂礫地と残雪砂礫地に分けて示した。砂礫地は稜線沿いに広く分布するが、特に三国境から小蓮華岳に延びる稜線沿いや、三国境から鉢丸山と鉢ヶ岳を経て、鉢ヶ岳と雪倉岳との鞍部付近までは、分布が広い。砂礫地の多くは稜線から長さ100m以内に収まるが、中には稜線から長さ200mを超す長大な砂礫斜面もみることができる。

砂礫地は稜線沿いに分布することから、山頂現象の表れとみなすことができ、その範囲を超えると斜面はハイマツやミヤマハンノキ、あるいは高茎草

図 2-6 白馬岳西向き斜面の地質境界
左奥の白いピークが鉢ヶ岳

図 2-7 東向き斜面の地質境界
左奥の黒いピークが白馬岳

原に覆われることが多い。

　一方、稜線沿いでも白馬岳山頂付近や鉢ヶ岳の山頂部、節理岩と仮称した三国境の北方の肩の部分などでは砂礫地は分布せず、代わりに風衝草原やハイマツが覆う。つまりほぼ同一の傾斜や気候の条件下にあるにもかかわらず、砂礫地になっている場所と風衝草原などに覆われた場所があるわけである。

　図 2-5 に同一地域の地質図を示す。砂礫地の分布と地質図を並べて比較すると、広い砂礫地は流紋岩地と蛇紋岩地に現れ、その他の岩石、たとえば花崗斑岩や飛騨外縁帯の砂岩・頁岩の分布地では出現しないことがわかる。図 2-6 は白馬岳から三国境に下る途中の西側斜面を写したものである。写真中央の流紋岩の岩屑が覆う砂礫斜面の両側に、植被に覆われ黒い色をした砂岩・頁岩地が写っている。また図 2-7 は図 2-6 の反対側（風背側）を写したもので、地質の違いが明瞭に認められる。

2. 砂礫地の植物群落

　前述の2種類の砂礫地のうち高山荒原植物群落が広く成立しているのは、強風砂礫地の方である。残雪砂礫地の方は縁に雪田植物群落がみられるが、内部は無植生のことが多いので、ここでは残雪砂礫地は調査対象から外すことにしたい。また蛇紋岩地については、岩石の化学成分の影響が考えられるので、別項で検討することにしたい。

　以下、代表的な強風砂礫地の発達する4地区を選び、地形や表層堆積物、植物群落について記述する。各地区の位置は図2-4に示した。

（1）鉢ヶ岳西斜面（地点1）

　鉢ヶ岳は全体として西緩東急の非対称山稜を形成しているが、山頂部は馬の背状の平坦地になっており、この部分から西側は上部が凸になった長い平滑斜面が続いて、その途中までが強風砂礫地になっている。この砂礫地では植物は少なく、傾斜10度程度の緩傾斜地でも植被率は8〜10％と低く、その下方の傾斜30度前後の斜面ではほぼ無植生に近い。

　砂礫地の高山荒原植物群落のうち最も典型的なものは、タカネスミレ、コマクサの2種が砂礫地の中に点在し、植被率3〜6％程度の群落をつくるもので（表2-1）、群落の高さは数cmにすぎない。この群落の分布地にはしばしば条線土が発達しており、径5〜7cmの角礫を主とする粗粒部と、径3〜5cm以下の角礫を含む、砂や細礫からなる細粒部とが15〜20cm間隔で交替し、綺麗な模様をつくりだしている。タカネスミレやコマクサは条線土の粗粒部に生育することが多い。

　高山荒原植物群落に含まれるものにはこのほかオヤマソバとウルップソウがある。それぞれ単独で群落をつくるほか、コマクサやタカネスミレとも共存している。オヤマソバとウルップソウの共存している部分で、2×3mの範囲の個々の植物の分布図を作成した（図2-8）。

　一方、砂礫地のわずかな凹みには、イワツメクサ、クロマメノキ、ミヤマキンバイ、ウラシマツツジなどからなる群落が分布している。これは風衝矮低木群落の断片だと考えられ、多種類の植物がマット状に集まって局地的ながら植被率の高い、細長い植生の島を形成している。この植生の島は幅数十cm、長さ1〜2m程度のものが多い。この島の部分には流紋岩地では例外的

表2-1 鉢ヶ岳の強風砂礫地における高山荒原植物群落の組成(小泉, 1979aを改変)
数字は被度を示す。1：6-25%, 1'：1-5%, ＋：1%未満。以下の表も同様

地点①					
傾斜	12°	28°	25°	25°	25°
植被率	3%	3%	6%	12%	25%
タカネスミレ	1'	＋	1'	1'	1'
コマクサ	1'	＋	1'	1'	1'
オヤマソバ				1	1
ウルップソウ	＋	＋		＋	＋
ミヤマダイコンソウ					1'
イワツメクサ		＋			

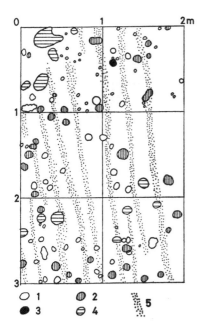

図2-8 鉢ヶ岳の地点①における条線土上の植物分布 (小泉, 1979a)
1：タカネスミレ、2：コマクサ、3：ウルップソウ、4：オヤマソバ、5：条線土の細粒部分

に土壌が発達しており、厚さ3～15 cmのA層が生じている。この層は礫混じりの砂～シルトからなり、著しく根系に富む。

なおこの斜面の下方では上に向かって延びようとするハイマツと、下方に流れ下る岩屑との指交（interfinger）現象がみられる（図2-9）。

図 2-9 ハイマツと岩屑の指交現象（鉢ヶ岳の西側斜面）

(2) 鉢丸山西斜面（地点②）

鉢丸山はちょうど鉢ヶ岳をそのまま小規模にしたような地形をしており、表土の状態や植生もきわめてよく似ている。この山の西向き斜面ではオヤマソバ群落が卓越するが、タカネスミレ-コマクサ群落も広く分布する。またコバノクロマメノキやウラシマツツジ、チシマギキョウなどからなる風衝低木群落の断片が、斜面上のわずかな凹みにみられる（表 2-2）。

(3) 三国境北方の西向き岩屑斜面（地点③）

上部が凸、下部が直線状の岩屑斜面で、砂礫の覆う部分の長さは 100 数十 m に達している（図 2-3）。タカネスミレ-コマクサ群落の発達がよく、条線土も広く分布する。2,620～2,660 m と標高が高いせいか、オヤマソバはまったく分布しない。風衝矮低木群落の断片とみられる植生の島も発達が悪い。この調査地区では後で述べるように、表層岩屑の移動量を計測した。

(4) 三国境付近の岩屑斜面

斜面長 200 m あまり、標高差 70～80 m という規模の大きい岩屑斜面で、ほとんど無植生である。斜面は上部が凸型で、斜面下部は安息角に近い傾斜をもつ。表面はわずかに風化した、径 10～20 cm の角礫で覆われる。角礫層の厚さは少なくとも 50 cm 以上に達し、下部ほど細粒化していて、砂～シルト質の細粒物質に漸移する。基盤はみることができない。

3. 岩屑の移動と植物群落

タカネスミレ-コマクサ群落やオヤマソバ群落の成立要因として、表土の

表 2-2 鉢丸山の強風砂礫地における高山荒原植物群落と風衝矮低木群落の組成
(小泉, 1979a を改変)
数字は被度を示す。表中段の実線以下が風衝矮低木群落

地点②		
傾斜	22°	32°
植被率	15%	10%
オヤマソバ	1	1
タカネスミレ	1'	+
コマクサ	+	+
ウルップソウ	+	+
イワツメクサ	+	
クロマメノキ	+	1'
タカネツメクサ	1'	+
チシマギキョウ	+	+
ミヤマキンバイ	+	+
イワスゲ	+	+
タカネシオガマ	+	+
ミヤマコゴメグサ	+	+
ホソバツメクサ		+
ミヤマウイキョウ		+
ムカゴトラノオ		+
ミヤマウシノケグサ		+
ガンコウラン		+
タカネスズメノヒエ		+
ミヤマタネツケバナ		+

不安定性がすでに指摘されている(大場, 1969)。しかしその程度を示す具体的なデータは示されていない。大場のいうように、周氷河性の攪拌と移動であることはおそらく間違いないが、その実態は実ははっきりしていない。そこで筆者は表土の不安定さを定量的に表現するために、斜面上の岩屑の動きを実際に計測しようと考えた。

図 2-10 は三国境の北方の実験地のデータで、筆者の属する高山地形研究グループの共同調査の成果である。岩屑の移動量の調査方法は、表面の礫に

5cm幅でペンキを塗布し、1年ごとに基線からのペンキ塗布礫の移動距離を計測するという方法である。図2-10は塗布後3年目の移動量を示している。この実験地では年10〜60cmの表面礫の移動が認められた。特に著しい場合は100cm近くにも達して、顕著な花綵状(はなづな)の垂れ下がりをつくっている。このような不安定な立地では、激しい移動に耐えうる植物しか生育できなくなり、遷移が進み得ないだろうということが予想されるが、地点ごとの移動量の差が大きいため、この予想を確かめるためにはさらに細かくみる必要がある。

　図2-10の4つの測線は凸型斜面上にほぼ並行に設けられているため、傾斜が10度程度の緩やかな部分から、安息角に近い急な部分までの植生や土地の状態を比較することができる。

　まず植物の分布状況をみると、見かけ上傾斜25°程度を境にして、植被率に差が認められる。緩傾斜の部分では時に10％を超えるような相対的に高い植被率を示すが、急な部分ではごく一部を除いて植物は生育せず、岩屑に覆われた裸地になっている。一方、一つの測線をとった場合も、ところにより植物の生育状況にはかなりの違いが認められる。まったく植生を欠く場合から、タカネスミレやコマクサが合わせて10数％の植被率で生育している場合までさまざまである。詳しくみると、当初の予想に反して移動量の大きい部分にむしろ植物の多い傾向が認められる。

　このような分布をもたらしたメカニズムを知るために、最初に移動量の大小を決めている条件から検討する。図2-10には移動量と植物の分布状況のほか、条線土の分布や傾斜、それに測線に沿う部分の表面礫の大きさを1cm以下、1〜3cm、3〜10cm、10cm以上の4つの階級に分けて示した。また図2-11には同時に観察した、いくつかの地点での土壌断面を示した。図2-10、図2-11をあわせ検討すると、移動量の大小と表面の礫径、土層の有無とが密接に関連していることがわかる。これら相互の関係をはっきりさせるため、礫径と土層の有無の組み合わせによって土地を次の4つの型に区分した。

A：3cm以下の細かい礫が表面にあり、浅い地下に土層が存在する。時には土層が直接表面に現れる。条線土が発達する。

B：相対的に粗い礫が表面にあるが、下部に土層が存在する。

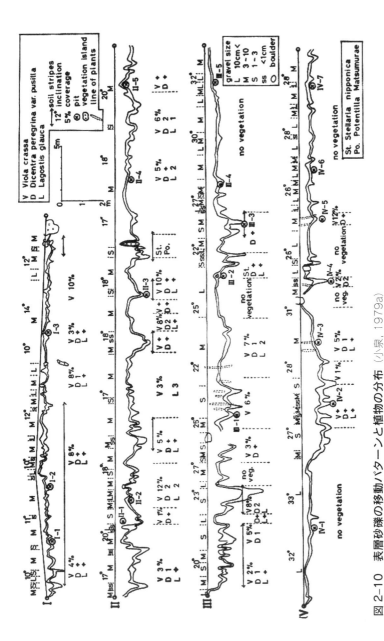

図2-10 表層砂礫の移動パターンと植物の分布 (小泉, 1979a)

I〜IVの実線は基線の位置. 曲線は3年後の移動パターンを示す. L, M, Sは礫の大きさ. L：10cm以上, M：3〜10cm, S：1〜3cm, SS：1cm未満. ←→条線土の分布する部分. ⊗土壌断面調査地点. 17°等の数字は傾斜を示す. 5%等の数字は植被の割合, +：1%未満, V：タカネスミレ, D：コマクサ, L：ウルップソウ, St：イワツメクサ, Po：ミヤマキンバイ

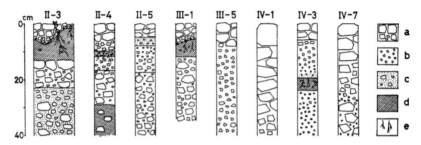

図2-11　砂礫地上の各地点における表層断面（小泉, 1979a）
調査地点は図2-10に示す。a：礫、b：細礫の砂、c：礫混じり砂、d：シルト質腐植層、e：植物の根

C：表層は比較的小さい礫で構成されるが、土層を欠く。
D：粗大な礫からなり、土層を欠く。

　各型と移動量の大小との対応をみると、同一傾斜の場合、A〜Dの順に小さくなっている。花綵状の突出部の構成層は例外なくA型であり、年10〜20cmの最小の移動量しか示さないところはD型である。したがって斜面物質の移動には、表面礫の大きさと土層の存在が重要であることがわかる。このような強風斜面での予想される物質移動のメカニズムとしては、フロストクリープ（霜柱の形成による土壌粒子の移動）、下層がまだ凍結している春先のソリフラクション（土壌の流動）、豪雨時のすべりがあるが、いずれも土層の存在が不可欠であり、そのためにこれらが重要になるのであろう。また表層部のA型からD型までの粒度組成の違いは、主として凍結融解による表層物質のふるいわけによって生じたものであり、物質移動の直接の結果でもある。斜面の変化過程の一断面を示すものとみることができよう。移動量は一般的な傾向として、傾斜が急になるほど大きくなるが、急斜地のⅢ、Ⅳ測線沿いでは立地型がC、D型の場合が多く、移動量は予想されるほど大きくはない。

　次に立地型と植生との対応を検討する。表2-3は各土壌断面観察地点での傾斜、表面礫の粒径、土層の有無、移動量それに植生を一覧表にしたものである。表からタカネスミレやコマクサの生育地はA、B両型の立地にほぼ限られており、C、D両型の立地では、植物はほとんど生育していないことが読みとれる。同じ傾向は図2-10全体に共通して認められ、これをみる

表 2-3 各測線の調査地点における傾斜、礫径、移動量、生育する植物の一覧（小泉, 1979a を改変）

V：タカネスミレ、D：コマクサ、L：ウルップソウ、St：イワツメクサ

地点	傾斜	礫径	土層の有無	3年間の岩屑の移動量	立地型	植生
I-1	12	M	○	20–35 cm	B	V 4%, D+, L+
2	12	M, S	○	30–45	A	V 8%, D+, L+
3	10	M	○	15–25	B	V 3%, D+, L+
4	6	M	△	−	C	植被の島
II-1	20	S–M	○	115	A	V 1%, D+
2	18	L–M	○	45–65	B	V 12%, D 2%, L 2%
3	20	S	○	130	A	V 10%, L 1%, D+
4	17	L	○	60	B	V 5%, L 2%, D+
5	21	M	×	20–30	C	V+, D+
III-1	18	S	○	100–110	A	V 6%
2	25	L	×	30–60	D	St+
3	28	M, S	×	90–170	C	D+, ほぼ無植生
4	24	S	×	50–70	C	無植生
5	32	M, L	×	20–30	D	無植生
IV-1	32	L	×	20–30	D	無植生
2	28	ss	×	90–130	C	D+, L+
3	30	M	○	50–70	B	V 5%, D 1%, L+
4	30	S	△	60–130	A	V 2%, D 2%
5	28	M	△	65–80	B	V 12%
6	28	M	×	45–55	D	無植生
7	32	M	×	35–50	D	無植生

限り、植物の生育にとって最も重要なのは土層の有無であるようにみえる。土層の存在するところでは移動量が大きくても植物が生育しており、土層が存在しないところでは移動量が相対的に小さくても、植物はほとんど生育していない。

　これは次のように解釈することができよう。すなわち根を張って水分や養分を吸収することによって生活する植物にとって、土層は不可欠の存在であ

り、これが欠如すると植物の生育は不可能になってしまう。したがってたとえ移動がそう激しくはなくても、土層が欠けると植物は生育できない。測線Ⅳに沿う部分が植物に乏しいのはおそらくこのことに原因があるのだろう。土層が欠如しているのは、急傾斜面で細粒物質が流失してしまったためと思われる。

　一方、地下浅部に土層の存在する場所では、必然的に表層礫の移動が激しくなってしまうため、普通の植物は生育できず、激しい移動に耐えて生活しうるコマクサやタカネスミレ、ウルップソウなど、わずか数種の植物が生育するだけとなる。すなわちここでは土層は、場を提供して植物の生育を可能にするという反面で、砂礫の移動を激しくして植物の生育を困難にするという、2つの相反する役割を同時に果たしているといえよう。岩屑の移動が植物の生育を困難にするのは、発芽床が得にくいことと、植物体が埋没しやすいことが主な原因である。コマクサやタカネスミレは年に数十cmの地下茎を伸ばして斜面物質の移動に耐えており、これは他の植物にはあまりみられない特性である。ビニールチューブを用いて移動速度の垂直方向の変化を調べた研究（小疇ほか, 1974）によれば、移動速度の大きいのは、深さ5〜6cmまでの表層の部分のみで、深くなるにつれて移動速度は急激に減じ、深さ20cm以上の部分ではほとんど認められなくなる。コマクサやタカネスミレは地表下10cm前後の土層に根をはっていることが多いが、この部分の移動はごく小さいものであるのに対し、植物体の地上部分の、表層の礫層の動きは激しく、このため植物は常に埋没の危険にさらされている。土壌断面にも実際に埋没してしまった植物体の観察されることがあり、移動礫原が植物にとっていかに厳しい場所であるかわかる。詳しく検討すると、年間移動量が50cmを超すようなところではまずタカネスミレが欠け、コマクサだけがわずかに成育するだけになってしまう。そしてさらに移動の激しい立地では植物はまったくみられなくなる。

　以上述べてきたように、岩屑の移動そのものは植物の生育をまったく不可能にしてしまうわけではない。しかしこのような立地に生育できる植物はきわめて限定されるから、結果として、岩屑の移動は植物群落の発達を制約し、植被率の低い、特殊な植物群落をつくり出して、それを存続させているとみることができる。

なお本地域の流紋岩地で観測された斜面物質の移動は、地学的にみた場合も、実は破格な値である。Washburn（1973）や French（1976）によってまとめられた、世界各地の周氷河地域での斜面物質の移動量をみると、年に数cm程度と、本地域の値と比べておおむね1ケタ小さくなっている。岩屑の粒径や気候条件が異なるから簡単に比較はできないが、岩屑の移動に関して本地域は、世界的にみてもかなり特異な地域であるということができる。したがってタカネスミレやコマクサの生育は、このような特殊な条件に支えられたものであるといえる。

　なおこの実験地でも、条線土の粗粒部分に沿ってコマクサやタカネスミレ、ウルップソウが点々と生育しているのが認められる。また細粒部分に発芽した植物が、地上部だけを移動量の小さい粗粒部分に避難させた例もしばしばみられる。ただ測線Ⅰに沿う部分では、緩傾斜で移動量が小さいためか、地表に露出した土層にもタカネスミレやウルップソウが多数生育しているのがみられた。イワツメクサやクロマメノキなどからなる、細長い植生の島の生じているところは、上部からの岩屑の移動がたまたま存在した大きい礫によって食い止められたようなところに多く、そこでの移動量はごく小さい。こういうところは、近接した部分が礫の移動・集積の結果、わずかに高まるため、相対的に浅い凹部を形成しており、水の集合や冬季の雪の吹き溜まりによる地表の保護といった点で、有利な条件下におかれている。これらの植物の分布は従来の研究では、斜面上の小起伏と、それに起因する積雪分布の違いというような、主として微気候によって説明されてきたが、これはむしろ岩屑の移動が先行した結果として生じたものであるということに注意する必要がある。

　以上、実験地を例に述べてきたが、他地区でも状況はほぼ同じである。鉢ヶ岳山頂部や鉢丸山の西斜面の上部ではA、B型の立地が卓越しており、比較的密度の高い高山荒原植生が成立している。ここではタカネスミレ、コマクサとオヤマソバ、ウルップソウのすみ合けが認められたが、表面礫の卓越粒径が前者で3cm程度、後者では5〜6cm程度となっており、後者の方がやや安定しているようにみえる。斜面中下部の無植生地ではC、D型の立地が卓越している。三国境の無植生の岩屑斜面はいわば斜面全体がD型、またはそれをさらに極端にしたような立地になっているといえよう。

4. 現在の岩屑の生産について

　前にみたような岩屑の急速な移動が続いた場合、もし上部から岩屑の新たな供給がなければ、斜面上の岩屑はすべて除去され、跡に露岩地が現れるであろう。そしてその結果、移動礫原の植物群落は消滅してしまうに違いない。逆に礫の供給が多すぎれば、新しい礫が次々と積み重なり、植物の生育条件は悪くなるであろう。砂礫地およびそこに成立する荒原植物群落の存続条件を明らかにするためには、砂礫の生産状況を調べる必要がある。鉢ヶ岳山頂部の南端や三国境の稜線部にみられる流紋岩の基盤の突出部には、細かい節理が密に入っており、岩片が容易に剥がれやすい状態になっている。そしてその下にはほぼ例外なく、崖錐状の新鮮な堆積物が観察される。この堆積物には礫と砂〜シルトの互層がみられ、いずれも層厚 10 数 cm 程度である。礫は最大径 30 cm 程度で、粒度組成は斜面上の岩屑の組成に近い。岩片はいずれも未風化で、新鮮である。したがってここでは次々に新しい岩屑が供給されており、現時点では移動によって失われている部分を補ってあまりあるだけの生産があるとみられる。このような基盤の突出部がないところは稜線まで砂礫に覆われているが、地下浅部にある基盤の表面はバラバラに破砕されており、やはり岩屑の供給は多いとみられる。それゆえ、現在のような気候条件が続き、岩屑の生産、移動が継続する限り、移動礫原の植物群落は存続していくだろうと予測される。

　筆者はかって、温帯高山では気候の年間期性が著しいため、植物の生育と地形形成作用とが対立関係にあると述べたことがある（小泉, 1974）。本地域の場合もこのように考えると理解しやすい。本研究で対象とした強風地では、4 月下旬ないし 5 月初旬には雪が消える。その結果、植物には長い生育期間が保証されるが、反面、凍結やソリフラクションといった地形形成作用も強く働きうることになる。流紋岩地では後者が植物を圧倒しているといえよう。

　比較のために花崗斑岩地や砂岩や頁岩の分布地をみると、流紋岩地とはまったく対照的である。基盤からの岩屑の生産は乏しく、岩屑の移動もほとんど認められない。斜面上の礫は粗大な上、風化が進んでおり、おそらく最終氷期ないし晩氷期頃生産されたものだと推定される。ここでは遷移が進ん

で、植物のカバーはさらに広がりつつある。これは岩石の風化特性を反映して、現在の地形変化が微弱であるために、植生が優勢になったのだと解釈できる。白馬連峰の砂礫地の卓越する高山景観の成因も、これまでの記述からおのずと明らかになろう。この山地には流紋岩が広く分布しており、それが厳しい気候条件と相まって砂礫地を生じさせているのである。もし仮に地質が現在とは異なっていたとすれば、全体の景観も違ったものになっていたに違いない。

5. 流紋岩地における植生の発達史

これまで述べてきたような植物の生育と岩屑の生産・移動の対立関係は、過去の気候変化に伴って変化してきたと思われる。自然史的な視点からみると、流紋岩地では現在が岩屑の生産・移動が活発な時期に当っているようにみえる。もしかしたら 15～18 世紀の小氷期に岩屑の生産が活発化し、現在はその余波なのかもしれない。岩屑の動きは斜面下部でハイマツを圧迫しつつあり、しばしばハイマツを埋没させている。上部から押し出してくるローブの縁の部分をハイマツが三日月状にとり巻いて、懸命に抵抗しているのを各地でみることができる。鉢ヶ岳や鉢丸山の西斜面でみられるような、ローブとハイマツとの指交現象も、ハイマツ群落中に斜面上部から舌状の岩屑の押し出しが入り込むことによって生じたものである。ローブの下にはしばしば埋没して枯死したハイマツがみられ、この最近の動きを裏づけている。また鉢ヶ岳東面の残雪凹地内でも、砂礫の動きは雪田植物群落を圧迫しつつあり、しばしば植物群落を覆って前進している。

このような岩屑の生産・移動の活発化に伴って砂礫地は広がり、タカネスミレやコマクサの分布は拡大したに違いない。

現在に先立つ時期には逆に、植物の生育が優勢であったらしい。ハイマツは現在よりもいく分上昇し、現在砂礫地になっている部分もかなりの部分が植生に覆われていた。これは強風砂礫地の土壌断面で、厚さ 20～50 cm ほどの砂礫層の下に厚さ 10 cm 程度の腐植混じりの土層がしばしばみられることや、埋没したハイマツの存在から推定される。また現在では植物が生育できず、完全な裸地になっている各地の残雪凹地内でも、厚さ 10～30 cm の礫層の下に数枚の黒色腐植層を広く認めることができる。これはかって残雪凹地内で雪田植物群落が広く生じていたことを示しており、おそらく同時

期の生成だろうと考えられる。これらの腐植層の ^{14}C 年代は 4300〜5500 年 B.P. と 2000 数百年 B.P. を示しており（高山地形研究グループ, 1978）、時期的にはヒプシサーマルの高温期と紀元前の温暖期に一致するようにみえる。この 2 つの時期にはこの山域でもおそらく現在より温暖な条件下にあり、消雪が早まって雪田植物群落が広がったほか、風衝側の斜面上部でも周氷河性の地形形成作用は弱まって、風衝草原や矮低木群落が広く分布していたと思われる。

　これ以前の時期については資料が乏しいが、全体として礫が粗大になる傾向が認められる。鉢ヶ岳西斜面の下方などに分布し、現在ではハイマツに覆われている化石周氷河斜面の形成は、この時期に一致する可能性が大きい。全体として現在より寒冷で、植生の乏しい状態が想定される。おそらく晩氷期ないし後氷期の初期に相当しよう。

第2節　白馬連峰鉢ヶ岳の蛇紋岩強風地の植生

はじめに

　第1節では、白馬連峰高山帯の流紋岩地における高山荒原植物群落の成立条件について論じた。引き続き高山帯の強風地という類似の気候条件下に生じた植生を、他の岩石の分布地についてみていきたい。本稿ではまず蛇紋岩地を取りあげる。

　白馬連峰の蛇紋岩は、雪倉岳と鉢ヶ岳の鞍部一帯や鉢丸山から東へ延びる支尾根などに帯状の岩体として分布する。これらの蛇紋岩地は赤褐色あるいは緑褐色を呈する広い砂礫地となっており、その特異な色調から、遠望しただけですぐそれと知ることができる。植物はきわめて乏しく、一見するとまったく無植生の裸地のようにみえ、植物に覆われた他の岩石の分布地との境界はきわめて明瞭である（図2-12）。したがって流紋岩地と同様、蛇紋岩地の植生も典型的な高山荒原植物群落とみなすことができよう。

　蛇紋岩地の植生は古くからそのフロラの特異性がよく知られており、マグネシウム過多など、超塩基性の岩石の化学成分の役割が強調されてきた。しかし本稿では高山荒原植物群落としての性格に焦点をあて、その成因について論じたい。

1. 鉢ヶ岳－雪倉岳鞍部付近の蛇紋岩植生

　鉢ヶ岳と雪倉岳の鞍部は、図2-12に示したようになだらかで、標高2,392 mの最低鞍部にある避難小屋から鉢ヶ岳寄りに低い丘が200 mほど続き、この丘のさらに南方には、野球場ほどの広さの平坦地が広がる。この一帯が本稿で調査の重点を置いた蛇紋岩地である。

　細長く延びる低い丘は、西側が傾斜27～32度程度の岩屑斜面、東側が雪の吹き溜る凹状の斜面となっていて、全体として小規模な非対称山稜をつくっている。植物はこの非対称山稜の東側の風背斜面には比較的多いが、西側の岩屑斜面（以下A地区とする）ではきわめて乏しく、植被率1%未満のところが多い。高くてもせいぜい10%程度である（表2-4）。また出現種

図 2-12　鉢ヶ岳－雪倉岳鞍部付近の蛇紋岩地
(C 地区：中央右の植被のついていないなだらかな部分)
右手前は低い丘　奥のピークは白馬岳

表 2-4　蛇紋岩地（A 地区）の植物群落の組成 (小泉, 1979b を改変)

調査地点	①	②	③	④	⑤	⑥	⑨
地形	凸	凹	凸	凹	凸	崩壊地	稜線
傾斜 (°)	26	31	31	32	32	40	18
植被率 (%)	1	0.05	4	0.5	12	0	17
タカネスミレ	+	+	2		10		
ミヤマウイキョウ	+		1		1		3
ウメハタザオ	+	+	+	+	+		
コバノツメクサ	+		+	+	+		
クモマミミナグサ	+	+			+		2
タカネツメクサ		+	+				8
ヒナノガリヤス					1		1
ミヤマムラサキ							3
イブキジャコウソウ							1

種ごとの数字は被度（%）、+ は 1% 未満を示す。以下の表も同様

　数も少なく、タカネスミレ、ミヤマウイキョウ、ウメハタザオ、コバノツメクサなど 6〜7 種を数えるにすぎない。
　調査地点は図 2-13 の西側斜面の見取図に示したが、低い丘の稜線から派生する尾根部と浅い谷筋とでは植被率に明らかに違いがあり、尾根部の方が相対的に高くなっている。なお、ここでは緩傾斜の稜線に近づくと植被率はやや高まり、ミヤマムラサキやイブキジャコウソウも現れる（地点⑨）。

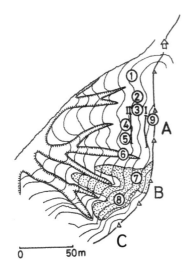

図 2-13　蛇紋岩地の地形と調査地点
(小泉, 1979b を改変)
①〜⑨:植生調査地点、Ⅰ・Ⅱ:岩屑移動を計測した線、A・B:調査地区、ドットを打ったのはシコタンソウの分布地域、等高線間隔は 5 m

表 2-5　B 地区における植物群落の組成
(小泉, 1979b を改変)

調査地点	⑦	⑧
傾斜(°)	32	24
植被率(%)	30	50
シコタンソウ	20%	15
コバノツメクサ	5	4
オヤマノエンドウ		30
イワスゲ	2	15
ミヤマウイキョウ	3	2
タカネマツムシソウ		2
ウルップソウ		
ノガリヤス sp.		2
コバノツメクサ		2
ミヤマムラサキ	1	
イブキジャコウソウ	1	
ヨツバシオガマ		1
ヒナノガリヤス	1	
ミヤマキンバイ	+	
イワオウギ	+	+
チシマギキョウ	+	+
ウラジロキンバイ	+	
クモマミミナグサ	+	
タカネスミレ	+	
ミヤマネズ	+	

逆に斜面の下方は谷頭浸食の波及により、深いガリーが入って崩壊地になっており、そこでは植物はまったくみられない。

ところで A 地区に接して、蛇紋岩強風地としては異常に高い植被率を示すところが見つかった (B 地区)。図 2-13 の⑦、⑧地点で、表 2-5 に示したような、シコタンソウを中心とする密な群落が生じている。

ここでは出現種数もかなり多く、荒原植物群落の構成種以外にオヤマノエンドウ、タカネマツムシソウ、ミヤマキンバイなど、風衝草原を構成する種が多数混入している。この特異な群落の分布地は、高山荒原植物群落の分布

図 2-14　B 地区における地形と植生の断面（模式図）(小泉, 1979b)
1：シコタンソウ、2：イワスゲ、3：オヤマノエンドウ、4：ミヤマウイキョウ

する岩屑斜面に比べると斜面上の岩屑が薄く、斜面にしばしば基盤の突出部がみられる。シコタンソウなどはその突出部をとり囲むように生育している（図2-14）。また斜面上には径30〜80 cm 程度の巨礫があり、そのまわりにも同じ植物群落が成立している。したがって植被率が30%、50%といっても実際は基盤の突出部や巨礫の載った部分を除いてほとんど植物が覆っており、実質的な植被率ははるかに高いといえる。

2. 平坦地および緩斜面の植生

細長い丘に続く平坦地（C 地区、図 2-12 参照）でも植物は乏しく、植被率は3〜7%程度である（表2-6）。ここではタカネスミレ、ミヤマムラサキ、ミヤマウイキョウ、イブキジャコウソウ、ウメハタザオなどが主な構成種で、急傾斜の A 地区ではみられなかったミヤマムラサキやイブキジャコウソウなどいわゆる蛇紋岩植物が新しく出現している。この平坦地の西側は傾斜10数度から20度の緩斜面になっているが、植被率はやや高まり、10数%に達している。

3. 岩屑の移動と植物群落

これまでみてきたように、蛇紋岩地には植被率のきわめて低い荒原植物群落が卓越する。その原因について筆者は、流紋岩地と同様、斜面物質の移動や攪拌が最も重要であると考えているが、その前に従来から強調されている化学成分の影響について検討してみよう。

（1）蛇紋岩地のフロラ

表2-6 C地区における植物群落の組成 (小泉, 1979bを改変)

傾斜（°）	2	4	5	18	20
植被率（％）	4	7	6	15	18
タカネスミレ	2%	2	+	8	5
ミヤマムラサキ	+	3	2	3	8
ミヤマウイキョウ	+	1	+	4	1
イブキジャコウソウ	+	+	2		1
ウルップソウ	1	+			
ミヤマウシノケグサ	+		1		
コバノツメクサ		+			1
シコタンハコベ					1
ウメハタザオ	+	+	+	+	
コバノツメクサ		+	+		+
クモマミミナグサ	+	+			
イワスゲ				+	+
ミヤマキンバイ	+				
ミヤマシオガマ				+	
ヒナノガリヤス				+	
イワシモツケ			+		
ミヤマネズ			+		

　蛇紋岩地の荒原植生と流紋岩地の荒原植生とを比較してみると、両者に共通する種はタカネスミレ1種だけにすぎないことがわかる。流紋岩地の常連であったコマクサやオヤマソバ、ウルップソウは蛇紋岩地ではほとんど分布せず、代りにウメハタザオ、コバノツメクサ、ミヤマウイキョウが現れる。また平坦地ではこれらに加え、ミヤマムラサキ、イブキジャコウソウ、クモマミミナグサなどが出現する。このような構成種の違いは明らかに岩石の化学成分の影響であろう。岩種ごとのすみ分けの原因は今のところ不明であるが、オヤマソバなどは超塩基性岩地では生育できないのかもしれず、逆に、ウメハタザオなどは超塩基性岩地でなければ生育できないのかもしれない。あるいは、ウメハタザオなどは種間競争力が弱いため、一般の植物の生育しにくい蛇紋岩地に生育の場を求めたのかもしれない。いずれにしてもフロラ

構成についての化学成分の影響はきわめて大きいといえる。

　それでは蛇紋岩地の植被率の異常な低さはどのように説明されるのだろうか。B 地区のシコタンソウ群落の存在は、岩質による制約を受けつつも、条件さえそろえば蛇紋岩地でも密な植物群落の成立の可能なことを示している。それゆえ荒原植物群落の成因を蛇紋岩の化学成分の影響だけに求めることは困難であり、別に原因を求める必要がある。

　土壌断面を調べると、表面に厚さ 2～6 cm 程度の角礫層があり、その下にほぼ例外なく礫まじりの湿った有機質の土層がある。これは植物の生育にとって決して悪い環境ではない。

　(2) 岩屑の移動と植物群落

　こうなると流紋岩地と同様、斜面物質の移動が大きな役割を果たしていることが予想されよう。筆者は流紋岩地と同じ方法を用い、A 地区の蛇紋岩地岩屑斜面で斜面物質の移動を調べた。基線の位置は図 2-13 に示した。観測期間は 1977 年 8 月～1978 年 8 月の 1 年間である。結果は図のように、比較的傾斜の緩やかな基線Ⅰでは移動量は小さかったが、傾斜 27～32 度と、急傾斜の基線Ⅱでは移動量は大きく、30～50 cm からところによって 80 cm 以上の値を示した。この値は流紋岩地の値を凌いでいるから、斜面物質の移動が蛇紋岩地の荒原植生の成立要因として重要であることはほぼ間違いないであろう。この岩屑斜面は人が足をのせただけで足元から崩れ落ちるほど不安定であり、このような立地ではタカネスミレ、ミヤマウイキョウやウメハタザオ、コバノツメクサなどといった物質移動に対する耐性が強い植物しか生育できず、そのために植被率の著しい低下を招いていると思われる。

　ただ移動量の大小と植物の分布との間には、流紋岩地でみられたようなはっきりした関係は見出せない。ここでは、植生の定着状況は先に述べたように、そこが尾根筋か、浅い谷筋かという小地形に、むしろ制約されている。2 つの基線上における尾根筋と谷筋の植被率を比べてみると次のようである。

基線Ⅰ	0～3.5 m	尾根筋	植被率	5 %
	3.5～14 m	谷　筋		0.02 %
	14～21.5 m	尾根筋		3 %
基線Ⅱ	0～3 m	尾根筋		1 %

3〜11 m	谷筋	0 %
11〜21 m	尾根筋	8 %

　斜面物質の移動の程度に差がないのに、このように著しい植被率の差が出る理由は、谷筋では水が集中し、豪雨時などに強い水流が生じるために、種子や植物体が流されてしまうことが原因である可能性が高い。
　なお、砂礫の移動様式は流紋岩地とは若干異なっている。径 3 cm 以下の小さな礫の移動の著しい点は共通しているが、流紋岩地では 10 cm 程度の礫も細礫に載るような形で 1 年間に 10〜20 cm 移動している。これに対し、蛇紋岩地ではこういう礫の移動量は 5 cm 未満とごく少ない。したがってごく小さい礫だけが選択的に移動しているといえる。

(3) B 地区の場合

　B 地区に密な群落が生じているのは、A 地区とは逆に立地が安定しているからであろう。図 2-14 に示したように斜面上の各所に基盤が露出しており、礫も巨礫が多い。植物はこのような安定した場所を選んで生育しており、オヤマノエンドウやタカネマツムシソウ、イワスゲ、ミヤマキンバイなど、蛇紋岩植物とはいえない風衝草原の構成種が入りこんでいる。土壌の形成が進んでいることから考えると、遷移が進みつつあるのだと考える。なお、B 地区でも局地的に砂礫地があり、そこには A 地区の場合と同様、タカネスミレやミヤマウイキョウが生育している。

(4) C 地区の場合

　C 地区は全体に緩傾斜であるから植被率の増加が期待されたが、実際の植被率は高くなっていない。群落構成種はかなりの数にのぼるが、大部分が蛇紋岩植物であり、丈も低く、広く繁茂するということがない。
　ここでは冬季にほとんど雪がつかず、植物は寒風に吹きさらされる。こうした厳しい気候条件に加え、土壌表層の凍上と融凍攪拌が植被率を低下させる大きな原因になっていると考える。急斜面ではないから表層物質の移動は小さいが、ここの土壌断面には表面角礫層の下に厚い土層が存在するから、強い凍上と春先の激しい融凍攪拌とが予想される。表面は角礫が覆って舗石 (pavement) の状態になっており、強い周氷河作用の働きを裏づけている。

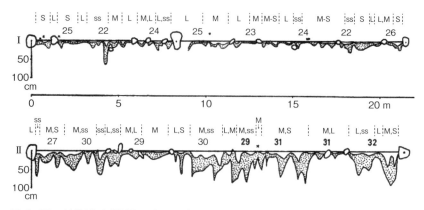

図 2-15 蛇紋岩砂礫斜面における岩屑の移動パターンと表面礫の関係（小泉，1979b を改変）
数字は傾斜、S・L 等は礫径を示す。L：10 cm 以上、M：3〜10 cm、S：1〜3 cm、ss：1 cm 未満。白い丸は大きい礫

4. 岩屑の供給について

　図 2-15 に示したような斜面物質の激しい移動があるにもかかわらず、斜面が厚い岩屑で覆われているということは、移動によって失われる以上の岩屑が上部から供給されていることを示している。この点は流紋岩地とまったく同様であり、粒径の小さな移動しやすい岩屑が大量に生産されている点も共通している。A 地区においては、稜線はすでに削剥によって低下して、トア状の基盤の突出部はみられなくなり、稜線部まで岩屑に覆われている。これらの礫はいずれも未風化できわめて新鮮である。斜面に点在する岩塊には密に割れ目が入って新しい礫を分離させており、この斜面での凍結破砕の強さをうかがわせている。

　一方、B 地区の場合はやや状況が異なっている。ここでは稜線上に基盤のトア状の地形があるが、そこに生じた節理の間隔は粗く、稀に径 30〜50 cm 程度の巨礫や、径 15〜20 cm 程度の礫がはげ落ちるだけで、岩屑の生産は A 地区と比べるとはるかに少ないようにみえる。斜面上に岩屑の乏しいことはこの裏づけとなろう。

　A 地区と B 地区の違いは、蛇紋岩の岩質のわずかの差に起因している可能性が強い。A 地区の蛇紋岩は、いわば品位の高い蛇紋岩であるが、B 地

区の場合は角閃石をまじえ、角閃蛇紋岩に分類される。成因的には、古生界の砂岩・頁岩が蛇紋岩化作用を受けて変質したものである。この違いが節理密度の違いをもたらし、それが礫の生産性、移動性を支配して植物群落の分布に影響を与えたということができる。

第3節　鉢ヶ岳の花崗斑岩地と砂岩・頁岩地の植生

はじめに

　この節では、同じような気候条件下にありながら密な植物群落が成立している花崗斑岩地と古生代付加体である砂岩・頁岩の分布地をとり上げる。調査地域は白馬岳北方の鉢ヶ岳（2,563 m）を中心とする一帯で、一部雪倉岳の南斜面を含む。

1. 地質図の作成

　空中写真の判読と現地調査に基づき、鉢ヶ岳を中心とする一帯の地質図を作成した（図2-16）。鉢ヶ岳の山頂部には花崗斑岩が分布し、その周辺は流紋岩が広く覆う。一方、雪倉岳の山体は砂岩・頁岩からなり、その南の帯状に延びる蛇紋岩地とは明瞭な断層によって境されている。蛇紋岩地の南には花崗斑岩の岩体が2カ所に現れる。そのうち東側のさんしょう池と仮称した小池を中心とする一帯を、主要な調査地域とした。図の南東部は鉢丸山から北に延びる尾根筋に当たり、蛇紋岩の他、石灰岩と砂岩・頁岩が分布している。

2. 植物群落の分布

　調査地域内の植生を概観し、岩質と群落の分布との対応を調べるため、地質図と同一の範囲の植生図を示す（図2-17）。図は現地調査と空中写真の判読により、研究グループの一員であった染谷（山本）弘子さんが作成した。図をみると、雪倉岳－鉢ヶ岳の鞍部付近と、鉢ヶ岳から南東に延びる尾根沿いの広大な植生分布の空白がまず目につくが、ここでは、岩質以外の条件を均一にするために、主稜線の西側および北側の強風地に区域を限定して比較する。範囲は図2-16に破線で示した、主稜線の西側の幅200 mほどのベルト状の区域で、稜線からの比高はほぼ100 m以内にある。ここは山頂現象により、ハイマツが欠如している区域で、気候的には周氷河環境下にある。山頂現象の範囲を外れると、冬季の季節風による吹きさらしがなくなるため、

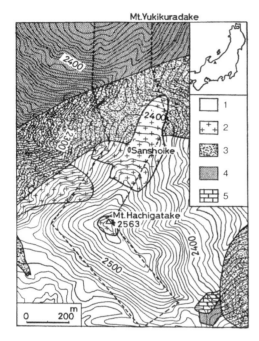

図2-16 鉢ヶ岳付近の地質図
(図2-17とも小泉, 1980a)
1: 流紋岩
2: 花崗斑岩
3: 蛇紋岩
4: 砂礫・頁岩
5: 石灰岩
破線は調査対象地域の範囲を示す

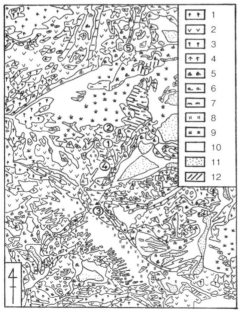

図2-17 図2-16と同じ範囲の植生図(染谷弘子氏作成)
1: オオシラビソ林
2: ハイマツ低木林
3: ミヤマハンノキ・ダケカンバ低木林
4: ササ原
5: 雪田植物群落
6: 風衝矮低木群落
7: 風衝草原
8: 高山荒原(タカネスミレ・コマクサ群落)
9: 高山荒原(ウメハタザオ群落)
10: 裸地
11: 8月中旬の残雪
12: 大型階状土
丸数字は植生調査地点を示す

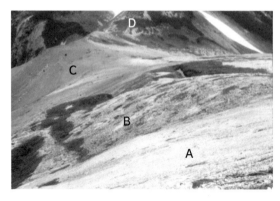

図2-18　鉢ヶ岳と雪倉岳の鞍部付近の地質による植物群落と表面礫の違い
A：流紋岩地
B：花崗斑岩地
C：蛇紋岩地
D：砂岩・頁岩地

ハイマツやオオシラビソなど、本来の極相種が卓越するようになる。

さてこのベルト状の区域内では、地質と植物群落の分布との間にきわめてはっきりした対応が認められる。鉢ヶ岳の山頂から南東方向に延びる主稜線の西側の流紋岩地には、タカネスミレーコマクサ群落とオヤマソバ群落が広く分布している。また雪倉岳と鉢ヶ岳の鞍部一帯の蛇紋岩地には、タカネスミレやウメハタザオ、ミヤマムラサキ、イブキジャコウソウ、ミヤマウイキョウなどを主な構成種とする群落が成立している。いずれも植被率が数％程度の高山荒原植物群落で、相観的には砂礫地になっている。

これに対し、鉢ヶ岳の北東および北方の花崗斑岩地と、雪倉岳南斜面の砂岩・頁岩地では、風衝草原や風衝矮低木群落が発達し、植被率も高い。そのためこれらの岩石の分布地と流紋岩地、蛇紋岩地とは相観的にはっきりした対照を示す（図2-18）。

以下、群落の特徴や成立要因について検討するが、砂岩・頁岩地は植生も土地の状態も花崗斑岩地によく似ているので、ここでは砂岩・頁岩については1例の紹介にとどめ、花崗斑岩地を中心にみていきたいと考える。

3. 花崗斑岩地の植物群落

花崗斑岩地の代表的な植物群落と生育地の状態は次のようである。植生調査地点は図2-17に丸数字で示した。

（1）さんしょう池南方、岩塊斜面の風衝矮低木群落（地点①、表2-7）

鉢ヶ岳の北方には線状凹地に湛水した小さな池があり、この池をさんしょ

う池と仮称した。その池の南方の、鉢ヶ岳寄りの斜面には、化石化した周氷河性の岩塊地があり、そこには風衝矮低木群落が成立している。

　主な構成種はガンコウラン、ウラシマツツジ、ミネズオウ、イワウメなどで、出現種数は比較的少ないが、植被率は70％と高い。立地は北西方向に面した傾斜24度の強風地で、表面は径20〜40 cmの礫や岩塊からなり、礫間をこの植物群落が覆っている。マトリックスは乏しく、主に細礫からなる。礫間は空隙に富んで乾燥しており、植物の根は礫をつかむような形に張っている。

（2）さんしょう池西方、緩斜面の風衝草原（地点②、表2-8）

　さんしょう池の西方には傾斜20度程度の古いソリフラクション斜面とみられる緩斜面があり、ここには典型的な風衝草原が発達する。

　群落は、幅1mぐらいの間隔で、砂礫地と交互に縞状に出現する場合から、全面をマット状に覆う場合まで、いくつかの段階があるが、全体として植被率は高く、オヤマノエンドウ、チョウノスケソウ、ハクサンイチゲ、ヒゲハリスゲ、ムカゴトラノオ等が卓越する。出現種数も多い。土壌は厚さ12 cm程度の砂礫まじりの黒色腐植層をもち、適潤であるが、下層は空隙の多い岩塊の層となっている。

（3）鉢ヶ岳山頂部の風衝矮低木群落（地点③、表2-9）

　鉢ヶ岳山頂部の花崗斑岩地では径20〜50 cmの岩塊が集積して、幅1〜2 m、長さ5〜7 m程度の舌状の押し出し（ガーランド）を多数形成している（図2-8のB）。この部分の植生はミヤマキンバイ、クロマメノキ、チシマギキョウ、イワスゲなどで構成されており、しばしば丈の低いハイマツを交える。植被率は全体で20〜30％であるが、隣接する流紋岩地の2〜3％程度に比べればかなり高い。

　植物の生育状況を詳しくみると、ガーランドとガーランドの間の凹地の部分には、80％の植被率で植物が密に生育している。しかし風化した岩塊の集積したガーランドの前面には、チズゴケ等の地衣類や蘚苔類が付着しているだけで、維管束植物は全然みられない。

　花崗斑岩地には以上のように、風衝矮低木群落と風衝草原が発達しているが、どちらが成立するかは気候条件ではなく、土地の状態によって決まっているようにみえる。すなわち矮低木群落は岩塊地で卓越しており、風衝草原

表 2-7 地点①の風衝矮低木群落の組成
(小泉, 1980a を改変)

地点	①
傾斜	24°（N）
植被率	70%
ガンコウラン	40%
ウラシマツツジ	20
ミネズオウ	12
イワウメ	8
ミヤマダイコンソウ	4
ミヤマコゴメグサ	3
イワスゲ	2
ハイマツ	2
タカネノガリヤス	＋
ミヤマウシノケグサ	＋

数字は被度（%）を示す。＋は1%未満

表 2-8 地点②の風衝草原の組成
(小泉, 1980a を改変)

地点	②
傾斜	20°
植被率	92%
オヤマノエンドウ	60%
チョウノスケソウ	40
ハクサンイチゲ	30
タカネノガリヤス	25
ヒゲハリスゲ	20
イワオウギ	15
ムカゴトラノオ	10
ウルップソウ	10
タカネマツムシソウ	7
ハクサンチドリ	5
カヤツリグサ科 sp.	5
クロマメノキ	3
ミヤマシオガマ	2
ヒメウメバチソウ	1
ハイマツ	1
ミヤマウシノケグサ	＋
タカネツメクサ	＋
イワベンケイ	＋
ムシトリスミレ	＋
タカネニガナ	＋
ミヤマヌカボ	＋

は砂質土壌上に成立している。これは岩塊地では空隙が多く、常に乾燥しやすい状態にあるため、より耐乾性の高い種からなる矮低木群落しか成立し得ないが、水分条件のよい砂質土壌上では、より生産性の高い風衝草原が成立しうるのだと考える。ただ、この地域の花崗斑岩地は岩塊地となっているところがほとんどで、砂質土壌の部分はごく限られているから、全体としては矮低木群落が卓越し、風衝草原の分布は狭い。

表 2-9 地点③ ガーランド上の植生 (小泉, 1980a を改変)

地点	③
傾斜	23°（W）
植被率	20%
ミヤマキンバイ	10%
ミヤマダイコンソウ	8
クロマメノキ	6
チョウノスケソウ	5
ムカゴトラノオ	3
ウラシマツツジ	3
チシマギキョウ	2
トウヤクリンドウ	2
ミヤマウシノケグサ	2
ツクモグサ	1
シロウマスゲ	1
イワスゲ	1
イネ科 sp.	1
タカネノガリヤス	＋
タカネツメクサ	＋
ミヤマコゴメグサ	＋
ミヤマヌカボ	＋

表 2-10 地点④ 線状凹地岩屑斜面の花崗斑岩地と流紋岩地の植生の比較 (小泉, 1980a を改変)

地点	④	
岩	花崗斑岩地	流紋岩地
傾斜	22°	26°
植被率	30%	0.2%
ミヤマダイコンソウ	12%	
ウラシマツツジ	8	
ミヤマキンバイ	4	
ハイマツ	3	
クロマメノキ	3	＋
チシマギキョウ	2	＋
コメバツガザクラ	2	＋
ミネズオウ	1	
イワウメ	1	
イワスゲ	1	
イワツメクサ	＋	＋
シラネニンジン	＋	
ミヤマコゴメグサ	＋	
ショウジョウスゲ	＋	
カヤツリグサ科 sp.	＋	
イッポンスゲ	＋	
ガンコウラン	＋	
イワヒゲ	＋	
ミヤマハンノキ	＋	
ムシトリスミレ	＋	
ミネズオウ	＋	
タカネスミレ		＋
コマクサ		＋

（4）鉢ヶ岳線状凹地岩屑斜面の植生（地点④、表 2-10）

　鉢ヶ岳から北へ延びる尾根の北西側は、傾斜 24～30 度の風当りの強い岩屑斜面となっており、斜面の中間部を線状の凹地が横切っている（図 2-18）。

この斜面を鉢ヶ岳線状凹地岩屑斜面と仮称する。この斜面ではほぼ同一の気候・地形の条件下で流紋岩と花崗斑岩が接して分布しており、両者の植生の比較が可能である。

まず流紋岩地では植被率は0.2％ときわめて低く、大部分はまったく無植生の砂礫地である。ここではタカネスミレとコマクサが点在するほかは、クロマメノキやチシマギキョウ、イワツメクサ等の生育する、幅20 cm、長さ1 m程度の植生の島がごく稀に生じているだけである。

一方、花崗斑岩地では、植被率は30％とはるかに高い。ここでは鉢ヶ岳山頂と同様、巨礫からなるガーランドが発達しており、ガーランド間の凹地を充填するように、ミヤマキンバイ、クロマメノキ、チシマギキョウなどからなる風衝矮低木群落が成立している。

この群落中には丈の低いハイマツの幼樹も混っている。ただしガーランドの前面は山頂の場合と同様、まったくの無植生地となっている。

4. 花崗斑岩地における斜面物質の移動

花崗斑岩地に密な植物群落が成立しており、加えて荒原植物がほとんどみられないということは、群落の成立に表土の安定が重要な役割を果たしていることを予測させる。このことを確かめるため、流紋岩地と同様の方法を用い、鉢ヶ岳山頂部のガーランドの前面で、斜面下方への礫の移動を計測した。その結果、0〜0.5 cm／年という値を得た。予想通りほとんど動いていないわけで、表層物質の移動の激しい流紋岩地や蛇紋岩地と異なり、表土はきわめて安定しているといえる。このような場所では、条件さえ許せば遷移の進行していくことが期待されるから、現在ある群落はこうした斜面の安定性を基礎として成立したものと考えることができる。逆にいえば、こうした立地の安定がなければ、気候条件に応じた群落の成立は困難だったに違いない。

図2-18の流紋岩地（A）と花崗斑岩地（B）の粒径を比較すると、Aでは見かけの卓越粒径は2〜5 cm、Bでは20〜40 cmとなっている。したがって流紋岩地ではかなりの移動が想定されるが、花崗斑岩地では礫の移動はほとんど期待できない。この推定は次の事実によって裏づけられる。

この斜面ではかって深さ2 mあまりの線状の凹地が、斜面を切る断層によって形成された。この線状凹地はその後、流紋岩地では上方から移動して

きた岩屑によってほぼ埋積されたが、花崗斑岩地では埋積は起こらず、線状凹地の原型はほとんどそのまま保存されている（図2-18）。この両地点での埋積の程度の差は、線状凹地形成後の上部からの岩屑の供給の多寡を示すものとみることができる。すなわち花崗斑岩地の安定と、流紋岩地での岩屑移動の活発さである。先に述べた、両者の植生の違いはまさにこの移動性の差を反映したものと考えることができる。このように、斜面上の岩屑の大きさは植物群落の成立に密接に関わっており、安定した群落の成立にはある程度粗大な礫で覆われた立地が必要であるといえる。

5. 花崗斑岩地における岩屑の生産と岩塊の供給された時代

第1節と第2節で報告した流紋岩地・蛇紋岩地では、岩屑の生産と移動がともに活発であった。一方、花崗斑岩地では礫の移動のほとんどないことが確認されたが、次に岩屑の生産状況について検討する。

花崗斑岩地の基盤の突出部をみると、岩体には割れ目が入り、風化も著しいが、基盤からはがれて落下した礫はほとんど見出せない、崖錐状の堆積物もみられない。基盤の表面は風化によって黒色ないし赤褐色に変色しており、長期にわたって化学的風化作用を受けてきたことを示している。また、本地域では3年間にわたり、基盤からの岩屑の剝離量が調査されたが、その量はきわめて少なく、生産された礫も基盤の一部が剝げ落ちただけのごく小さいものであった。これらの事実から判断すると、花崗斑岩地における現在の岩屑の生産はごく少ないものとみてよいであろう。すなわち流紋岩などとは対照的に花崗斑岩地では岩屑の生産・移動がともに乏しいといえる。花崗斑岩地は粗大な岩塊に覆われているが、この岩塊はおそらく最終氷期ないし晩氷期の寒冷期に供給された岩屑であろう。この寒冷期には現在ほとんど礫を供給していない花崗斑岩も、強力な凍結破砕作用によってブロック状に大きく破砕され、生産された礫や岩塊は下方へ移動してガーランドや岩海をつくっていたとみられる。しかし花崗斑岩地ではその後岩屑の供給はなくなり、移動も停止してしまった（高山地形研究グループ, 1978）。このことは、鉢ヶ岳線状凹地が、花崗斑岩地では埋積されず、ほぼ原型を保っていることから明らかである。流紋岩地ではその後も岩屑の生産・移動が活発に続き、線状凹地は埋積されて上下の斜面はつながってしまった。

図 2-22　大型階状土

　さんしょう池東方には、図 2-22 に示した大型階状土がある。階状土は長さ 10〜20 m、上面の幅 1〜2 m、高さ 30 cm〜1 m 程度のみごとなもので、棚田状に連続し、前面はほぼ完全に植生に覆われているが、上面の植物は乏しい。前面の植生はガンコウラン、ミヤマネズ、コメバツガザクラ、クロマメノキ等の矮低木を主とする群落で、一部ハイマツが侵入している。前面には径 10〜30 cm の礫が集積しているが、空隙はすでに粗砂や小礫で充填され、乾性の土壌層が形成されている。

　地形の規模や粒度組成からみて、階状土は現在形成中の地形ではなく、最終氷期か晩氷期の寒冷期にできた可能性が高い。当時はおそらく地下に永久凍土層があり、岩屑は移動して篩分けを受け、階状土を形成したとみられる。ここではその後、安定した前面の部分だけに植物が生育し、現在のような形になった。

6. 砂岩・頁岩の分布地の植生 (地点⑤、表 2-11)

　鉢ヶ岳周辺で最も植被率の高いのは砂岩・頁岩地である。代表的な植生は表 2-11 に示したような発達した風衝草原である。砂岩・頁岩地は花崗斑岩地と同様、現在の岩屑の生産は乏しく、斜面を覆う礫は過去の寒冷期の産物だとみられる。ただ岩屑は全体に花崗斑岩地より小さく、径 15〜20 cm の礫が卓越し、礫間の空隙も少ない。このため植物は花崗斑岩地より侵入しやすく、密な植物群落が形成されたのだと考える。一部には植生の入らない礫原がみられるが、周囲からハイマツや風衝矮低木群落が広がりつつあり、礫

表 2-11　地点⑤　砂岩・頁岩地に成立した風衝草原の組成
(小泉, 1980a を改変)

調査地点	⑤
傾斜	19°
植被率	70%
オヤマノエンドウ	20%
ムカゴトラノオ	15
チシマギキョウ	15
イワスゲ	15
タカネマツムシソウ	10
ハクサンイチゲ	6
ミヤマキンバイ	5
ウルップソウ	4
ミヤマウイキョウ	3
タカネノガリヤス	3
タカネツメクサ	3
イワベンケイ	2
コウメバチソウ	2
イネ科 sp.	2
ミヤマコゴメグサ	1
ヨツバシオガマ	1
ミヤマシオガマ	+
ウラシマツツジ	+
ハクサンチドリ	+
トウヤクリンドウ	+
タカネニガナ	+

原は徐々に縮小しつつある。

まとめ

1. 鉢ヶ岳付近の高山帯強風地のうち、花崗斑岩地と飛騨外縁帯の砂岩・頁岩地について調べた。ここでは風衝矮低木群落と風衝草原が卓越し、植被率も高い。その原因を明らかにするために、斜面上の岩屑の移動性と

基盤岩からの岩屑の生産状況を調べた。ただ両者の性格はよく似ているので調査の重点は花崗斑岩地においた。

2. 花崗斑岩地では斜面は径20〜40 cmの粗大な礫や岩塊で覆われ、現在、礫の移動はほとんど認められない。このような立地の安定は遷移の進行を可能にし、その場の気候条件に対応した風衝矮低木群落や風衝草原を成立させたのだと考える。花崗斑岩地では礫間の空隙が大きく、水分条件が悪い。このため、植物はなかなか侵入しにくいが、ごく浅い谷筋などでは空隙を埋めて砂や落葉が集積することがあり、それが植物の侵入するきっかけをつくっている。先駆植物はクロマメノキやミヤマキンバイなどで、これらの植物が侵入して土壌層ができると、その後遷移が進む。なお、岩塊地では矮低木群落が卓越するが、砂質土壌の形成されたわずかな立地には風衝草原が成立している。

3. 花崗斑岩地では現在、岩屑の生産はごく乏しく、斜面を覆っている岩塊はおそらく最終氷期の寒冷気候下で生産され、移動したものだと考えられる。これらの岩塊はしばしば、ガーランドや階状土といった周氷河地形を形成しているが、風化してもろくなっている。

4. 砂岩・頁岩地では植被率はさらに高く、風衝草原が発達する。斜面は花崗斑岩地と同じく大部分が化石周氷河斜面であるが、礫径は15〜20 cm程度と小さく、植物の定着には有利だったと考えられる。現在の岩屑の生産は乏しい。

白馬連峰の地質と植生に関するまとめと考察

第2章では、高山の周氷河環境下での岩屑の生産・移動という観点から、白馬連峰高山帯の植物群落の分布を検討した。その結果、地質の影響が予想以上に大きく、時には高山帯全体の景観をも左右するほどのものであることがわかってきた。これはもっぱら斜面物質の安定、不安定によるものであり、それは岩石の種類ごとの岩屑の生産・移動プロセスの違いを反映したものであった。3つの節で扱った白馬連峰の鉢ヶ岳付近では、岩屑の生産・移動がともに活発な流紋岩や蛇紋岩と、両方とも少なく安定している花崗斑岩地、飛騨外縁帯の砂岩・頁岩という、対照的な2つの系列を認めることができた。植物群落はこれに対応し、前者では高山荒原植物群落、後者では風衝矮低木

群落や風衝草原が発達する。花崗斑岩地と砂岩・頁岩地において岩屑の生産・移動が生じたのは、最終氷期もしくは晩氷期の寒冷期にさかのぼると考えられ、これらの地域にみられる無植生の岩塊斜面のかなりの部分は、当時の岩塊がそのまま保存されたものである可能性が高い。

地質の差を反映した植物群落の違いについては、ヨーロッパアルプスの石灰岩地や蛇紋岩地を中心に古くから多数の報告がある。しかしこれらの研究では原因を岩石の化学成分の違いに求めており、土地の物理性に注目した研究はきわめて少ない。特に物理性を地質ごとに検討したものはほとんどないといってよい。その中で例外的に、Ellenberg (1978) は、アルプスの高山植生に関する報告の中で、石灰岩やドロマイトといった地質ごとに成立する植物群落を記述し、その中での組成の違いを物理性で説明するという方法をとっていて、こうした説明のし方は特に崖錐の植物群落を記載する際などに、顕著に現れている。したがって、考え方の点では筆者との共通点もあるが、岩屑の生産・移動様式が地質ごとに異なることを明らかにし、それと植物群落の対応を調べるという本研究の方法とはかなり異なっている。

一方、わが国には表土の違いと植物群落の対応を調べた研究がすでにある（鈴木, 1968、大場, 1969）。しかし、土地の状態がなぜそのようになったかは不問にされ、その基となった地質の違いについてはまったく考慮されることがなかった。本研究では地質ごとの岩屑の生産・移動にまで立ち入ってこの点を明らかにしたが、本研究が独自性を主張できるとすれば、まずこの点が第一であろう。

次に、本研究の特色として、斜面物質の移動量を実際に計測したことを挙げることができる。従来の研究にもたとえば、大場の研究のように斜面物質の安定、不安定に着目したものがあるが、これはあくまでみかけ上の安定、不安定であった。第1節で明らかにしたように、この点はみかけほど単純ではない。

本研究で扱った岩石は幸い、典型的な性格を示すものばかりであった。しかしこれらの中間的な性格を示すものも当然考えられるし、それについて調べれば、さらにおもしろい結果が得られるだろう。その際はその地域のたどってきた自然史を考慮に入れることが必要だと考える。

第3章 花崗岩からなる中央アルプス檜尾岳の植生

研究のきっかけ

　第2章では白馬連峰の高山帯強風地の植物群落の分布に地質が密接に関連していることを明らかにした。この章では同じ視点から中央アルプス（木曽山脈）主稜部の植物群落について検討する。この地域は花崗閃緑岩の単一岩体からなっており、地質だけでは植生の違いは説明できない。高山帯ではハイマツ群落が卓越するが、稜線の一部には砂礫地があり（図3-1）、そこには高山風衝矮低木群落が成立している。この章ではなぜこうなったのかを探ってみたい。

1. 調査地域の地形

　調査地域は中央アルプス中部のほぼ南北に連なる主稜部で、主なピークは檜尾岳（2,728 m）濁沢大岳（2,724 m）の2峰である。稜線部の起伏は比較的小さく、標高2,500〜2,800 mの範囲内にほぼおさまる。本地域の主稜部は著しい非対称をなし、東側がかつての氷食壁に起源する急崖をつくるのに対し、西側は傾斜15〜30度の緩やかな斜面となっている。この斜面は水平方向の凹凸に乏しい平滑斜面で、上部は凸、下部は直線状である。この斜面は現在、下方から樹枝状に下刻が進んで破壊されつつある。

2. 植物群落の分布とその立地

　本地域では森林限界は2,600〜2,650 mにあり、これより上の比較的狭い部分が高山帯に属する。ここでは対象を高山帯の西向き風衝斜面に限定するが、この部分ではハイマツ群落が斜面の大部分を覆っている。この群落は林床にコケモモやハクサンシャクナゲを伴い、ハイマツの丈が低い場合はガンコウランやコイワカガミ、ミツバオウレンなどが加わる。これに対し、ハイマツ以外の群落は分布がきわめて限定され、わずかに風衝矮低木群落が稜線沿いのごく一部に出現するにすぎない。この群落はイワウメやミヤマキンバ

図3-1 ハイマツの分布地と砂礫地が交互に出現する主稜線の西側

イ、イワツメクサなどを主な構成種とする群落で（表3-1）、ところによってはチョウノスケソウやクロマメノキ、ヒナウスユキソウなどを交え、きれいなお花畑をつくる。しかし分布はきわめて狭く、稜線からせいぜい15〜25m程度の広がりをもつだけである。また植被率は15〜60%程度と低い上、出現種数も少なく、全体としては貧弱な群落となっている。

このように本地域ではハイマツが圧倒的に優勢であり、他の群落の発達はよくないが、それぞれの分布をみると土地の状態と密接に関連していることがわかる。たとえばハイマツ群落は主稜部の地形を特徴づける平滑斜面を広く覆い、ほとんど稜線上まで分布している。その林床には径数十cm〜2mほどの岩塊が存在し、ハイマツは岩塊間の隙間に根をおろすようにして生育している。これに対し、風衝矮低木群落はもっぱら砂礫地にのみ出現し、岩塊地には分布しない。

このような明瞭な対応が生じたのは、冬季の強い季節風に対する遮蔽物の有無が原因だと考える。ハイマツの分布地では粗大な岩塊が遮蔽物となり、強風からハイマツを保護している。しかし岩塊の欠如する砂礫地では、ハイマツは保護を受けられないため生育が困難になり、代って風衝矮低木群落が成立することになった。強風砂礫地では植物は礫の背後に尾をひくようにして生育しており、群落中にはしばしば、風食によって生じた小崖（ノッチ）が生じている。生育している植物もイワウメのように地面にへばりつく形の

表 3-1　檜尾岳における風衝矮低木群落の組成 (小泉, 1980b を改変)

調査地点	1	1	1	2	2
傾斜	20°	32°	30°	24°	26°
土地条件	砂礫地	砂礫地	礫地	砂礫地	礫地
調査地の大きさ (m^2)	1	1	4	1	4
植被率	25%	15%	40%	20%	60%
イワウメ	15		30	5	20
ミヤマキンバイ	7	7	2	5	12
イワツメクサ	4	6	3	5	
ヒメウスユキソウ	2	+	+	4	5
ミヤマウシノケグサ	2	1	+	3	
イワヒゲ	2	2	6	1	2
イワスゲ	1	1	5	1	
トウヤクリンドウ	3	+	+		
クロマメノキ				2	20
コメススキ	2	+	+		
チョウノスケソウ				3	
ハクサンイチゲ				2	
ダケカンバ			+		+
ムカゴトラノオ			+		
タカネニガナ			+		
ガンコウラン			+		
タカネスズメノヒエ			+	+	
イネ科 sp.				+	

ものが多く、いずれも丈が低い。また表3-1に示したように、同一地点の強風砂礫地でも、礫の卓越する部分では植被率が40～60%程度まで高まるが、礫の散在する砂地では15～25%程度まで低下している。

　白馬連峰の強風砂礫地で重要な役割を果たしていた岩屑の移動は、ここでは重要でないようである。斜面上の礫は15～25cmと大きく、マトリクスも細礫が多く含まれ、全体がルーズな堆積物となっている。また物質移動に重要な役割を果たすシルトは少なく、これらのことから物質移動は著しい

ものではないと予想できる。砂礫地の狭さや植物の根茎の発達のよさはこの反映であろう。またコマクサやタカネスミレ、ウルップソウなどの移動礫原の植物がほとんどみられないのも同じ理由によるものと考える。

3. 砂礫地の分布と節理密度との関係

　本地域の強風砂礫地の分布を図3-2に示した。砂礫地は主稜沿い、特に鞍部や肩のやや平坦な部分に主として出現しているが、分布は狭く、断片的である。これ以外の部分は稜線部にトア（塔状の小岩峰）状の基盤の突出部があり、その下方は平滑斜面をつくる岩塊地となっていて、稜線付近までハイマツに覆われている。したがって砂礫地の分布図は、先に述べたような植生との対応から、そのまま植生図によみかえることが可能である。

　同一の岩種の分布地でありながら、砂礫地と基盤の突出部ないし岩塊斜面という著しい違いを生じた原因を明らかにするために、筆者は現在の気候下での岩屑の生産状況に着目した。その手がかりとしてまず、岩石の破砕に密接な関連をもっていると考えられる節理の密度と節理の間隔を調査した。節理密度の計測は1mの針金の両端を結んで輪をつくり、それを露岩の表面に当てて輪の周囲と節理の交点を数えるという方法（上本, 1978）によって行ない、同一地点で場所をずらしながら10回数えて、それを平均した。稜線に沿う節理密度の計測結果は図3-2に示した通りで、砂礫地の分布地では節理密度は20～35と高い値を示すのに対し、トア状の突出部では2～8程度とはるかに小さい値に収まった。また節理の間隔は、前者では8～12cm程度なのに対し、後者では40～60cmと広く、1mを越す場合も珍しくない。これらの事実から、現在では節理密度の高い部分においてのみ、砂礫地を生じさせるような岩屑の生産が行なわれているのだろうと予想した。

4. 岩屑の生産と岩屑の粒度組成

　この予想を確かめるために、筆者は基盤から岩片がどのような状態で剝がれるかを調べ、生じた岩屑の粒径を測定した。粒径の測定は1m×1mの枠を置き、その中の礫を大きい順に30個とり出して長径を測るという方法によった。

　まず現在、礫が直接生産されている場所として、崖錐とその上部の基盤に

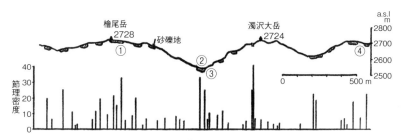

図 3–2　檜尾岳付近における稜線のプロファイルと基盤の節理密度（小泉, 1980b を改変）
ドットは砂礫地を示す。丸数字は植生調査地点

注目した。崖錐の観察されたのは数地点にすぎず、いずれも基盤の節理密度の高い部分の下方に位置している。檜尾岳の北側の鞍部に位置する②地点では節理密度は 34 と高く、基盤の岩石は著しく破砕されており、節理に沿う風化のために岩片はすでに基盤から分離している。ここは東流する谷の源頭に生じた崩壊地の最上部に相当しており、分離した岩片は次々と剥落している。これらが堆積した崖錐状堆積物の礫の計測結果をみると、最大礫は 45 cm で、8〜15 cm 程度のものが卓越している（図 3-3, A）。30 個の平均値は 16.6 cm、最大 10 個の平均は 22.3 cm である。砂粒の生産も多い。

斜面の反対側の強風砂礫地の砂礫は、緩斜面をゆっくり移動していくうちに分割され、篩い分けも受けているらしく、礫は②地点のものより小さい（図 3-2, B）。また 10 cm 以下のものも卓越し、粗砂が多い。30 個の平均値は 14 cm、最大 10 個の平均値は 20.2 cm である。檜尾岳山頂北方の①地点での計測でもほぼ同じ結果を得た。

これに対し、節理密度の小さな部分では、基盤の突出部の下に新しい崖錐状の岩屑の堆積はみられず、基盤の表面から直接剥がれた鉱物の粒子や細礫がみられただけであった。板状の礫の剥離も観察されたが、ごく稀であった。したがって節理の粗い部分からの岩屑の生産はごく乏しいとみられる。

以上の結果からみると、現在の気候下での岩屑の生産は、先の予想通り、節理が密に入り、節理間隔の小さい部分からにほぼ限られているといえる。すなわち強風砂礫地は地形学的には現成の周氷河斜面に相当しており、このことが風衝矮低木群落の分布をも支配しているのである。一方、西側斜面は

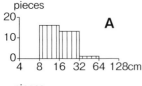
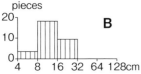
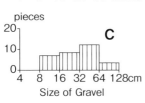

図 3–3　生産された礫や岩塊の粒径
（小泉，1980b を改変）
A：②地点の崖錐構成礫
B：②地点の強風砂礫地の礫
C：③地点の岩塊斜面
大きい方から 30 個計測した。

　大部分が粗大な岩塊で覆われた平滑斜面となっているが、このことはかつてこれらの岩塊の生産が行なわれた時期のあったことを意味している。岩塊の大きさからみるとこの時期には、現在は安定している、40 cm～1 m を越える間隔の節理に沿う破砕が行なわれていたと考えられる。岩塊の供給期と平滑斜面の形成期は同時期と考えられるが、その時代は最終氷期に一致する可能性が強い（小泉・柳町，1982）。おそらく現在よりもはるかに寒冷な条件の下で、粗い節理に沿う岩石の破砕が行なわれ、生産された岩塊は斜面上を移動して平滑斜面をつくり出したのであろう。すなわち平滑斜面は氷期の周氷河斜面が化石化したもので、斜面物質のきわめて安定していることが、ハイマツの速やかな侵入を許したのだと考える。
　なお平滑斜面を構成する岩塊の粒径の計測はハイマツに妨げられて困難だったので、次善の策として③地点の塔状の岩体の直下で岩塊の粒径を計った（図 3–3, C）。最大の岩塊は長径が 110 cm に達し、30 cm 以上のものだけでも 20 個を数えた。最大 10 個の平均は 58.9 cm、30 個の平均は 33.7 cm である。
参考値　このような巨大な岩塊からなる場合 1 m×1 m の枠では問題があるので、5 m×5 m に枠を広げ、その中の岩塊を 10 個計測したところ、次の

ような値を得た。145(cm), 131, 120, 87, 75, 70, 64, 62, 60, 57。また平滑斜面が最も典型的に発達する④地点での岩塊の測定値は次のようである。180(cm), 180, 170, 170, 165, 160, 130, 77, 70, 60。畳程度の大きさの岩塊がゴロゴロしていることがわかる。

まとめ

1. 花崗閃緑岩の単一岩体からなる木曽山脈主稜部の西側風衝斜面において植物群落の分布を調査した。斜面の大部分はハイマツ群落に覆われ、鞍部や肩のごく狭い部分にのみ高山風衝矮低木群落が出現する。
2. こうした植物群落の分布は土地の状態と密接に関連している。ハイマツ群落は径1～2 mの岩塊上に、矮低木群落は砂礫地に分布する。
3. 岩塊地は最終氷期の周氷河斜面だと考えられ、現在は化石化して安定している。その分布は基盤の節理密度が低い部分に一致している。一方、砂礫地は現成の周氷河斜面で、その分布は基盤に節理が密に入った部分に限られている。ここでは現在でも細かい岩屑の供給が行なわれている。
4. 砂礫地では巨礫が欠如するため、ハイマツは遮蔽物を欠いて分布できなくなり、代って風衝矮低木群落が成立したと考える。このようにこの山域では最終氷期および現在の岩屑の生産・配分が植物群落の分布を決定している。

第4章　北アルプス蝶ヶ岳の植生分布と地質条件

研究のきっかけ

　第2章で紹介したように、筆者は白馬連峰の鉢ヶ岳を中心とする一帯で、4つの地質地域を対象にして、高山帯の植物群落の分布を論じた。また第3章で紹介したように、中央アルプスの檜尾岳でも調査を行った。これらは岩屑の生産・移動と植物群落という新しい視点からの論文である上、いずれも学会誌に掲載されたことから、博士論文に該当するだろうと考え、指導教官に相談に行ったところ、答えはノーであった。事例が足りないというのである。「生態学の方に出すのならいいだろう。でもここは地理だ。地理の博士論文にはこれまで日本列島規模の広がりを要求してきた。君の論文を読んだら、日本の高山帯のことがすべてわかるようなものを書くべきだ」という信じがたい回答である。そのいきさつについては『日本の山はなぜ美しい』に書いたから繰り返さないが、「北アルプスにもまだ山があるし、南アルプスもある。北海道・東北の山もある。火山もあるぞ」という、恐るべき注文であった。結局、筆者が博士論文を提出したのは、およそ20年後、指導教官が退官する年になる。

　ひどい話だと思うが、答えはノーであるから、調査を続けるしかない。そこでまず取り上げたのが蝶ヶ岳である。蝶ヶ岳（2,644 m）は北アルプスの南部に位置する山で、日本アルプスの高山としては低い方に属し、森林限界をわずかに抜いているに過ぎない。このため、高山帯の領域は広くない。しかし地質ごとに著しく性格を異にする植物群落が分布するほか、森林限界高度が大きく変動していてそれにも地質による差が認められなど、地質の影響は明瞭である。地生態学の立場からは、一つの典型とすることのできる山岳であると考え、調査することにした。

1．蝶ヶ岳の地形と地質

　蝶ヶ岳は北アルプス常念連峰の最南部に位置し、急峻な岩山の多い北アル

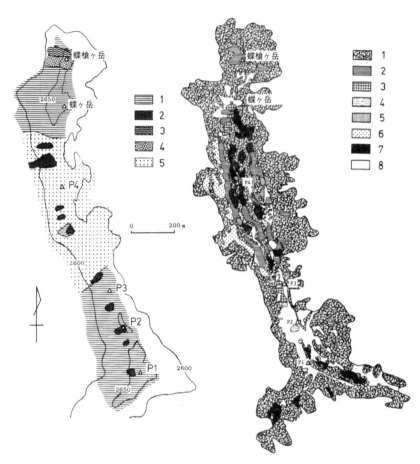

図 4–1　地質図（小泉・関，1988 を改変）
1：粘板岩、2：硬砂岩、3：ホルンフェルス、4：チャート、5：花崗斑岩、P1〜P4：小ピーク

図 4–2　高山帯の植生図
（小泉・関，1988 を改変）
1：ハイマツ群落、2：風衝矮低木群落、3：オヤマソバ群落、4：イワツメクサ群落、5：タカネスミレ群落（高山荒原）、6：地衣類・蘚苔類のみ（岩塊地）、7：雪田植物群落、8：無植生地
図示した部分の周囲は亜高山針葉樹林とダケカンバ林・ミヤマハンノキ林

プスでは珍しく丸みを帯びたなだらかな山容をもっている。山頂部は高原状の山の背を形づくり、広々とした主稜上にはそれと斜交する線状凹地が何列

も走って、特異な山稜形を示す。

　主稜線上には南北両端にピークがあって、真ん中はわずかにたわんでいる。北のピークが蝶ヶ岳で、南のピークは 2,677 m の無名峰である。2つのピークの間には4つほどの小ピークがあるので、記載の都合上、南の 2,677 m の無名峰を P1 とし、北へ向かって P2、P3、…と仮称する（図 4-1）。

　山頂部は西側が緩斜面をつくるのに対して、東側は崩壊地状の急斜面となっていて、はっきりした非対称山稜を形成する。

　この山の地質はこれまですべて古生界からなると考えられてきた。しかし実際にはそれほど単純ではなく、図 4-1 に示したように、中央部に花崗斑岩の貫入岩体が分布する。蝶ヶ岳の山頂付近と調査地域の南部は美濃帯の堆積岩からなり、その主体は粘板岩である。このほか蝶ヶ岳ヒュッテ（P1 と P2 の中間、図 4-1 の P1 地点）近辺など一部に点々と硬砂岩が分布する。蝶ヶ岳の山頂の北の小独立峰、蝶槍ヶ岳はチャートとホルンフェルスからなり、急斜面に囲まれた岩峰を形づくる。

2. 植物群落の分布と地質条件

　蝶ヶ岳では森林限界は 2,600 m 付近にあり、きわめて明瞭である。森林限界を構成する樹種はオオシラビソとダケカンバで、一部にトウヒが混じる。高山帯の領域は比高の上ではごく狭いが、山頂部がなだらかなため、その幅は数百 m に達し、特に P4 付近では広くなっている。

　図 4-2 に蝶ヶ岳の森林限界以上の部分、すなわち高山帯の領域における植物群落の分布を示した。森林限界を縁取るようにハイマツが分布し、線状凹地の内部には雪田植物群落が分布するが、強風地の植物群落については場所による差がきわめて大きくなっている。中央部の P4 付近には風衝矮低木群落が分布するほか、地衣類・蘚苔類のみが付着する岩塊地が広く分布する。一方、蝶ヶ岳山頂付近と南の P3 付近以南では、オヤマソバが点在する高山荒原植物群落と、まったく植被を欠く砂礫地が広い分布を示す。蝶槍ヶ岳付近では風衝矮低木群落が卓越する。

　こうした植物群落の分布には、地表面を覆う岩屑の粒径が関わっていると予想されたので、表層岩屑の粒径の分布を調べ、5ランクに分けて図示した（図 4-3）。ただし植被に覆われて調査が困難なところは省いてある。

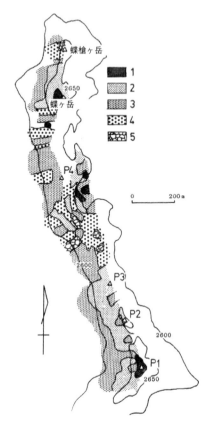

図 4-3　表層岩屑の大きさ
（小泉・関，1988 を改変）
1：3cm 以下、2：3-10cm、
3：10-30cm、4：30-100cm、
5：100cm 以上

　表層岩屑の粒径別の分布図をみると、明らかに地質とよい対応が認められる。まず中央部の花崗斑岩地域では、径 30～100 cm の岩塊や 100 cm を越す粗大な岩塊が卓越する。一方、P3 付近から南や蝶ヶ岳山頂付近の粘板岩地域では 3～10 cm の細かい岩屑が広い面積を覆う。またところどころに現れる硬砂岩地域では 10～30 cm 程度の角礫が分布する。

　地質図と植生図、表層岩屑の大きさの図を比較すると、明らかな対応が認められるので、以下では地質ごとに植物群落の記述を行い、群落の成立条件を検討する。調査地点は各地質地域から代表的な場所を選んだ。ただし位置は図示していない。地点ごとの植物群落の組成を表 4-1～3 に示した。

粘板岩地（表4-1）

　ここでは無植生地が卓越し、稜線から斜面長にして40〜50mほどの範囲が一面の砂礫地となっている。礫は10cm以下のものが卓越し（図4-4の⑤、⑥）、新鮮で、層理面に沿って割れた扁平なものが多い。一部に表面の変色したものが混じるが、風化が進んでいない。この砂礫地は文字通りまったくの無植生で、礫には地衣類の付着すらみられない。このことから筆者は、ここでの岩屑生産は数百年前の小氷期に起こった可能性が高いと予想している。砂礫地の一部には条線土ができている。

　一方、同じ粘板岩地でありながら、P3付近や蝶ヶ岳山頂付近にはオヤマソバ群落があり（地点⑧）、植被率は10〜15%である。土地条件は無植生地とほとんどかわらず、10cm以下の岩屑が卓越し（図4-4、⑧a、⑧b）、マトリックスも豊富で、条線土のある礫原になっている。

　粘板岩はきわめてもろいため、粘板岩地では現在の気候下で径10cm以下の岩屑が活発に生産されている。岩屑はマトリックスに富み、斜面上を

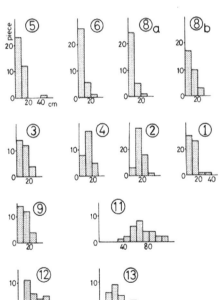

図4-4　地点ごとの表層岩屑の粒径分布（小泉・関, 1988）
2×2mの枠内からランダムに30個取り出して計測。横軸は礫または岩塊の長径、縦軸は個数を示す。
⑤⑥：粘板岩地（無植生）　⑧ab：粘板岩地（オヤマソバ群落）　③④：粘板岩地崖錐（イワツメクサ群落）　②①：硬砂岩地（イワツメクサ群落）　⑨：花崗斑岩地（タカネスミレ群落）　⑪⑬：花崗斑岩地岩塊斜面（ハイマツ群落）
⑫：花崗斑岩地（風衝矮低木群落）

表 4-1 古生代粘板岩地の植物群落 (小泉・関, 1988 を改変)

地点番号	⑤⑥	⑧a	⑧b	⑪	③a	③b	④
方位	-	西	西	南西	西北西	北西	西北西
傾斜	-	30°	32°	12°	24°	3°	8°
土地条件	礫地	砂礫地	砂礫地	砂礫地	礫地	礫地	礫地
調査枠	1×1m	1×1	1×1	1×1	1×1	1×1	1×1
オヤマソバ		15%	15	20			
ミヤマキンバイ			5		8		2
イワツメクサ					2	8	10
タカネスズメノヒエ					2		
ヒナノガリヤス					1		
ハイマツ					1		
ダケカンバ					10		
枠内の植被率	0	15	20	20	24	8	12
斜面全体(10×10m)の植被率	0	12	10	10	4	3	8

表 4-2 古生代硬砂岩地の植物群落 (小泉・関, 1988 を改変)

地点番号	①	②
方位	西北西	西
傾斜	20°	22°
土地条件	礫地	礫地
調査枠	1×1m	2×2m
イワツメクサ	8%	15
ミヤマキンバイ		1
ミヤマウシノケグサ		1
ダケカンバ		+
植被率	8	17
斜面全体の植被率	5	5

表 4-3 花崗斑岩地の植物群落 (小泉・関, 1988 を改変)

地点番号	⑪	⑬	⑨a	⑫	⑯	⑨b	⑩	⑭
方位	南西	南西	西南西	西	西	南西	南西	南
傾斜	25°	28°	23°	15°	7°	12°	17°	3°
土地条件	岩塊地	岩塊地	礫地	岩塊地	礫地	砂礫地	砂礫地	砂礫地
調査枠	1×1	1×1	1×1	2×2	1×1	1×1	1×1	1×1
ハイマツ	70%	90		10				
クロマメノキ	3		25	15				
ウラシマツツジ	2		6		15			
ミヤマキンバイ			5	4	12	1		
ミネズオウ					8			
イワスゲ				5				
ムカゴトラノオ			2	+				
ミヤマウシノケグサ			3					
イワノガリヤス			1	1				
ミヤマヌカボ		+						
シラネニンジン		+						
オヤマソバ				+		8		
タカネスミレ						3	35	15
イワツメクサ								6
地衣類及び鮮苔類	5	40		40	50			
植被率	70	90	40	35	30	12	35	21
斜面全体の植被率	50	60	20	25	20	3	20	12

次々に移動している。筆者は無植生地とオヤマソバ群落の成立要因は、この活発な岩屑の生産と移動にあると考えている。この点は白馬連峰の流紋岩地の場合 (小泉, 1979b) と同じである。

ただ、白馬連峰の場合、このような移動礫原には、オヤマソバのほかコマクサやタカネスミレが生育しているが、本地域では両種とも欠如している点が異なっている。タカネスミレは本地域でも花崗斑岩地の一部には分布し、コマクサも蝶ヶ岳の北にある常念岳のすぐ北方まで分布しているので、粘板岩地が両種の分布可能範囲外にあるとは考えられない。それにもかかわらず、

両種が欠落しているのは、岩石の化学成分のような別の原因である可能性が高い。

　なお、粘板岩地の一部には基盤が露出してトアをつくっているところがあり、その下方には崖錐または崖錐状の堆積物が生じている（①、④地点）。ここにはイワツメクサを主体とした群落ができているが、これは堆積物の粒径が平均20 cmと大きい（図4-4の③、④）ことから、無植生地などに比べ斜面がやや安定しているために生じた群落だと考える。この群落はミヤマキンバイを伴うが、植物は大礫の周囲に植生の島をつくって生育している。このほか基盤の割れ目にもミヤマキンバイが分布する。

硬砂岩地（表4-2）

　小面積ながら点々と出現する硬砂岩地には、イワツメクサ群落が生じている（地点①、②）。これは斜面全体の5％ほどを覆うだけの疎な群落で、横30 cm、縦50 cmほどの島状のかたまりをつくり、ところによってはミヤマキンバイやミヤマウシノケグサを伴う。立地は5〜30 cmほどの礫を主体とするマトリックスの乏しい礫地で、イワツメクサはその中では小礫の多い部分に生育している。

　硬砂岩地では現在、礫生産はみられない。斜面を覆う礫には風化被膜が生じているので、礫は過去の、現在より寒冷な時期おそらく最終氷期、あるいは晩氷期に供給されたものと考える。マトリックスの欠如と斜面物質のやや不安定なことがこれ以上の群落の発達を抑えているのであろう。

花崗斑岩地（表4-3）

　花崗斑岩地には場所によりさまざまな植物群落が発達しているので、以下では群落ごとに記述する。

ハイマツ群落

　花崗斑岩地で最も広く分布するのはハイマツ群落である。これは⑪地点や⑬地点のように長径が1 mに達するような、粗大な岩塊群を覆って発達し、森林限界に近い部分には広いハイマツの海をつくる。ハイマツ群落下の岩塊は最終氷期の寒冷な気候下で生産されたと考えられるもので、風化・変色

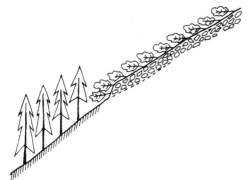

図 4–6 岩塊斜面が決める森林限界（小泉・関，1988）

が著しく、全体として平滑な化石周氷河斜面を形成している。岩塊地にハイマツが生育できるのは、岩塊が冬の季節風をさえぎって植物体を保護しているためだと考えられ、斜面上部に向かって岩塊の大きさが小さくなると、ハイマツは遮蔽物を失って、分布は斑点状に変化してしまう（たとえば地点⑫）。

ところで岩塊地はマトリックスに乏しく、水分条件が悪いため、オオシラビソやシラビソなどといった亜高山針葉樹の生育は不可能である。このため、亜高山針葉樹は岩塊地の下の縁までは上昇しているが、それ以上には登り得ず、結果として岩塊地の下限に森林限界が一致することになった（図 4-6）。蝶ヶ岳では花崗斑岩地で岩塊地の発達が特によいために、この部分だけ森林限界が押し下げられ、亜高山針葉樹林中にハイマツが舌状に張り出している（図 4-7）。この現象は鈴木・清水（1982）が金峰山から、また沖津（1984a,b）が北海道の山々から報告したものとよく似ており、氷期の岩屑生産が現在の植生分布を規定する典型的な事例になっている。

地衣類と蘚苔類からなる群落

　先述のように、化石周氷河斜面を構成する岩塊は、斜面上部に向かうと次第に粒径が小さくなるため（図 4-4、⑫）、ハイマツは生育が困難になるが、このハイマツに覆われない岩塊地に出現するのが本群落である。これは地衣類と蘚苔類のみからなる群落で、維管束植物はまったく欠如しており、岩塊の表面に付着するイワブスマやチズゴケ等と、岩塊間の凹みに生育するミヤマハナゴケやタカネスギゴケ、カリエスゴケ、ミヤマウラミゴケ、ナギナタ

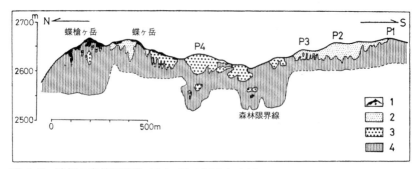

図 4-7　波打つ森林限界線（小泉・関，1988 を改変）
森林限界は花崗斑岩地（P4 付近）と蝶槍のチャート地域で著しく低下している。
1：露岩地、2：砂礫地、3：岩塊地、4：ハイマツに覆われた礫地及び岩塊地

ゴケ等の 2 つに分けられる。岩塊が安定していてマトリックスが欠如するという土地条件と、強風寡雪の気候条件がこの群落を発達させたと考える。

タカネスミレ-オヤマソバ群落

　これはタカネスミレとオヤマソバを主体とし、時にミヤマキンバイやイワツメクサを伴う群落で、⑨地点や⑩地点、⑭地点等の、尾根筋の平坦地にのみ出現する。立地は 20～30 cm 以下の礫と細礫からなる砂礫地で（図 4-4、⑨）、マトリックスに富み、条線土や不明瞭な多角形土が発達している。また新しく生じたロープ状の押し出しにもこの群落がみられ、上面にタカネスミレ、上面の線にオヤマソバが生育していることが多い。
　この群落は粘板岩地と同様、コマクサを欠いているが、白馬連峰ではもっぱら流紋岩地に現れたこの群落が花崗斑岩地にも分布するのは、花崗斑岩地でも尾根筋の一部では現在ごくわずかながら岩屑の生産があり、細粒物質が供給されるために、狭いながらも移動礫原が生じたためだと考える。
　花崗斑岩地では最終氷期に粗大な岩塊が大量に生産されたが、それは現在ほとんど停止してしまった。しかし尾根筋の節理が密に入った部分では現在もこぶし大以下の礫が生産され、マトリックスに富む砂礫地や新しいロープを生じさせている。本群落の分布はその影響を強く受ける部分だけに限られている。

風衝矮低木群落

　この群落はクロマメノキ、ウラシマツツジ、ミヤマキンバイ、ムカゴトラノオ、イワスゲ、ヒナノガリヤス等からなる群落で（表3、⑨a、⑫、⑯）、しばしば先述の地衣類、蘚苔類の群落と併存する。この群落の分布域は広く、化石周氷河斜面の最上部やタカネスミレ－オヤマソバ群落の分布地につづく緩傾斜地に、ほぼ例外なく現れる。立地は径30〜50 cmの巨礫の集積地であることが多いが（たとえば図4-4、⑫地点）、径15〜30 cmほどの礫と細礫のつまった礫地にも成立している。こうした立地の成因を検討すると、前者は化石化したガーランドの側面に当たっていることが多い。

　ガーランドは化石周氷河斜面の形成期の最末期あるいは形成後に新たに生じたものだと考えられ、岩塊斜面の最上部にのみ分布する。一方、後者は単なる化石周氷河斜面の礫地ではなく、上部から細礫やマトリックスの供給があって、明らかに現在の岩屑生産の影響を受けている。両者とも安定した岩屑中に細礫やマトリックスをもつことが共通しており、これが風衝矮低木群落の成立に大きな役割を果していると考えられる。

まとめ

1. 北アルプス常念山脈の最南部に位置する蝶ヶ岳（2,664 m）において高山帯強風地の植物群落を調べ、その成立条件を検討した。蝶ヶ岳は森林限界をわずかに超えるにすぎないため、高山帯の領域は広くないが、地質と結びついたさまざまの強風地植物群落が分布する。
2. 蝶ヶ岳の主稜部は主に粘板岩からなるが、中央部に花崗斑岩の貫入岩体が分布する。
3. 粘板岩地では無植生地が卓越し、一部にオヤマソバ群落が分布する。この原因は、粘板岩がきわめてもろく、現在の気候条件下で10 cm以下の岩屑を活発に生産していることにあると考える。現在より寒冷だった小氷期の影響が残っている可能性もある。岩屑はマトリックスに富み、斜面上を移動して不安定な砂礫原をつくり出している。
4. 粘板岩地のうち露岩地の下方にある崖錐上には、イワツメクサの疎生する群落が生じ、硬砂岩地の礫地にも同じ群落ができている。これは立地が径20 cmほどの礫を主体とし、マトリックスに乏しいためだと考える。

5. 花崗斑岩地には氷期に生産された粗大な岩塊からなる化石周氷河斜面が広がっている。その一部にはハイマツが生育しているが、相当部分は地衣類や蘚苔類が分布するだけで、維管束植物をまったく欠いている。これは明らかにマトリックスの欠如が原因である。この化石周氷河斜面にはオオシラビソ等の亜高山性樹種は生育できないため、化石周氷河斜面の下限で森林の上昇が抑えられ、森林限界が著しく低下している。
6. 花崗斑岩地でも尾根筋の一部にはタカネスミレ群落が分布する。これは尾根筋の一部で細粒物質に富む岩屑の生産が行われているために、土壌が融凍攪拌作用を受けて不安定化し、その結果生じたものと考える。
7. 花崗斑岩地のうち稜線の肩にあたる部分には、クロマメノキやウラシマツツジからなる風衝矮低木群落が成立している。群落の立地は礫地に細礫が詰まって安定化したところで、上部からの細礫の供給を受ける部分と、晩氷期頃に生じたと思われる化石ガーランドの側面に当たっている。

第 5 章　南アルプス赤石岳の植生分布と地質条件

研究のきっかけ

　先に述べたように、筆者は博士論文の受理を拒否され、北アルプスの他、南アルプス、東北や北海道の高山、さらに火山での調査を求められた。本稿はその一部に当たり、南アルプスを扱ったものである。代表として主峰・赤石岳（3,120 m）を取り上げた。

はじめに

　赤石岳は四万十帯（中生代白亜紀ないし古第三紀の付加体）の砂岩と泥岩の互層からなり、小刻みに岩種が交代する地質的特徴を有している（津屋ほか, 1963、徳山, 1975、下伊那地質誌編集委員会, 1976、増沢編, 2010）。
　この山では風衝植生の発達が著しくよいのが特徴的で、風衝草原や風衝矮低木群落が西側斜面を広く覆い、きれいな乾性のお花畑や草原をつくり出している。こうした特徴は、甲斐駒ヶ岳や鳳凰三山を除く南アルプス全域に共通してみられ、筆者の経験では、他地域でこれに匹敵する発達を示すのは、わずかに白馬岳の西斜面をみるのみである。すなわちこの風衝植生の発達のよさこそ南アルプスの高山植生の特色であり、赤石岳はその典型といえよう。
　赤石岳の風衝植生については、宮脇・大場（1963）、浅野・鈴木（1967）、大場（1967）、Ohba（1974）、近田（1981）らが、植物社会学的立場から報告しており、群落の組成、気候条件、遷移等について論じている。しかし風衝植生がこの山域でなぜこれほど発達がよいのかという視点からの研究は行われてこなかった。そこで本報ではこの点に焦点をあてて考察したい。

1. 調査地域の概要

　赤石岳はわが国第六位の高山で、北の荒川岳、南の聖岳とともに、南アルプス南部の山塊を形づくっている。赤石岳の主稜部はＳ字状にゆるく蛇行しており、東に張り出した部分に赤石岳本峰と小赤石岳のピークがある（図

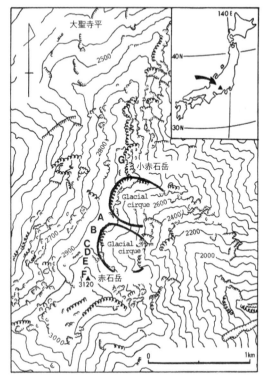

図 5-1　赤石岳主稜部の地形と調査地点（小泉・田村, 1985 を改変）

5-1)。稜線部の標高は 3,000 m を超えており、その走向はほぼ南北である。この主稜部は西緩東急の著しい非対称をなしている。稜線の東側は氷期に氷食を受けた圏谷で、急崖をなし、内部には崖錐の発達が著しい。一方、西側は傾斜 15〜20 数度の凸型の緩斜面からなる。ここでは地表面の起状は小さいが、大小の岩塊流やソリフラクションローブ、階段状構造土が数多く生じている。この緩斜面は稜線から 40 m ほどつづくが、その先は急に傾斜を増して崩壊地状に変化する。傾斜変換をなす付近には部分的に線状凹地がみられ、東側に向いた小崖をつくる。

　この山では森林限界は標高およそ 2,700 m 付近にある。それより上部ではハイマツが卓越するが、稜線付近の西向き強風地には風衝植生が広く分布する。一方、東側斜面の森林限界付近では高茎広葉草原の発達がよく、圏谷内

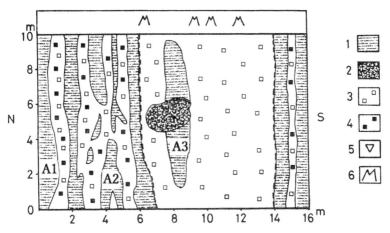

図 5-2　A 地区における植被の分布と地形・地質条件（小泉・田村，1985 を改変）
凡例は図 5-3 と共通
1：風衝草原，2：ハイマツ群落，3：砂岩礫，4：泥岩礫，5：砂岩岩塊，6：トア（稜線上にある基盤の高まり），破線は地質境界，四角の枠は調査地点を示す

の崖錐上にも高茎広葉草原が成立している（水野，1984、増沢編，2010）。この地域は気候的には太平洋側気候区に含まれ、冬季北西季節風の影響を直接受ける地域に比べると積雪が少なく、降雪は主として南岸低気圧によってもたらされる（鈴木，1962）。積雪分布や植生に大きな影響を与える冬の季節風は、北アルプス北部などに比べれば弱くなっているとみられるが、標高が高くなるとそれだけ加速されるから、風が稜線を吹き越すあたりでは風当りは十分強いと思われる。

2. 植物群落の分布と組成

赤石岳—小赤石岳の鞍部付近から赤石岳山頂付近にかけての強風地にいくつかの調査区（図 5-1 の A〜G）を設け、植被のつくるパターンと植物群落の組成ならびに土地条件を調べた。地区ごとの植被のパターンと群落の組成は以下の通りである。

(1) A 地区

赤石岳—小赤石岳の稜線から赤石小屋への登山道の分岐する地点の西向き斜面。標高約 3,030 m。斜面の向きは N60°W（北西）、傾斜は 20〜22°。

表 5-1 各調査地点における植物群落の組成と土地の条件（小泉・田村，1985 を改変）
岩石　S：砂岩，M：泥岩，○は卓越する岩石
礫種　g：礫，b：岩塊
種ごとの被度（C、%）と高さ（H、cm）

調査地点	A1		A2		A3		B1		B2	
斜面の向き	N80°W		N42°W		N68°W		N80°W		N72°W	
傾斜	20		26		24		18		12	
岩質と礫径	S,M,g		S,M,g		Sg		S,Ⓜ,g		Ⓢ,M,g	
種類	15		13		12		10		9	
植被率	80%		85		40		65		45	
	C	H	C	H	C	H	C	H	C	H
オヤマノエンドウ	30	*16*	20	*6*	8	*4*	8	*6*	3	
ハクサンイチゲ	18	*10*	10	*8*	10	*9*	20	*14*		
ウラシマツツジ	1	*3*	30	*3*	1	*3*	10	*4*	15	*2*
イワスゲ	5	*12*	8	*14*	8	*12*	4	*13*	6	*7*
ミヤマキンバイ	10	*8*	3	*5*	8	*5*	8	*5*	8	*6*
イワウメ					2	*2*			1	*2*
クロマメノキ	1	*3*	2	*3*	+	*2*	8	*3*	5	*3*
タカネツメクサ										
ミヤマシオガマ	4	*7*	3	*7*	1	*5*	2	*5*		
ムカゴトラノオ	6	*12*	2	*9*			1	*5*		
チシマギキョウ	2	*3*	2	*4*					1	*1*
ミヤマノガリヤス	8	*19*			1	*14*			4	*5*
トウヤクリンドウ	3	*3*	3	*5*	1	*4*	1	*4*	2	*3*
タカネヒゴタイ	3	*7*	+	*5*	1	*5*				
ヒゲハリスゲ	+	*8*	1	*8*						
イワツメクサ	3	*5*								
キバナノコマノツメ	+	*2*								
タカネコウボウ										
コバノコゴメグサ			1	*2*			+	*2*		
ミヤマウシノケグサ										
イワギキョウ					+	*3*				
ミネズオウ										
コメバツガザクラ										
ハイマツ										
キバナシャクナゲ										
コケモモ										
ガンコウラン										

	B3		B5		B6		B4		C1		C2		D		E		F	
	N82°W				N28°W		N80°W		N30°W		N24°W		N20°W		N40°W		N84°W	
	20				20		18		20		20		28		29		34	
	Ⓢ,M,g		Sg		S,M,g		Sb		Sb		Sb		Ⓢ,M,g		S,Ⓜ,g		Sg	
	13		0		10		3		11		1		14		11		11	
	60		0		60		95		60		100		65		85		60	
	C	H			C	H	C	H	C	H	C	H	C	H	C	H	C	H
	12	6			8	3							15	3	30	5	10	3
	2	10							+	4			6	7	5	14	18	16
	1	6							2	6			8	4	13	4		
	6	9			1	12							8	9	5	14	10	13
	12	4											5	4			10	16
					6	4							16	2	20	3		
	1	4			5	5							5	2	2	5		
	12	3															12	3
	2	7			1	7							2	6	8	10		
	4	7											1	4	3	4		
	3	2											3	2	3	4	8	5
	+	10			+	8			2	23			2	6	3	16	2	12
	1	4			1	7			+	6			+	4			2	6
																	5	8
	+	7							+	16			2	6	1	12		
																	2	3
					+	23							1	13				
									+	13							+	7
					20	5			+	17								
					15	2												
							85	45	30	40	90	35						
							20	23	25	17	60	17						
							30	9	5	6	10	7						
									1	3	40	15						

図5-3 赤石岳の植被と岩屑の縞々模様

ここでは幅1〜2mの植被に覆われた部分と礫地とが最大傾斜方向に配列し、きれいな縞状のパターンをつくっている（図5-2、5-3）。

ただそのパターンは場所によってかなり異なっており、図に示したように砂岩礫、泥岩礫の混合した部分では植被の発達がよいが、砂岩礫地では植被地の占める割合（以下、植被地率と仮称）は低下し、礫地の占める割合が高くなる。植被地率は、砂岩礫地では15％にすぎないのに、砂岩礫・泥岩礫の混合地では60％に達する。植物はわずかに凹んだ部分に生育しており、図の中央のハイマツも、微凹地に丈を低くして生育している。

群落の組成を調べるため、図5-2に示したA1〜A3の3つの方形枠（1m×1m）で植生調査を行った。結果は表5-1に示した通りである。いずれの枠でもオヤマノエンドウ、ハクサンイチゲ、ミヤマキンバイ、イワスゲ、ミヤマノガリヤス等が優占種になっており、大場（1967）のオヤマノエンドウ−ヒゲハリスゲ群集（風衝草原）に相当すると考えられる。植被率は砂岩礫、泥岩礫の混在するA1、A2でそれぞれ80％、85％と高く、砂岩礫地のA3では40％と低い。ただA3では維管束植物の代わりにハナゴケ類、ムシゴケ類、ツノゴケ類、エイランタイ類などの地衣類、苔類の侵入が著しく、これらを含めるとほぼ100％に達する。

(2) B地区

A地区から南に向かって100mほど進んだところにある2つの小ピークの西斜面。ここは地質が複雑に入り組んでおり、それを反映して植被のつき方も場所によって大きく異なっている（図5-4）。

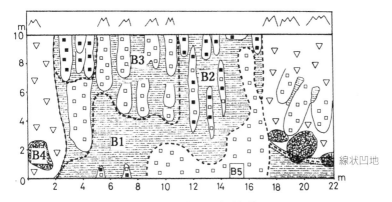

図 5-4　B 地区における植生分布と地形・地質条件（小泉・田村，1985 を改変）
凡例は図 5-2 と共通

　まず図の左右両側は砂岩の岩塊地になっている。ここはその 5～10% ほどをハイマツ群落が覆うだけで（組成は表 5-1 の B4 枠），残りはほぼ無植生に近く，風衝草原はごく一部に生じているだけにすぎない。一方，図の中央部を占める，砂岩礫を主とし，それ泥岩礫が混入した部分の植被地率は高く，全体の 75% に達している。ここでの群落の組成は表 5-1 の B1，B2 に示したように，A 地区とほとんど変わらない。ただ植被率はやや低い。

　これに対し，図の中央下部を占める砂岩礫地では維管束植物はみられず，ほぼ無植生である。図の中央上部の砂岩礫地ではガーランドの地形が生じているが，砂岩礫のみからなるガーランド上はやはり無植生で，泥岩礫が混入しているガーランド間の凹みにのみ風衝草原が成立している（表 5-1 の B3）。図の右下隅には線状凹地があり，窪みに沿ってハイマツが生育しているが，これは地質の境界にもなっており，線状凹地より下方は泥岩礫・砂岩礫の混在地となっている。ここはほぼ植被に覆われ，植被地率は 90% に達している。ここでの植生調査の結果は表 5-1 の B6 に示した通りで，ミネズオウとコメバツガザクラが目立つが，それ以外は他地区とあまり変わらない。植被率は 60% とやや低いが，地衣類，蘚苔類を加えると 100% に達する。ここの群落は大場（1967）のミネズオウ － コメバツガザクラ群集（風衝矮低木群落）に相当すると考えられる。

(3) C 地区

赤石岳山頂の北約 100 m にある肩の西向き斜面。稜線上に砂岩のトアがあり、基盤が露出している。またトアの下方には径 40〜80 cm の岩塊が集積している。ここでは突出した基盤や岩塊の背後、あるいは線状凹地起源の小凹地にハイマツが生育しており、植被地率は 30% に達している。風の強く当たるところではハイマツは生育しないが、基盤の突出部のまわりには一部風衝草原が生じている。表 6-1 の C1 はハイマツ群落とそうした風衝草原の断片を含んでいる。

C2 は稜線から 30 m ほど斜面をくだった部分で、径 10〜30 cm ほどの砂岩礫の中に径 50〜70 cm ほどの岩塊が散在しており、その背後の風の当たらない部分にのみハイマツが生育している。C2 枠内の植被率は 100% だが、斜面全体の植被地率は 10% 程度にすぎない。

(4) D 地区

赤石岳頂上の北約 60 m の地点。みごとな斜行階状土が生じている。地質的には砂岩礫が主体で、階状土上面や砂岩礫のみからなる部分は植物を欠いている。しかし泥岩礫が混入している部分はほぼ完全に風衝草原に覆われている。この関係は B 地区と同じである。斜面全体の植被地率は 60%。砂岩礫のみの部分に限ってみると 0% だが、砂岩礫と泥岩礫の混合した部分は 90% である。なお D の枠は階状土の前面においたが、枠内の植被率は 65% である。

(5) E 地区

赤石岳頂上の北約 30 m の西向き平滑斜面。泥岩礫が卓越し、それに砂岩礫が混入している。斜面全体に風衝草原が卓越するが、ところどころに幅 50 cm、長さ 1〜2 m の新しいソリフラクションローブ（岩屑のつくる舌状の押し出し）がみられ、ところによっては風食ないし水による浸食で線状の溝が生じている。それでも斜面全体の植被地率は 65% とかなり高い。また植生調査を行った枠内の植被率は 85% に達している。

(6) F 地区

赤石岳山頂の西斜面。傾斜 33° の半崩壊地性斜面となっており、全体に不安定である。斜面上には径 20 cm 程度と 50 cm 程度の砂岩礫が卓越するが、堆積物は厚くはなく、斜面のところどころに基盤が頭を出している。植被は乏しく、粗大角礫地ではまったく欠如する。しかし基盤の突出部の周囲や安

表 5-2　土地条件と植生型、植被率の関係 (小泉・田村, 1985 を改変)

地質	土地条件		調査地区	植被地率	植生
砂岩	岩塊		B	5–10%	ハイマツ低林
			C	10–30	
	礫		A	15	風衝草原
			B	0	
			F	15	
砂岩・泥岩の混在	礫	砂岩礫＞泥岩礫	D	60	
		砂岩礫＝泥岩礫	A	60	
		泥岩礫＞砂岩礫	B	75–90	
			E	65	
泥岩	礫		G	40	

定した礫地には細長い島状の風衝草原ができており、斜面全体の植被地率も15％ほどにはなっている。群落の組成は他地区と変わらない。

（7）G 地区

小赤石岳山頂の北の肩の西側斜面にある泥岩礫地。傾斜 16°。強い風食とガリー浸食の作用を受けて植被地が溝状にえぐられ、溝とそれより 10〜15 cm 高い植被地が交互に現われる。風食による崖（ノッチ）には網状の根茎が露出している。溝は幅数十 cm から広いところでは 2 m 近くにも達しており、内部には径 10 cm 以下の小さい礫がつまっている。溝の内部は無植生である。天候と時間の都合でここでは詳しい植生調査を行えなかったが、優占種は他地区と変わらない。ただ植被地率は 40％とやや低い。

3. 土地条件について

これまでみてきたように、赤石岳の強風地における植物群落の分布状況は、地質によって大きく異なっている。表 5-2 に調査した各地区の岩種ごとの植被地率をまとめて示したが、両者の関係をはっきり読みとることができる。

まず砂岩岩塊地には、植被地率は低いが、ハイマツ群落が成立している。これに対し礫地には B6 枠を除き、すべて風衝草原が分布する。ただその地表面を覆う度合は、地質により著しく異なっている。最も植被地率の低いの

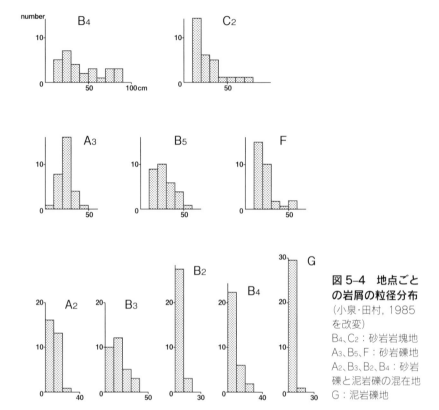

図5-4 地点ごとの岩屑の粒径分布
(小泉・田村, 1985を改変)
B_4、C_2：砂岩岩塊地
A_3、B_5、F：砂岩礫地
A_2、B_3、B_2、B_4：砂岩礫と泥岩礫の混在地
G：泥岩礫地

は砂岩礫地で、せいぜい15％にすぎず、場合によってはまったく植物を欠く。これに次ぐところは泥岩礫地で40％程度である。植物の着き方が最もよいのは、砂岩礫と泥岩礫が混在しているところで、植被地率は60〜90％に達している。縞状ないしマット状に植被が着いているのはこの部分である。ただこれもさらによく検討すると、植被地率は泥岩礫が主体になった部分でより高く、砂岩礫が多いところではやや低くなる傾向が認められる。

このように植被の着き方に著しい差が生じたのは、地表面を構成する岩屑の粒度組成に大きな違いがあるからである。図5-4に、各調査地点における表層岩屑の粒径頻度分布を示したが、粒度組成の違いが明瞭に現れている。粒径は調査地点に1m四方（B_4とC_2の2カ所では2m四方）の枠を置き、その中の礫をランダムに30個取り出してその長径を測ったものである。ま

ず、砂岩岩塊地（B_4、C_2）では斜面上を径50 cmを越える粗大な岩塊が覆い、その間隙あるいはその下部を、径10～30 cmの礫が充填している。粗大な岩塊は冬季の強風を遮ってくれるから、その背後ではハイマツの生育が可能である。一般に岩塊地ではマトリックスが欠如し、空隙が大きすぎるため、土壌が未発達で、発芽床が得にくい。このため植物の生育は困難なことが多い。しかしハイマツは積雪による保護を受け、匍匐することによってこの困難さを克服している。なおここの岩塊は、小泉（1980b）が報告した木曽山脈檜尾岳付近の花崗閃緑岩地の岩塊に比べれば、はるかに粒径が小さく、遮蔽効果が小さい分だけ植被地率が低下している。

次に砂岩礫地（A_3、B_5、F）はこうした粗大な岩塊をほぼ欠いており、斜面上は径10～30 cm程度、すなわちこぶし大～人頭大の礫で覆われている。ここでは礫による遮蔽効果は望めないため、ハイマツの生育は不可能である。またマトリックスが欠如して立地が乾燥しているため、全体に植被の定着は悪く、無植生地が広がっている。植物群落の成立するのは、わずかな凹みに限られており、植被地率を低下させている。

これに対して砂岩礫と泥岩礫の混在する立地（A_2、B_3、B_2、B_4）では、径10～30 cmほどの砂岩礫が礫地の基礎を形づくり、その間を径2～6 cmの泥岩礫が充填している。このため斜面はきわめて安定している。また表面礫の下には泥岩が風化してできた砂や細礫がつまり、暗褐色の腐植に富む高山草原土壌（乾燥型）が形成されている。このような土地条件は植物の生育にはきわめて都合がよく、植被地率を高めていると考えられる。植被地率が泥岩礫の主体となっているところで高く、砂岩礫の比率が高まると低下するのは、含水層となっている細粒物質の減少が根茎の発達を制限するためだと思われる。

泥岩礫のみからなる立地（G）については、事例が少ないため再調査が必要であるが、次のことがいえそうである。ここでは径5、6 cm以下の小礫が卓越し、マトリックスも存在するため、風衝草原ができやすく、地下には根茎に富む高山草原土壌が形成されている。しかしここはこぶし大程度以上の大きな礫を欠くため、風食を受けやすく、斜面もやや不安定である。また風衝草原自体風食を受けて蚕食されつつあり、植被地率は低くなっている。風食によって生じた溝の中では、ソリフラクションや水流によって礫が動い

ており、この部分を無植生にしている。

4. 立地の形成と地質

　ところで次にこうしたさまざまなタイプの立地が、どのようにして生じてきたのかを検討する。先に述べたように赤石岳の山体は四万十帯の砂岩と泥岩の互層からなっており、これらは数m～数十m程度の厚さでくり返しつつ、全体として赤石岳山頂が向斜部になるような構造を示している。このため本調査地域では一部を除き、地層は南へ傾いている。砂岩層、泥岩層は風化してそれぞれ岩屑を生産してきたが、斜面上の岩屑の粒度組成は、岩屑の厚さとその配置により決まっているようにみえる。

　まずB地区やC地区にみられるような岩塊地は、砂岩の岩層が特に厚いところに形成されている。ここでは岩層に入った節理は少なく、全体に強固な岩体をつくっているが、過去には節理間隔40cm程度のA級節理に沿う岩塊の生産が行われ、岩塊地を形成したとみられる。岩塊の大きさや、岩塊地全体が典型的な周氷河地形である岩海を形成していること、あるいは岩塊の表面が変色し、地衣類が付着して安定していること等から考えて、岩塊地は最終氷期に形成された周氷河性平滑斜面である可能性が強い。ここでは現在、岩塊の生産は停止しており、稜線上には高さ2～3mのトア（小岩峰）がそびえている。

　砂岩礫地は岩層の厚さが数m程度の砂岩地に形成されている。ここでは節理間隔10～20cmのB級節理が発達するが、やはり最終氷期頃、強い凍結破砕作用によって節理が開口したらしい。B地区中央下部に代表されるように、砂岩礫地ではしばしば礫の立ち上がりやうねり状構造、あるいは最大傾斜方向に長軸を向けて配列する、礫のオリエンテーションなどがみられ、礫の移動が現在より寒冷な時期に、永久凍土上で生じる激しいソクリフラクションによって起こったことを推測させる。したがって砂岩礫地も周氷河性平滑斜面であるといえる。なお岩塊地と同様、ここでも現在の礫の生産と移動はほぼ停止しており、稜線上にはトアが生じている。

　ところで砂岩層が風化によって岩屑を生産し、礫地を形成した後、下位の泥岩層が現れ、そこから岩屑が供給されると、砂岩礫、泥岩礫の混在する礫地ができあがる。泥岩礫は一般に径数cm程度と小さく、このため砂岩礫の

間をぬって移動することが可能になっている。本地域では数 m 単位で砂岩層と泥岩層が交代することが多いから、こうした立地はきわめて形成されやすい。この山で全般に風衝草原の発達がよいのは、この混在型の立地が形成されやすいということに原因が求められよう。なお泥岩礫の上に砂岩礫が供給されるという逆のケースの場合、両者の混在する立地はできにくい。B 地区中央上部がこれに該当するが、砂岩礫は大きいため移勧しにくく、動く場合は B 地区でみられるようにガーランドという押し出し状の微地形をつくることが多い。このためガーランドと、砂岩礫・泥岩礫の混在する礫地が縞状に配列するというパターンができ上がる。

以上をまとめると、赤石岳では砂岩層・泥岩層の岩屑の厚さと、最終氷期以降の岩屑の生産・配分様式の変化が、現在の風衝植生の分布と性格を基本的に規定しているということがいえよう。赤石岳に限らず、赤石山脈では山脈全体が植被によって黒ずんでみえることが経験的にもよく知られている。これは一つには亜高山針葉樹林の発達のよさによるものであるが、もう一つには高山帯における風衝植物群落の発達のよいことに起因すると考えられる。それには本稿で述べたような、砂岩礫、泥岩礫の混在する立地をつくりやすい赤石山脈の地質が大きな役割を果たしているといえよう。

まとめと考察

最後に赤石山脈の風衝植生に関する従来の研究と本報告で得られた結果を簡単に比較してみたい。「はじめに」で述べたように、従来の植物社会学的立場からの研究では、群落の組成についての記述が重視され、風衝草原がなぜこれほど発達がよいのか、という視点からの研究はなかった。本稿では立地の形成過程を検討することにより、この点の説明ができたのではないかと考える。

次に、風衝植生の環境条件に関して、従来の研究では、高山帯強風地のうち安定した場所には風衝矮低木群落のコメバツガザクラ－ミネズオウ群集、あるいはウラシマツツジ－マキバエイランタイ群集（大場, 1967）が成立し、風当りがさらに強くなって地表面の砂や小石が移動し、植物体を埋没させてしまうような状況になると、代って高山風衝草原のオヤマノエンドウ－ヒゲハリスゲ群集（大場, 1967, Ohba, 1974）、またはタカネヒゴタイ－ミヤ

マキンバイ群集（浅野・鈴木，1967）が成立するとされてきた。すなわち風衝草原の成立には強風と砂礫の移動が重要だと考えられていることがわかる。

しかしながら今回の調査結果をみると，風衝草原の成立条件としては，単に強い風衝を考えるだけで十分のようにみえる。たとえば，赤石岳では砂岩礫地にもすべて風衝草原が成立しているが，砂岩礫地はこぶし大以上の礫が集積し，安定していて，礫の移動は考えられないところである。一方，B_6枠には風衝矮低木群落が成立しているが，斜面の安定度からいえば，こちらの方がはるかに低い。今回の調査地点は，線状凹地に近い B_6 を除けば，すべて稜線沿いの強風地にある。このため冬季の強い風衝により，矮低木の生育は困難になり，より風衝に強い草本植物を主体とする群落が成立したと考える。冬季地上部が枯れてしまう草本層は，冬も寒風にさらされる矮低木より，やはり風衝に対して強いのであろう。

筆者はかつて，風衝矮低木群落はマトリックスを欠いた巨礫地に成立し，風衝草原はこぶし大程度以下の礫地に成立するのではないかと考えていた。しかしこれではたとえば，同じ花崗斑岩からなる巨礫地でありながら，白馬岳北方の鉢ヶ岳山頂では風衝矮低木群落が成立しているのに，小蓮華尾根では一部に風衝草原が成立し，かつ大部分が無植生地になっているという事実が説明できなかった。しかしながらより風衝の強いところでは，成立するのは風衝草原に限られ，それがどの程度地表面を覆い得るかは，表面礫の粒径による，と考えれば，この問題は解決がつくように思われる。すなわち条件が整えば密な草原ができるが，条件が悪ければ無植生地になってしまうのである。赤石岳の砂岩礫地と，砂岩礫・泥岩礫の混在地で，植被地率が大きく異なるのも同じ理由で説明できよう。

なお近田（1981）は，赤石岳などの高山帯強風地に存在する無植生地の成因を，強い風衝に求めている。しかしここに述べた理由により，筆者は砂岩岩塊地のような土地条件の方に原因を求めたい。

第6章 白馬岳高山帯「節理岩」における植生遷移と斜面発達

研究のきっかけ

　若いころ、北アルプスの白馬連峰には毎年のように登って調査をしていた。その際、「節理岩」地区は、尾根筋の肩の部分で、節理が目立つことから仮称したものだが、名称はいつの間にか定着してしまった。

　一帯は何となく気になる場所だったが、何回もそばを通りながら、その理由はわからなかった。20年ほどして薬師岳での調査で、地質によって斜面の年代が異なるという事例が見つかり（小泉・青柳, 1993）、節理岩についてもようやく気になる理由がわかった。同じ地質、同じ気候条件なのに、斜面のできた時代が異なるために、植物群落に違いが生じていたのである。この斜面の時代性は以後、日本の高山帯の多様性を論じる上では欠くことのできない問題になりそうである。

1. はじめに

　日本の高山で調査を進めるうちに、地質によって斜面の形成期が異なることがあり、それが斜面上の植物群落の発達に大きな影響を与えている事例のあることがわかってきた。たとえば、北アルプス薬師岳の高山帯強風地においては、次のようである。まず石英安山岩地域では、3,500年ほど前のネオグラシエーション期に形成された、ほぼ無植生の砂礫地が広い面積を占める。しかし石英斑岩地域では1万2,000年ほど前の晩氷期に形成された岩塊斜面が斜面の大半を覆い、そこには地衣類と蘚苔類のみが分布している。一方、現在わずかに岩屑の生産のみられる石英安山岩地域の一部には、タカネスミレ群落とイワスゲ群落がみられるが、その分布はごく狭い（小泉, 1989）。

　また北アルプス三ツ岳の高山植物群落の分布を調べた水野（1989）は、同一の地質地域にいくつかの植物群落が生じ得ることを示し、植物群落の分布には表層岩屑の粒度組成、特にマトリックス（礫間の充填物質）の有無が重要な役割を果たしているとした。

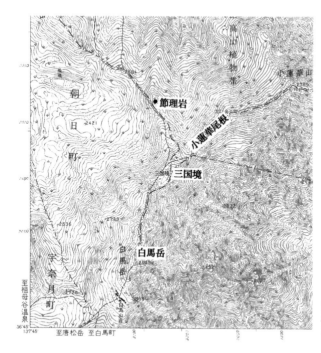

図 6-1 節理岩の位置
(小泉, 1995を改変)

　ここで紹介するのは、同一の地質地域にありながら、斜面を覆う岩屑の供給期に違いがあるために異なった植物群落が発達するという新しい事例である。岩屑斜面の形成年代の推定には、岩屑表面に生じた風化被膜の厚さを用い、年代を異にする斜面に成立した植物群落の構成から、遷移の系列と高山帯における植生遷移に要する時間を推定した。

2. 花崗斑岩地「節理岩」とその植物群落

(1) 調査地域について

　北アルプス白馬岳の北方には、三国境と呼ばれている場所がある。ここは主稜線から派生して、東に延びる大きな支尾根・小蓮華尾根の分岐点に当たっている。ここから北に延びる主稜線の肩の部分に、筆者らが「節理岩」と仮称している柱状節理の発達する場所がある (図6-1)。

　今回の調査地域は、この節理岩を中心とする一帯である。節理岩のある尾根のでっぱりは、標高およそ2,590 m。三国境からは北北西に当たり、直線

図 6-2 節理岩の位置
白い岩屑斜面の奥の植被のついた部分

図 6-3 礫地 II から礫地 III を望む
境界はきわめて明瞭である

距離にしておよそ 700 m 離れている。一帯は尾根の延びる方向（北北西－南南東方向）に線状凹地が何本も走り、低い尾根と浅い谷が交替する特異な地形を形づくる。節理岩はそのうち西から数えて 2 番目の屋根上に位置している（図 6-2）。

　節理岩のすぐ南には、高山地形研究グループ（1978）や小泉（1979a）、相馬ほか（1979）、岩田（1980）などが、周氷河性の砂礫の移動速度を調べた平滑斜面がある。この斜面をつくるのは白色の流紋岩礫で、上に凸のなだらかな砂礫地を形成している。

　この流紋岩砂礫地の北側には、古生界の輝緑岩からなる小ピークがあり、そこには風衝草原が発達する。そしてそのさらに北側が節理岩のある花崗斑岩地域である。節理岩のある高まりは、いわば稜線の肩に生じた小さなでっ

ぱりである。節理岩の北方と下方には、高まりの上部で生産された岩礫が移動してできた礫地が発達する。礫地のある斜面はほぼ西向きで、傾斜はおよそ32°、風あたりが強い。以下では節理岩付近の調査地域を「節理岩地域」と総称する。

(2) 節理岩地域の植物群落の分布

節理岩地域の西向き斜面は、遠目には植被がよく発達しているようにみえる。しかし現地で観察すると、植被の発達するのは南側の半分だけで、北半分は無植生に近い礫地が占める。また南側の半分もさらに、植被がほぼ全面を覆う部分と、ハイマツなどの植被地が点在する部分とに分かれている。筆者らは、植被の分布状況を正確に把握するために、現地測量により200分の1の地形図を作成し、そこに植生の分布を記入した（図6-4）。以下、植生分布の概略を述べる。

まず節理岩のトアの直下では、マトリックスを欠く礫地を覆って風衝矮低木群落と風衝草原の混合群落が卓越し、植被は露岩地を除いて礫地のほぼ全面を覆う。この群落中にはハイマツの塊が点在し、節理岩から斜面長にして20mあまり下方で丈の低いハイマツ群落に移行していく。礫は長径が50～60cmの粗大なものが多く、礫間を10～30cmの礫が充填している。以下では、この植被のよく発達した礫地を礫地Ⅲと仮称する。礫地Ⅲの南側には、流紋岩質の細かい砂礫からなるローブ状の高まりがあり、礫地Ⅲの植被の分布はそこでとぎれている。

一方、調査地域の北半部では、風衝矮低木群落の分布するでっぱりの頂部を除き、一見したところまったく無植生の礫地が広がる。礫は長径20～30cmのものが卓越している（図6-5）。この礫地は維管束植物をまったく欠いており、礫間や礫の表面にのみ地衣類がわずかに分布している。図6-4の左側上部にコマクサが数個体分布するのが示されているが、これは表層の礫が局地的に滑落して生じた窪みに出現したもので、例外はそれだけである。以下では、この地衣類のみが分布する礫地を、礫地Ⅰと仮称する。礫地Ⅰと礫地Ⅲの間には、ハイマツや風衝倭低木群落の点在する礫地がある。以下、この礫地を礫地Ⅱと仮称する。卓越粒径は30～50cmである（図6-5）。この礫地も維管束植物をほぼ欠いているが、礫地Ⅰに比べると黒ずんでみえ、礫の風化も進んでいる。ただしこの礫地ではよく観察すると、地衣類に加え、

第6章　白馬岳高山帯「節理岩」における植生遷移と斜面発達　183

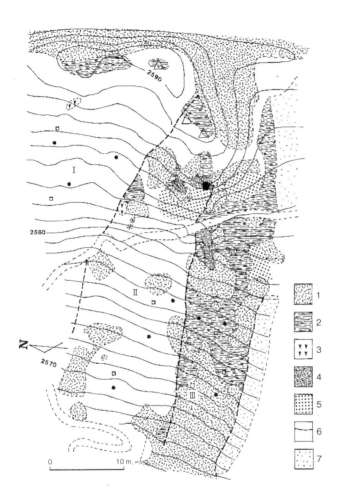

図 6-4　節理岩地域の地形と植生分布（小泉，1995 を改変）
等高線は 1m 間隔。標高はおよその値を示す。黒く塗りつぶした部分が節理岩のトア。1：ハイマツ低木林、2：風衝草原と風衝矮低木群落の混合群落、3：コマクサ群落、4：露岩地、5：巨礫の集積地、6：維管束植物を欠く礫地、7：砂礫地
●：植生調査地点、□：風化被膜調査地点、△：小ピーク
太い破線は各礫地の境界を示す。Ⅰ、Ⅱ、Ⅲはそれぞれ礫地Ⅰ、礫地Ⅱ、礫地Ⅲを示す。

礫間に相当数の蘚苔類の存在することがわかる。しかし一見すると無植生にみえるから、礫地Ⅲとの境目はきわめて明瞭である（図6-3）。

　以上のように、同一の地質地域にありながら、各礫地の性質とそこに成立

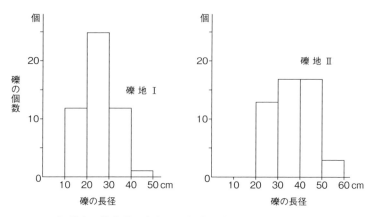

図 6-5　各礫地の構成礫の大きさの頻度分布（小泉，1995 を改変）
横軸：礫の長軸の大きさ、縦軸：礫の個数。なお礫地Ⅲについては植被を破壊するおそれがあったため調査しなかった。調査個数計 50 個。

表 6-1　各礫地の性質とそこに成立した植物群落の特色（小泉，1995 を改変）

	分布	斜面堆積物の特色	植物群落の特色
礫地Ⅰ	調査地域の北半部	径 20〜30 cm の新鮮な角礫 マトリックスを欠く	礫間や礫の表面に地衣類が疎らに付着 局地的にコマクサが分布
礫地Ⅱ	礫地ⅠとⅢの間	径 30〜50 cm の風化の進んだ角礫 礫の表面は黒ずんでいる マトリックスを欠く	地衣類に加え、礫間に蘚苔類が多数現れる 一部にハイマツや風衝矮低木群落が分布
礫地Ⅲ	節理岩の直下	径 50〜60 cm の風化の進んだ角礫の間を手の平大の礫が充填 マトリックスは欠如しているが、礫層の表層に薄い高山草原土壌がある	風衝矮低木群落と風衝草原の混合群落が成立 斜面下部ではハイマツ群落に移行する

した植物群落の間には著しい違いが認められる。その違いを表 6-1 にまとめて示した。

　(3) 各群落の組成

　次に、各群落の組成を知るために、3 つの礫地に調査枠を設置し、その枠

表 6-2　各礫地に分布する地衣類、蘚苔類と維管束植物の種類
(小泉, 1995 を改変)

	地衣類	蘚苔類	維管束植物
礫地Ⅰ	12	1	(1)
礫地Ⅱ	21	4	(6)
礫地Ⅲ	15	3	21

(　)内の数字はごく一部にのみ出現するものを示す。

内における地衣類、蘚苔類、維管束植物の出現種数を調べた。結果を表 6-2 に示す。まず礫地Ⅰでは地衣類が 12 種出現し（この中には礫の表面にペンキ状に付着した地衣類が 6 種含まれるが、種名の同定は困難である）、蘚苔類が 1 種分布する。しかし維管束植物は、まったく出現しない（わずかな例外として、さきほど述べたコマクサ数個体がある。表 6-2 ではカッコに入れて示した）。

一方、礫地Ⅱでは地衣類は 21 種類に達し（ここでも 8 種のペンキ状の地衣を含む）、他に蘚苔類が 4 種出現する。維管束植物はハイマツのほか、クロマメノキ、ミヤマキンバイ、タカネスズメノヒエといった風衝矮低木群落や風衝草原の要素と、タカネスミレが一部に島をつくって分布するが、分布域がごく限られるので、表 6-2 ではやはりカッコに入れて示してある。

礫地Ⅲでは地衣類は 15 種に減少し、代わって維管束植物が 21 種現われて、斜面上を 60〜70％の被度で覆う（表 6-3）。主な出現種はクロマメノキ、ウラシマツツジ、ミヤマダイコンソウ、ヒナノガリヤス、ヒゲハリスゲなどである。表 6-4 には各礫地に分布する主な地衣類と蘚苔類を示した。礫地Ⅰではイワザクロゴケやチズゴケが出現するのに対し、礫地Ⅱではオニハナゴケモドキやムシゴケ、クロゴケ、ヒジキゴケなどが卓越する。礫地Ⅲではエイランタイ類やミヤマハナゴケ類、ハイキンモウゴケなどが優勢になる。

各礫地に置いた 2 m×2 m の枠（枠の位置は図 6-4 に示した風化被膜調査地点）からランダムに礫 30〜50 個を取り出し、風化被膜の厚さを 0.5 mm 刻みで計測した。その結果、図 6-6 に示したようなグラフが得られた。風化被膜の厚さは礫地Ⅰで平均 1.1 mm、礫地Ⅱで 2.1 mm、礫地Ⅲで 4.1 mm である。なお礫地Ⅰ〜Ⅲで得られた標本について、t 検定を用いて平均値の

表 6-3 礫地Ⅲにおける植物群落の組成 (小泉, 1995 を改変)

	地点①	②	③
植被率	70	60	90%
出現種数	15	13	6
斜面の向き	西北西	西北西	西
傾斜	27°	28°	28°
ハイマツ			90%
ガンコウラン			25
コケモモ		+	15
クロマメノキ	30	35	
ウラシマツツジ	15	5	5
ミヤマダイコンソウ	12	7	
イワスゲ	3	5	
ミヤマキンバイ	3	4	
ヒナノガリヤス	4	2	
ヒゲハリスゲ	4	+	
コメバツガザクラ	1	2	1
ミヤマウシノケグサ	1	2	
ミヤマコゴメグサ	1	1	
オヤマノエンドウ	1	+	
チシマギキョウ	1		
ウルップソウ	+		
タカネコウボウ		+	
クモマシバスゲ	+		
トウヤクリンドウ	+		
オオバスノキ			+
エゾヒカゲノカズラ			6

　差を検定したところ、有意水準5%で有意であることが確認された。したがって礫地Ⅰ～Ⅲの形成期は有意に異なると考えられる。

　ところで、このような風化被膜の厚さから堆積物の絶対年代を決めるためには、あらかじめ目的とする岩石について、経過した年代によってどれだけ風化被膜の厚さが増加するかを示す、風化被膜の成長曲線を描いておかなけ

表 6-4　各礫地に分布する主要な地衣類と蘚苔類 (小泉, 1995 を改変)

	礫　地　Ⅰ	礫　地　Ⅱ	礫　地　Ⅲ
地衣類	チヂミウラジロゲジゲジゴケ イワザグロゴケ チズゴケ イリタマゴゴケ オオバハナゴケ	オニハナゴケモドキ チズゴケ ムシゴケ ハナゴケ属 sp. イワタケ属 sp. ウメノキゴケ属 sp.	ウスキエイランタイ マキバエイランタイ ウスイロミヤマハナゴケ メロジョウゴケ ムシゴケ エイランタイ属 sp.
蘚苔類		クロゴケ ヒジキゴケ	ハイキンモウゴケ スギゴケ

ればならない。つまりこのスタンダードとなる値と比較することによって、初めて年代未知の岩屑の年代の推定が可能になるのである。そのためには、年代の確定したモレーンや、埋没腐植層などによって年代を確定できる堆積物を見出し、その構成礫に生じた風化被膜の厚さを調べてスタンダードを確立する必要がある。しかしながら白馬岳付近では、花崗斑岩の分布域はごく狭く、周辺のカールなどで花崗斑岩礫を含むモレーンの堆積物を見出すことは困難である。また埋没腐植層も今のところ、花崗斑岩地域からは見出されていない。したがって当面、花崗斑岩地域では風化被膜の成長曲線を描くことは困難である。

　そこで本研究では次善の策として、他の岩石に生じた風化被膜の成長曲線を援用して、斜面上の岩屑の供給年代を推定することにした。北アルプス薬師岳高山帯の西側斜面には、石英斑岩という花崗斑岩に鉱物組成のよく似た岩石が分布し、そこでの調査によれば、石英斑岩礫に生じた風化被膜の厚さは、およそ 2,000～3,500 年前のネオグラシエーション期のものが 0.8 mm、約 1 万年前の晩氷期のものが 2.4 mm、2 万年前の最終氷期極相期の生産と推定されたものが 4.0～4.4 mm であった。さらに 6 万年前の最終氷期前半の寒冷期に供給されたものが、7.8～8.0 mm という値を示した (小泉・青柳, 1993)。薬師岳における年代の推定は、東側斜面の金作谷カールに残された新旧のモレーンとの対比から得られたものである。また岩石の性質は異なるが、白馬岳北方・長池周辺の流紋岩礫地では、ネオグラシエーション期に生

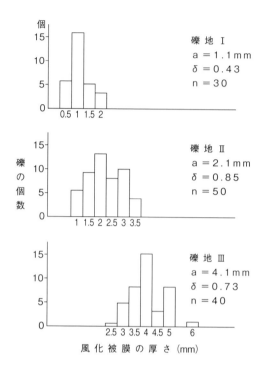

図 6-6　各礫地の岩屑に生じた風化被膜の厚さの頻度分布
(小泉, 1995 を改変)
横軸：風化被膜の厚さ、縦軸：礫の個数。a：風化被膜の厚さの平均値、
δ：標準偏差、n：調査個数

産されたと推定される礫が、厚さ 1.0 mm の風化被膜をもっていた(小泉・関, 1988)。

　これらの値と本地域で得られた値とを比較すると、本地域の礫地Ⅰの岩屑供給期はネオグラシエーション期に、礫地Ⅱのそれは晩氷期に、礫地Ⅲのそれは最終氷期極相期にそれぞれ対応させるのが適当であると考える。

（4）節理岩地域における植物群落の成立過程

　以上のような推定に基づいて、節理岩地域の高山帯強風地での斜面発達を加味しながら植物群落の成立過程を考えてみると、次のようになろう。まず 2 万年ほど前の最終氷期極相期には、稜線部一帯から礫の供給があり、節理岩地域全域にわたって広い岩屑斜面が形成されたと考えられる。この広い岩

屑斜面のうち、当時のまま現在に至ったのが礫地Ⅲである。ここでは約2万年の歳月の間に礫の風化が進み、土壌層も発達してきて、そこに風衝矮低木群落・風衝草原の混合群落とハイマツ群落が成立した。また植被は礫地のほぼ全面を覆うまでに発達した。土壌物質の供給源としては、礫の風化による鉱物粒子の供給や植物が分解してできた腐植の供給のほか、氷河堆積物起源のレスや火山灰も含まれていると考えられる。

ところが1万2,000年ほど前の晩氷期に、節理岩地域の北半部では気候の寒冷化によって稜線部からあらたな礫の供給があり、礫地Ⅰと礫地Ⅱの一帯をおおった。当時、おそらく礫地Ⅰと礫地Ⅱの領域にも何らかの植物群落が成立していたと推定できるが、それらは新たに移動してきた礫によって埋められてしまったと考えられる。この新しい礫地の名残が礫地Ⅱで、ここではその後1万2,000年ほどの年月の間に、ようやく地衣類と蘚苔類が礫間を埋め、一部にはハイマツや風衝矮低木群落が入り込むまでに植生が回復したとみられる。これが礫地Ⅱに現在分布している植物群落であろう。

一方、3,000年ほど前のネオグラシエーション期には、さらに新しい岩屑の供給があり、稜線部から供給された岩屑が移動して礫地Ⅰの部分をおおった。そのため礫地Ⅰでは古い植物群落は岩屑に埋められて滅び、植生遷移は振り出しに戻って、ふたたび、まったく無植生の礫地からスタートせざるを得なかった。そしてその後、約3,000年が経過し、礫の表面や礫間にようやくチズゴケなどの地衣類が生育するようになった。これが礫地Ⅰの現在の姿であろう。礫地ⅡとⅢの部分はこの新しい岩屑による埋没からは免れることができたため、古い植物群が保存されたとみられる。

以上のように、節理岩地域に分布する3つのタイプの植物群落は、最初に予想した通り、それぞれの岩屑斜面が形成されてから経過した時間の差を反映したものであると考えることができる。なお節理岩地域という同一の場所にありながら、それぞれの岩屑供給期に岩屑のおおった範囲が異なるのは、稜線部において岩屑を生産する場所が、時代が新しくなるにつれてしだいに縮小してきたためだと考えられる。稜線部に露出する岩石の破砕が進んでいるために、それぞれの場所の節理密度をデータで示すことはできないが、稜線部の岩石に生じた節理に粗密があり、それが原因となった可能性が強い。つまり氷河時代には節理岩一帯のすべての節理が凍結破砕作用によって開口

し、岩屑を生産したが、寒冷の度合いがやや弱まった晩氷期には節理の粗い部分からの礫生産はもはや起こらなくなり、寒冷の程度がさらに弱くなったネオグラシエーション期には、岩屑の生産は細かい節理の入った部分だけに限られるようになった、と考えられるのである。礫地Ⅲを覆う礫が50〜60 cm 程度と大きいのに、礫地Ⅱ、礫地Ⅰと礫地の形成が新しくなるにつれて、礫径がしだいに小さくなる傾向が認められるのも、このことを裏づけるものであろう。

(5) 節理岩地域における植生遷移について

各礫地に成立した植物群落は、見方をかえれば、植生遷移の初期段階から極相植物群落に発達していく各ステージを示しているとみることもできる。そこで、これまでの話をもとに、節理岩の花崗斑岩地での植生遷移の進行とそれに要する時間を推定してみると、次のようになる。節理岩地域は高山帯の強風地に位置するが、ここの礫地ではまず3,000年ほどかかって疎らな地衣類からなる群落、数千年から1万年余りかかって地衣類と蘚苔類の混合した群落ができる。そしてさらに8,000年ほどかかってようやくハイマツ群落や、風衝矮低木群・風衝草原といった群落ができることになる。遷移の進行状況は、基本的に植物生態学の教科書に紹介されている通りといってよく、まず岩屑の表面や隙間に地衣類が生育し始め、ついでそれを足がかりにして蘚苔類が侵入する。そして時間の経過とともに岩屑の風化が進んで、しだいに細かい斜面物質や土壌が集積し、ついにはそこに維管束植物からなる強風地の植物群落ができる、というものである。この最後の時期には草原土壌が発達し、地衣類や蘚苔類は維管束植物に場を譲り、種類数も減少してしまう。

(6) 植生遷移と岩屑のマトリックス

ところで上で示した遷移に要する時間は、極地や世界各地の高山などから報告された植生遷移に要する時間に比べると、きわめて大きいものとなっている。たとえば、水野（1994）が紹介したアフリカのケニヤ山では、小氷期の終了に伴う山岳氷河の縮小を追いかけるようにして、植被が回復しつつあるという。スカンジナビア山脈で、小氷期以降の氷河の後退に伴う植生の回復状況について大部の報告を書いたMatthews（1992）も、モレーン上では300年程度で植被が回復するとしている。また筆者自身、ヨーロッパアルプスのオーバーグルグルの山地で150〜200年ほど前の小氷期に形成され

たモレーン上に、すでに先駆植物が侵入しつつあるのを観察したことがある。

　これらの値に比べると、本地域で得られた年代値は2桁も大きいものであり、日本生態学会や横浜で開催された国際生態学会での発表の折なども、この点に関して多数の疑問が寄せられた。このように植生遷移に時間のかかる理由として、筆者は節理岩地域の礫地におけるマトリックスの欠如が、植生遷移の進行を著しく遅らせているのだと考えている。マトリックスを欠く礫地は水分条件が悪く、また発芽したり、根をはったりするための土壌物質も存在しないから、種子の発芽や幼芽の生育は困難である。したがってシダ類や種子植物のような維管束植物が礫地に定着するためには、まずマトリックスが礫間を充填することが必要であるが、この条件は節理岩地域では簡単には整わない。マトリックスが礫間を埋めるためには、岩石の風化が進んで細かい鉱物粒子が供給されたり、植物の破片が飛ばされてきて腐ったり、あるいはごく稀な事件だと思われるが、火山灰の供給があったりすることが必要である。したがってこうした条件が整うまでは、礫地に侵入できるのは地衣類や蘚苔類に限られたと思われる。おそらくこれらが分布をしだいに拡大していく間に、岩屑の風化も進んで、マトリックスも集積し、しだいに土壌が形成されていくのであろう。これに要する時間は数千年から1万年程度ということだと思われる。前記 Matthews（1992）も、マトリックスが欠如した場合は、遷移の進行に要する時間は1桁大きくなり、1,000年以上かかると述べている。逆に、マトリックスさえあれば植物の侵入は予想以上に簡単で、遷移の進行も速いように思われる。たとえば、カール内に崖錐がよく発達する北アルプス槍ヶ岳では、細かい岩屑が上部から供給される現成の崖錐上に、すでに維管束植物からなる植物群落が発達している。

　なお上記の植生の発達に要する年代の値は、先に紹介した薬師岳の場合（小泉，1989）とほぼ調和的である。節理岩地域における植生遷移の速さと、薬師岳における植物群落の発達はほぼ平行している。

コラム　レバノン山脈の地形と植生と川

　大学院博士課程の4年生の時（1974年）、私は西アジアのレバノン山脈という山岳地域で地形や植生を調査する機会を得た。東京大学理学部人類学教室が派遣する「第五次東京大学西アジア洪積世人類遺跡調査団」という長い名前の調査団に加わることができたためである。人類学教室では当時、ネアンデルタール人から現世人類への移行の問題を主要なテーマにしており、5、6年に1回の割合で、西アジアで調査を行っていた。1974年度はシリアの内陸にあるオアシス都市・パルミラから北東20 km程のところにあった低いDouara山地が発掘の舞台である。そこには大きく開口した洞窟があり、前回すでに発掘が始まっていたので、その堆積物の分析や、周囲の地形・地質の調査による10万年くらい前から現在までの環境復元が、自然地理学班に課せられた主なテーマであった。堆積物の分析は当時日大の講師だった遠藤邦彦氏が担当し、パルミラ盆地の湖岸段丘を用いた環境復元は東大助教授だった阪口豊先生が担当されることになった。私が担当したテーマは、洞窟の裏手にある盆地の段丘地形やワジの堆積物から環境変遷を復元することと、最も近い山地であるレバノン山脈で環境変遷を探ることである。前者については、調査団の報告書に、結果を載せた（Koizumi, T. 1976）。また後者については、「レバノン山脈の気候地形」というタイトルで地学雑誌に結果が掲載された（小泉, 1976）。

　レバノンはイスラエルの北にある、岐阜県くらいの広さしかない小国で、日本では中東で紛争の起こった時くらいしか話題にならない。そのためそこに3,000 mをわずかに超える高い山脈があるなどということはほとんどの人が知らないが、レバノン山脈、東レバノン山脈という2列の山脈が南北に並行して走り、後者はシリアとの国境になっている。2つの山脈の間の地溝はアカバ湾の方から続いており、アフリカ大地溝帯の最北部に当たっている（図1）。

　レバノン山脈を初めて見たのは、ベイルートへ着陸しようとしている飛行機の窓からである（図2）。脳味噌のような奇妙な形をした茶色の山並みは、谷がないこと、植物がないことと相まって強い印象を与えた。なぜこんな地形ができたのか、飛行機から見ているだけではわからないが、その後、現地

図1 レバノン山脈の地形模型 右が地中海
左の山脈が東レバノン山脈、中央の凹地はベッカ盆地

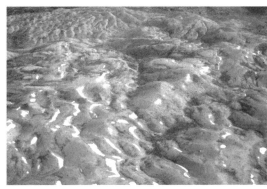

図2 レバノン山脈の山頂部

を訪ねることができ、原因がわかった。

　図2に示した脳味噌のような形のなだらかな山地の頂上部には、擂鉢状の窪みがいくつもできている(図3)。これはすべて石灰岩の浸食地形・ドリーネであって、地下にはカルスト地形が発達していると推定できる。川がないのはカルスト地形のせいで、冬場に降る雪や雨はほとんどが浸透して地下水になってしまう。

　この地下に浸透した雨水はその後、どうなるのだろうか。地下水は標高1,200mくらいの高地に突然、泉となって湧き出し、そこから下方に川ができる。図4はその様子を写したものだが、川は高い崖の下から急に始まって、深い峡谷をつくりながら流れ、1,2本の支流を併せるものの、ほとんど真っすぐに地中海に注ぐ。ケヤキの枝のように上流がどんどん細かく分かれて行

図3　山頂部のドリーネ

図4　山腹から始まる川
左上は地中海

く日本の川しか知らない目には、まことに奇妙な川にみえた。日本の川が当たり前だと思ってきた筆者にとっては、一種のカルチャーショックですらあった。

　ところでレバノン山脈には、レバノンスギ（Cedrus libani）という、マツ科ヒマラヤスギ属の針葉樹の林がある（図5）。レバノンスギは真っすぐに延び、ヒノキのような香りのする良質の材からなるために、6,000年も前から伐採されてきた（金子，1990）。そのいきさつは世界最古の文学『ギルガメッシュ叙事詩』となって残されており、世界最古の文学は、最初の自然破壊の物語でもあったという、残念な話になっている。その後、古代エジプトの占領下ではミイラを納める棺として使われ、フェニキア時代には軍船の建造に伐採され、交易品としても盛んに輸出された。以後もアッシリア、バビ

図5 レバノンスギ

図6 レバノンスギの自然保護地域

ロニア、ペルシャ、ローマ、トルコ等、占領した国がどこであるかにかかわらず、伐採が行われた。その結果、かつてレバノン山脈の中腹を広く覆っていたレバノンスギの森はみる影もなく衰退し、現在ではわずかに2ha程度が残るだけになってしまった（図6）。

　レバノン山脈は石灰岩からなるために、岩石は風化しにくく土壌はきわめてできにくい。氷河時代から後氷期のはじめにかけては夏にも降水があり、それが森林と土壌を成立させたとみられるが、その後、現在のような地中海性気候になると、樹木の生育に必要な夏には雨が降らず、逆に不必要な冬場に降雪があるため、それは伐採後の土壌を浸食し、不毛の土地に変えてしまった。植林が行われず、放置されたことも、不毛化を促進したとみられている。レバノンスギは地球の宝物である。なんとか回復させる手立てを取ってもらいたいものである。

第III部

山地帯・丘陵帯の植生

第1章　奥多摩三頭山・ブナ沢における森林の立地

研究のきっかけ

　私は大学院時代からずっと高山帯で地質と植生分布の関わりを研究してきたが、調査を進めるうちに、高山帯より低く、森林に覆われた山地帯では地質の影響はどのように表れるのだろうかということが疑問になってきた。秩父の山のような低い山を歩いていても石灰岩地やチャートがあると、そこだけ突出したり、植物が乏しかったりするため、その存在を知ることができる。
　蛇紋岩地についても同様なことがいえる。しかしながらただ山地帯の山については、それまで詳しい調査をした体験がないため勝手がわからない。そこで当時共同で調査を行うことの多かった鈴木由告氏に相談したところ、ちょうど今、奥多摩の三頭山で河畔林の調査を始めたところなので、そこがいいかもしれないと、三頭山を紹介してくださった。そこで清水長正氏や学生諸君を交え、どんなテーマが成立するかを、2, 3日一緒に歩いて検討した。その結果、地質によって斜面の険しさが異なり、土壌やその上に載る森林のタイプが違うということが予察的に確かめられたので、いくつかのテーマを設定し、並行して調査を始めた。しかし残念なことに、調査を始めていくらもたたないうちに鈴木由告氏は病を得て入院され、彼が中心になって進めてきた河畔林の調査は、私のゼミの女子学生がテーマをいただいて進めることになった。

1. ブナ沢の地形・地質、斜面形と樹木の分布

　三頭山は東京の奥多摩湖の南に位置する標高1,528 mの山である。この山では標高1,120 mほどにある三頭の大滝が遷急点になっていて、滝より上流側は滝の下方に比べて相対的になだらかな山地を形成している。大滝より上流側の地質は、中生代白亜紀の小仏層群に属する砂岩・硬砂岩と、それに貫入した石英閃緑岩からなるが、主要な沢である三頭沢においても支流のブナ沢においても、両者の間にははっきりとした地形や土壌の違いがあり、そこ

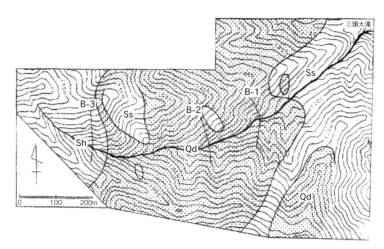

図 1-1 ブナ沢流域の地質図および斜面横断面形測量の位置（小泉・酒井・赤松・青木・島津，1994） 図中の太い実線がブナ沢の本流を示す。Qd：石英閃緑岩の分布地域、Sh：頁岩の分布地域、Ss：砂岩・硬砂岩の分布地域

に成立した森林にも顕著な違いが認められた（小泉・鈴木・清水，1988）。ここでは筆者らの調査したブナ沢の入り口近くの山地斜面を例に、両者の違いをみてみよう。

　この沢では、入り口から 200 m あまりまでが硬砂岩地域で、それより奥は石英閃緑岩地域に変わる（図 1-1）。最初に両者に成立した森林の違いから紹介する。図 1-2 にブナ沢右岸の硬砂岩地域における主要樹種の分布を示した。図は現地測量によって作成したもので、縦断方向が 160 m、水平方向が 70 m の範囲を計測した。見通しがきかないために狭い範囲にとどまったが、ここでは小さなピークから延びる険しい支尾根が 2 本あり、その間に深い谷が生じている。樹木は支尾根上にイヌブナとミズナラの林が成立し、斜面上部にはツガが優占する。谷筋にはイタヤカエデやヒトツバカエデなどのカエデ類を主とする森林が分布する。ブナは尾根型斜面の一部に点々と出現するが、数は少ない。

　一方、ブナ沢左岸の石英閃緑岩地域では、尾根筋と河床の間の縦・横とも 140 m 程の範囲を測量し、樹種の分布を図に落とした（図 1-3）。図の左端に尾根に並行して深い谷があるものの、斜面は全体としてなだらかで、図の

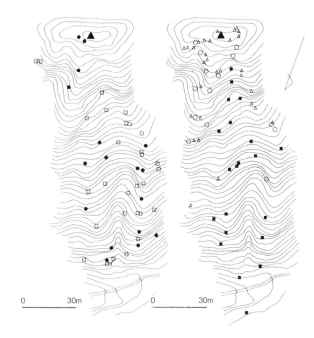

図1-2 ブナ沢右岸硬砂岩地域における主要樹種の分布（小泉・鈴木・清水,1988）
●：ブナ、□：イヌブナ、■：カエデ類、○：ミズナラ、△：ツガ
分布はブナ属2種とそれ以外の樹種に分けて示した。黒い三角は小ピーク

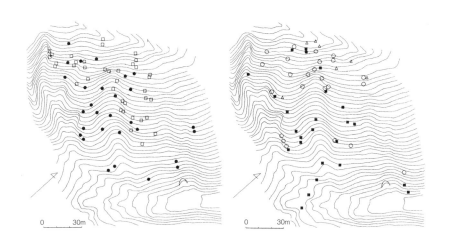

図1-3 ブナ沢左岸石英閃緑岩地域における主要樹種の分布（小泉・鈴木・清水,1988）
凡例は図1-2と共通。一番低い等高線は1,176m、等高線間隔は2m

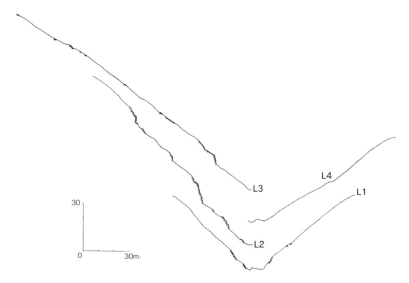

図1-4　斜面形の違い（小泉・鈴木・清水,1988）　L1〜L3：硬砂岩地域、L4：石英閃緑岩地域

中央部と右側に浅く幅の広い沢が2本入っている。樹木の分布をみると、幅の広い尾根型の斜面にブナが広く分布し、浅い沢筋にカエデ類、傾斜変換線付近にイヌブナが出現する。斜面上部ではミズナラが増加するが、ツガは少ない。標高からいえば、この地域は全域がブナ帯に含まれるとみてよいが、上で述べたように、2つの地質地域に成立した森林には大きな違いが存在する。

この違いを説明するために、両者の地形・土壌条件を検討した。図1-4に現地での測量によって調べた両者の斜面縦断面形の1例を示す。硬砂岩地域の斜面は急傾斜で、斜面の各所に10m近い崖や露岩地が現れる。これに対し、石英閃緑岩地域では斜面はなだらかで、斜面上に崖や露岩地はみられない。

この例に代表されるように、硬砂岩地域では斜面は急傾斜で、痩せた尾根と深い谷がくり返し、全体として土壌に乏しい岩がちの起伏に富んだ地形を形成する（図1-5）。しかし石英閃緑岩地域では谷は少なく、斜面はなだらかで丸みを帯び（図1-6）、斜面上の土壌は厚い。先ほど述べた森林の性格の違いは、このような地形・土壌の違いを反映したものであろう。すなわち

図 1-6　石英閃緑岩地域の地形とブナ

図 1-5　険しく基盤が露出する硬砂岩地域

なだらかで土壌の厚い石英閃緑岩地域では基本的にブナが卓越するのに対し、土壌が薄く、岩がちの硬砂岩地域ではブナは減少し、代わってイヌブナやカエデ類、ミズナラ、ツガなどが優勢になる、ということである。

　ドイツ流の地生態学ならば、こうした対応を把握してエコトープとしてまとめ、話は終りになるが、本稿ではもう一歩進め、地質が違うとなぜ地形が違ってくるのかを考えてみよう。

　まず硬砂岩地域の岩がちで起伏に富む地形は、どのような条件の下で形成されたのだろうか。基本的に考えられることは、硬砂岩が非常に硬く、風化に抵抗して急な斜面を保ちやすいということである。ここの硬砂岩は、1,400万年前に起こったという、高温の石英閃緑岩マグマの貫入によって、変成してホルンフェルス化しており、岩盤としては著しく強固である。このことが急な斜面形の保持に役立っていることは疑いないであろう。

　しかしながら硬い硬砂岩地でも、冬季水流の生じる谷筋では凍結破砕作用が働くために基盤は破砕され、その結果、谷筋では岩屑の生産が行われて谷底は低下することになる。尾根筋の低下は進まないから、尾根と谷の落差は増加し、硬砂岩地域では起伏はますます大きくなっていくと考えられる。

　なお1991年8月20日には、台風の通過に伴う集中豪雨で、三頭の大滝より上部一帯で斜面崩壊や土石流が発生し、図1-2に示した硬砂岩地域の

図1-7 硬砂岩地域に生じた崩壊地

中央部にも、大規模な崩壊が生じた(図1-7)。このように集中豪雨の際などに、谷筋に堆積していた岩屑が一挙に運び出されるようである。

一方、石英閃緑岩地では丸みを帯びたなだらかな斜面が卓越し(図1-6)、一部に崩壊地起源の沢と窪みがあるにすぎない。土壌は厚く、浸食作用は硬砂岩地域に比べ全体として著しく不活発なようにみえる。これは石英閃緑岩地域では長い年月にわたる風化作用によって生じた真砂の層が、斜面を数mの厚さで覆っていて、雨水は浸透して地下水になりやすい。このため、浸食が進みにくいのであろう。1991年の台風の際は、石英閃緑岩地域でも崩壊が発生したが、崩壊は基本的に硬砂岩地域よりも小規模で、数も少なかった。

このように、地質の違いが原因となってそこに働く風化作用や浸食作用が異なり、それによってできる地形や土壌が違ってくるために、それらを総体として反映した形で、森林に違いが生じてくるわけである。

2. 沢沿い(渓床)のシオジ・サワグルミ林の分布と斜面崩壊・土石流の関わり

ブナ沢は三頭沢の南側にある、長さ1kmあまりの沢だが、沢沿い(渓床)

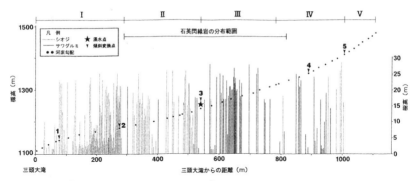

図 1-10　ブナ沢におけるシオジとサワグルミの分布（赤松直子卒業論文）

では、下流側にシオジ、上流側のサワグルミが生育し、明瞭なすみ分けをしている。この現象を発見したのは、鈴木由告氏だが、なぜすみ分けしているのかは不明のままだった。先に述べたように、調査を始めた直後に鈴木氏は入院されたため、このテーマはゼミの女子学生（赤松直子）が卒業論文のテーマにすることになった。しかし鈴木さんはその直後に結果をみないままガンで亡くなってしまった。享年59歳。あまりにも早すぎる死だった。優れた自然観察力をもった希有な研究者だっただけに、誠に惜しまれる。

さて調査に当たって私たちが考えた仮説は、渓床の堆積物の違いが2種の樹木のすみ分けに関わっているのではないかということである。ブナ沢の最上部は頁岩地域で、風化すると泥と角ばった礫を生産する。しかしすぐに石英閃緑岩地域に変化し、そこからは砂と丸みを帯びた礫が供給される。また三頭の大滝に近い部分は硬砂岩地域に変化する。

私たちはこの渓床の堆積物の違いがサワグルミとシオジの生育を分ける原因になっているのではないかと考えた。

最初に2つの樹種の分布を調べた。その結果が図1-10である。ブナ沢では入り口付近はシオジが分布するが、大滝から500mほど上ったところで樹種が交替し、それより上部ではサワグルミが優勢になる。その状態は大滝から950mほど上がった地点まで続き、それより上部は再びシオジ林となる。この分布をみていると、地質と樹木の分布は関係なさそうにみえる。しかしそうではなく、斜面崩壊や土石流で運ばれてきた土砂が河床に堆積するため、

ずれが生じているのである。大滝からの距離で 500 m より下流側では、石英閃緑岩地域からもたらされた砂や閃緑岩の礫が河床に砂質の高まりをつくり、そこにはシオジが生育するが、500 m より上流側では頁岩地域からもたらされた泥や角礫が泥質の堆積物の高まりをつくり、そこにはサワグルミが生育している。泥質の成分が多いと樹木の根は窒息の危険が出てくるが、サワグルミはそういった悪条件に強いのだろう。

3. 派生したテーマ：三頭山のブナ林は現在の気候に合っていないのではないか

　鈴木由告氏と一緒にブナ林の樹種の分布調査をしていた時、鈴木さんが「ここのブナは大木ばかりで、若木がないんだよねえ」と言った。さらに「跡継ぎが育っていないようだし、老齢化して枯れるものが多い。ブナは現在の気候に合っていないのではないか」とも述べた。この指摘は確かに正しいように思えた。それまでの私の体験では、冬場、斜面から地下水が浸み出しているところで芽生えが育っているのを観察したことがあったが、それ以外の場所では芽生えを見たことがなかった。したがって全体として考えると、冬場の乾燥が芽生えの生存を妨げているのだろうと思われた。ではなぜ現在あるブナ林が成立できたのだろうか。

　この問題を議論していて私が思いついたのは、200〜500 年前の小氷期のことである。15 世紀から 19 世紀の半ばにかけての時代は、世界的な寒冷期だったことが知られており、ヨーロッパではアルプスで氷河が前進し、テームズ川が冬場、厚い氷に覆われたりした。日本でも冷夏や夏、雨の多い不順な気候が多発し、何回も冷害や飢饉が起こっている。ブナはもともと日本海側の多雪山地の植物だが、太平洋の山地でもこの頃は、冬季にある程度の積雪があり、芽生えを冬場の乾燥から保護したと考えると説明がつく。つまり 200〜500 年前の小氷期の気候がブナの生育を可能にしたのではないかということである。実際に倒れたブナの切断面が手に入ったので、年輪を数えたところ、283 歳であった。事例が 1 本しかないが、妥当な数字といえよう。

　三頭山だけでなく、高尾山、丹沢山地、八溝山地など太平洋側の山地のブナ林では跡継ぎが育っておらず、このままではブナ林は滅びてしまう恐れがある。更新がうまくいっていそうなところをあげてみると、箱根山、天城山、

第1章 奥多摩三頭山・ブナ沢における森林の立地

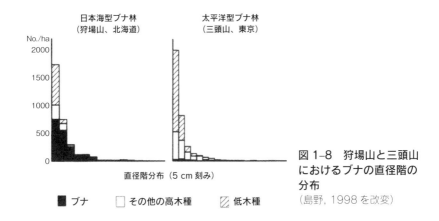

図 1-8 狩場山と三頭山におけるブナの直径階の分布
（島野，1998 を改変）

富士山の一部、丹沢山地の一部など、冬場に積雪のあるところばかりである。

三頭山におけるブナ林の更新の問題を別のゼミ生（増澤直）の卒業論文のテーマにして調べてもらったところ、ブナ沢では幼樹はあるが、80 本程度と少なく、生育地は土壌水分の多い谷筋に限られていた。図 1-3 に示した、現在大木の分布する、左岸側の丸みを帯びた尾根筋には芽生えはみられなかった。またこの時谷筋で確認できた幼樹は、その後、1991 年の豪雨で斜面崩壊が発生しため、すべて流失してしまったから、やはり跡継ぎは育っていないといっていいであろう。

私たちはこの考察の結果を、とうきゅう環境浄化財団の助成報告にまとめ、知り合いの研究者たちに送った。この手の報告書はなかなか読んでもらえないのだが、千葉大の沖津進さんは読んでくださり、当時大学院生だった島野光司さんに「こんな研究があるよ」といって紹介してくださった。島野さんは私たちが乏しいデータでしか展開できなかったテーマを大きく広げて研究し、北海道の日本海側にある狩場山のブナ林には跡継ぎの低木や中木が多いのに対し、三頭山のブナ林では若い木はきわめて少ないことを明らかにした（図 1-8）。そしてその上で三頭山のブナ林は現在の気候に合っていないのではないかという結論を出し、結果を日本生態学会で発表した。

ところがブナの発芽の時期が小氷期に当たるので、三頭山のブナ林は現在の気候に合っていないのではないかという学会発表は、生態学の権威の先生方にはきわめて不評であった。ブナは山地帯の極相樹種なのに、現在の気候

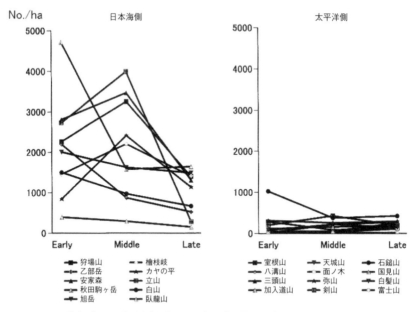

図 1-9　日本各地の日本海側と太平洋側のブナ林の比較（島野, 1998 を改変）
縦軸は 1ha 当たりのブナの本数

に合わないなどと言われれば、下手をすれば教科書の書き換えが必要になってしまうからである。

　このように島野さんには残念な結果になったが、この発表がきっかけで、20 ほどの大学が参加して日本各地のブナ林の見直しと、総合的な研究が始まったのだから、彼は実は採ることができたといえよう。ブナ林についての主な研究テーマは以下の通りである。

① 跡継ぎは本当に育っていないのか
② 種子の生産は行われているか、「しいな」の割合はどのくらいか
③ 地表に落ちた種子はどうなるのか（発芽して育つ、発芽しても枯れる、ネズミなどに食われる、など）
④ ブナ林の樹齢別の構造はどうなっているか

　調査の結果、日本海側の多雪山地では更新はほぼ順調であるが、ササが繁茂しすぎているとうまくいかないことがある、太平洋側の山地では跡継ぎの

樹木は乏しく、ほとんど更新がうまくいっていない、というようなことが明らかになった（図1-9）。それにより小氷期説は現在ではほぼ定着したと言ってよいであろう。島野さんはやはり正しかったのである。

ただ後者の理由としては、私が予想した冬場の乾燥のためではなく、雪がないため、種子がネズミなどに食われてしまう、7年に1回の豊年の年でも、ブナの大木そのものが少ないため、効果がない、などといった、生物絡みの説明が中心になってきた。これは分野違いのことだから仕方がないが、ブナの個体数が大幅に減少した現在での実験結果によるものだから、私は正しくないと考えている。

いずれにしても、高尾山、三頭山など、太平洋側の各地の山でブナ林は衰退しており、イヌブナやミズナラの林に置き換わりつつある。これをみると、「なぜ」と考えることと、素人の発想が大事なことがよくわかる。

第2章　飯豊山地の風食と植物群落

研究のきっかけ

　飯豊山は東北地方を代表する雄峰で、偽高山帯を代表する強風・多雪の高山として知られている。初めての登山の際、筆者らは山形県の小国から入山し、石転ビ雪渓を経て北俣岳の東側の鞍部に出た。その後、御西岳方面の調査を行い、再び北俣岳の鞍部に戻ってそこの避難小屋で一泊したが、翌朝、鞍部付近を散策していて、その一帯の風衝草原に縞状の砂礫地が何列もできているのに気がついた。幅数十cm、長さは1〜3mほどだが、長いものだと7、8mもあり、末端には礫が集積して再び風衝草原に戻りつつあるようにみえる。よく観察すると、砂礫地の先端には高さ20 cmほどの風食ノッチができているが、そこから離れるにつれてさまざまな高山植物が侵入し、植物相が豊かになってきつつあるようにみえた。これは風食による植被の破壊が逆に植物の種類を増やしているということである。そこで鞍部を中心に調査地域を設け、植生図を作成するほか、調査枠を設置して作業仮説の裏付け調査を行った。本稿はその結果である。なおその後、福島県の喜多方側からも飯豊山に登ったが、飯豊本山付近や草履塚の山頂付近などでも同様の現象が生じていることを確認した。

　その後、飯豊山の北に位置する朝日岳（1,870 m）でも同じ現象を確認したが、このような現象の報告は、世界的にみてもおそらくこれが初めてだと思われる。日本アルプスの高山は、冬場を中心に3,000 m級の山としては世界で最も強い風にさらされるが、飯豊山や朝日岳もそれにひけをとらない強風地域となっている。それが原因でこのような珍しい現象が起こっているわけで、いかにも日本列島らしい現象だといえよう。

1. はじめに

　飯豊山地は山形県と福島県、新潟県の県境にそびえる東北地方を代表する山岳地域である。主峰・飯豊本山（2,105 m）は、燧ヶ岳（2,356 m）、鳥海山（2,236 m）、会津駒ヶ岳（2,133 m）に次ぐ東北地方第4位の高山で、古くから山岳信仰や信仰登山の対象となってきた。しかしこの山の標高は実際

には 2,100 m をわずかに越える程度にすぎず、日本全体からみれば、それほど高い山とはいえない。それにもかかわらず、飯豊山地には多彩な高山植物と豊かな残雪があり、すぐれてアルプス的な自然景観が展開することから、多くの登山者を引きつけてきた。

2. 飯豊山地の地形・植生の概況と従来の研究

　飯豊山地は全体が飯豊山の名で呼ばれることが多いが、主峰・飯豊本山 (2,105 m) のほか、最高峰である大日岳 (2,128 m)、北股岳 (2,025 m)、烏帽子岳 (2,018 m)、御西岳 (2,028 m)、三国岳 (1,831 m) など、標高 2,000 m 前後のピークがいくつも集まった小型の山脈である (図 2-1)。主稜線は小さく蛇行しながら、北西から南東方向にのび、そこからいくつかの支稜を派生させている。大日岳は主稜線からはずれた支稜上にある。

　山地全体の地形をみると、中腹以下で深い谷と急な斜面が発達するのに対し、標高の高い主稜線近くではなだらかな斜面が卓越し、浸食がまだ高標高地域にまで達していないことを示している。地質は主に花崗閃緑岩からなり、一部に古生層が分布する。東北地方では高い山の多くは火山で、安山岩質の岩石からなるが、飯豊山地とその北にある朝日山地は主に花崗閃緑岩からなり、火山とは違った特異な地質を示す。

　飯豊山地の標高は日本アルプスの山々に比べれば 1,000 m 近く低い。しかし日本海に直面する第一線山地となっているため、著しく多雪で、稜線付近には強風地を除いて夏でも残雪が広く分布し、中には越年するものも少なくない。特に稜線の北東側には広大な残雪があり、沢筋にも石転ビ雪渓を始め、大きな越年生雪渓がいくつもみられる。また梅花皮沢の源流部など、主稜線の北側の谷頭には浅いカール状の地形とU字谷、それにモレーン状の高まりがあって、寒冷な最終氷期には氷河が発達していた可能性を示している。このような氷河や残雪による浸食の結果、主稜線は大半の部分で北東側が急で、南西側がなだらかな非対称山稜を形成している。

　飯豊山地では亜高山帯の針葉樹林は発達せず、亜高山帯にあたる標高は偽高山帯の草原ないし低木林になっている。飯豊山地の植生については、Kikuchi (1975) の報告のほか、結城 (1970) や平松・山本 (1970) による簡単な報告がある。また『日本植生誌　東北』(宮脇昭編, 1987) にも記載

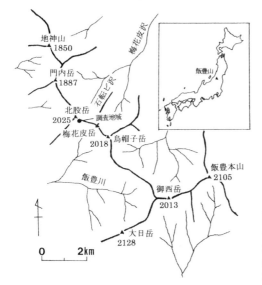

図 2-1　飯豊山地の主要なピークと沢 (小泉, 2005)
太い実線は主稜線、細い実線は水系を示す。数字は標高。●は調査地域

がある。偽高山帯の草本・矮低木群落については清水（1967）が植物社会学的な視点から報告している。以下ではこれらの報告を参考にし、筆者の観察をあわせて植生分布の概要について記述する。

　飯豊山地では標高1,400m付近までブナ林が分布する。それを超えると草本や低木が優勢になるが、1,600m付近まではダケカンバがところどころに塊をつくって分布する。また痩せた尾根筋にはコメツガとキタゴヨウが帯状に現れ、高所では低木化して1,800mまで達している。1,800m以上の標高では典型的な偽高山帯の植生景観が卓越し、みごとなお花畑が広がる。ただしところによってはハイマツ群落やチシマザサ群落が現れ、風衝地や残雪周辺をさけて斑状に分布する。ハイマツ群落にはハクサンシャクナゲ、ミネカエデ、ミネザクラ、タカネナナカマドなどが混入し、林床にはコケモモ、ガンコウラン、ミツバオウレンなどが生育している。

　偽高山帯の草本・矮低木群落は大きく2つの群落に分けられている。1つは残雪の周囲に現れる雪田植物群落で、植物社会学的にはイワイチョウ－ハクサンコザクラ群集にまとめられている。このうち典型的な群集は残雪の周囲の融雪水が流れるような湿った立地に成立するが、これよりも消雪の早い立地にはコバイケイソウ、ニッコウキスゲ、ハクサンボウフウ、エゾイブキ

トラノオ、ハクサンフウロなどからなる、高さ30〜50 cmの丈の高い群落が成立する。この群落はコバイケイソウ亜群集にまとめられている。

一方、冬季にも雪がほとんどつかないような風の強い立地には、ミヤマウスユキソウ、コメバツガザクラ、ミネズオウ、ムカゴトラノオ、タカネマツムシソウなどからなる乾性で丈の低いお花畑が成立している。この群落はコメバツガザクラ－ミヤマウスユキソウ群集にまとめられている。ただしやや湿潤な安定した立地にはガンコウランやハクサンイチゲなどからなる群落が成立し、ガンコウラン亜群集と命名されている。

3. 調査地域について

筆者が調査地域に選んだのは飯豊山地西部にある北股岳の南斜面である。山形県の小国から石転ビ沢をつめて稜線に出たところは、登山道が交差することから十文字鞍部と呼ばれているが、その鞍部から斜面長にして50〜100 mほど北股岳に向かって登った、なだらかな斜面上に調査地域を設定した（図2-2）。標高はおよそ1,870〜1,890 mである。ここは典型的な非対称山稜のなだらかな側に当たっていて、反対側（北東側）には梅花皮沢源頭のカール状地形があり、急な崖になっている。

調査地は主稜線のすぐ西側に当たる強風地にあり、タカネノガリヤスやコタヌキランなどのイネ科草本が丈の高い草原をつくる。さらにミネズオウやミヤマウスユキソウなども分布することから、ここの植物群落は清水（1967）のいうコメバツガザクラ－ミヤマウスユキソウ群集に該当するとみられる。

図2-2　調査地域の遠景
白抜き矢印の先が調査地域。
背景は北股岳

ただし斜面を 20 m ほど下がると、ニッコウキスゲやコバイケイソウからなる、明らかに別の群落に移行していく。

ここの植生については、結城（1970）による記載がある。わずか数 m 四方の範囲内に 40 種ほどの植物が数えられることから、結城は山形県随一の多種多彩なお花畑であると絶賛している。ただしその原因についてはまったく触れていない。

実はここは極端な強風地で、風食によってところどころ植被が溝状またはパッチ状に削り取られている。この植被が削り取られてできた砂礫地に、植被が回復していく際にさまざまな回復段階のパッチが生じ、そのことが植物相を豊かにする原因となっているのである。以下ではこのことを具体的に論証していく。

4. 風食溝と植物群落の分布

十文字鞍部から北股岳への登山道は南東から北西方向に延びる主稜線に沿うように続いているが、風食でできた溝（以下、風食溝と仮称）や裸地がそれにほぼ直交ないしわずかに斜行するような形に何列も発達し、離れたところからみると縞状または階段状にみえる（図 2-3）。風食溝が典型的にみられるところを選び、3 m × 3 m の範囲について植被と風食溝の配置を図に示した（図 2-5）。

ここは傾斜 14°の南南東向きの斜面で、幅 40～60 cm、長さ 1～2 m、深さ 20～30 cm ほどの風食溝が、数十 cm から 1～2 m 間隔で現れ、強力な風食作用の存在を裏づけている。隣接する地域の風食溝には長さ 7～8 m、深さ 40～50 cm に達するような規模の大きいものもある。溝は南西から北東に向かってほぼ直線状に延びており、溝の底の部分は砂礫地ないし礫地となっている。また溝の一番奥と側面には風食によってできた高さ 20 cm ほどのノッチ（植被がえぐられてできた低い崖。図 2-4）があって、そこでは植物の根系と土壌が露出している。

植生調査を行ったのは、図 2-5 の調査地よりさらに 20 m ほど上がった地点である。ここでは風食溝は小規模になり、浅く短いものが多い。溝は長いものでも 2 m 程度にすぎず、直径数十 cm ほどの皿状に浅く凹んだ裸地や、楕円形または紡錘形をした裸地が草地の中に点在している。これは図 2-5 に

図 2-3 風食溝と植被がつくる縞状パターン

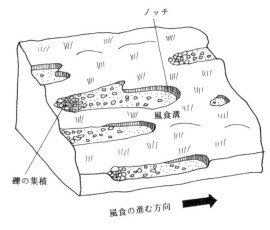

図 2-4 風食でできた裸地の模式図と各部の名称
（原田・小泉，1997 を改変）
上は風食溝の縦断面を示す

示した場所と比べて風食作用が弱いためと考えられる。

　ところでこの辺りでは裸地の後や横に、植物がまばらに生えた礫地や、半ば植被に覆われたような礫地が観察できる。これは風食でできた裸地に植物が回復しつつあるものだと考えられ、回復の程度に応じてそれぞれ生育する植物が異なるために、全体としてモザイク状の植物群落の分布が生じている。縦 5 m、横 4 m の範囲について裸地と識別された植物群落の配置を調べ、図に示した（図 2-6）。

　図 2-5 に示した場所では、風食の作用が強いために風食溝は長期にわたって維持されている。しかしここでは相対的に風食の作用が弱いために、風食でできた裸地には再び植物が侵入し、植被が回復しえている。つまり裸地は

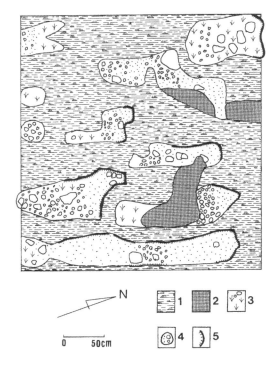

図 2-5　植被と風食溝の配置（小泉, 2016b）
　3m×3m の範囲について作成。図の上が斜面上部。
1：イネ科の草本からなる風衝草原、2：ガンコウラン群落、3：遷移途上の群落、4：風食によって生じた裸地、5：風食ノッチの発達する部分
裸地内の不定形は礫を示す

　風食によって植被が削り取られる結果、次第に拡大し、前進するが、古くなった裸地には再び植物が生え始め、最後はまた草原に戻っていくとみられる。このような裸地の前進と植被の回復は、筆者ら（原田・小泉, 1994）が三国山脈の平 標 山から報告したものにきわめてよく似ている。
　裸地をよく観察すると、風食を受けた直後は高山草原土壌の断面が露出し、明褐色をした細かい砂や土に植物の根系が密生しているのがみえる。しかし頭部のノッチから離れるにつれて根系はみられなくなり、代わりに礫が表面に出てきて、尾の部分では礫が全面を覆うようになる。これは裸地化することによって、凍結融解作用やソリフラクションの作用が直接地面に働き、それによって地中から礫が浮き出したり、礫が移動したりした結果だと考えられる。移動した礫が地面を覆い、重なり合うようになると、礫の移動は停止し、表土は安定する。こうなってようやく先駆植物の侵入が可能になるわけである。

5. 植物群落とその成立環境の記載

パッチ状に分布している植物群落とその成立環境について、植被率が低く、遷移の初期段階にあるとみられるものから記載する。なお群落の名称は最も優占する植物の名前で呼ぶことにし、群落を構成する種ごとの被度をパーセントで示した（表 2-1）。調査枠の大きさはすべて 50 cm×50 cm である。群落の調査には狭すぎるが、分布域の小さい群落があるため、この大きさに統一せざるを得なかった。

A. ミヤマウシノケグサ群落

これは稜線近くの裸地（図 2-6 の A）の縁に近い部分に生じた群落で植被率は 6 % と低い。群落の高さは 7 cm。ミヤマウシノケグサのほか、ホソバコゴメグサとガンコウラン、ミヤマヌカボの 3 種が現れるが、植被率が低いために、裸地にしかみえない。礫が集まって表土が安定し始めた部分にようやく植物が入りつつある段階だとみられる。ミヤマウシノケグサやホソバ

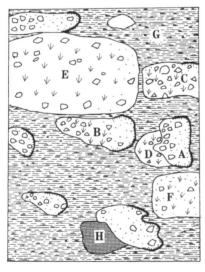

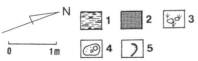

図 2-6　植生調査地区における裸地と植物群落の分布（小泉, 2016b）
4 m×5 m の範囲について作成。図の上が斜面上部。
1：イネ科の草本からなる風衝草原、2：ガンコウラン群落、3：遷移途上の群落、4：風食によって生じた裸地、5：風食ノッチの発達する部分。　A〜H：調査地点
裸地内の不定形は礫を示す

表 2-1　調査枠ごとの群落の組成（小泉, 2005 を改変）

種　名	調査枠							
	A	B	C	D	E	F	G	H
ミヤマウシノケグサ	5	2	8	5	2			2
ホソバコゴメグサ	1	20	12	6	4			
ガンコウラン	1			25				75
チシマギキョウ			40	1	35	4	13	3
コタヌキラン			5	40	3	4	70	
ミヤマウスユキソウ		+	2	1	25		+	
タカネマツムシソウ		1	1	3	15	6	4	
ミヤマキンバイ			1	3		8		2
イイデリンドウ			1	1	1	+		
ハクサンイチゲ						30	8	
タカネガリヤス							30	
ノガリヤス属の一種		+	3		4			
コケモモ			1		7			
ネバリノギラン					2	4		
シラネニンジン					6	15		
コメバツガザクラ					3	1		
コイワカガミ					+	7		
ムカゴトラノオ						+	+	
キバナノコマノツメ							1	+
ミヤマヌカボ		+						2
タカネアオヤギソウ				1				
コメススキ								1
クモマシバスゲ								2
イタドリ		2						
出現種数	4	6	10	10	12	13	8	7
植被率（%）	6	25	70	80	90	80	100	85
群落の高さ（cm）	7	6	8	15	25	18	45	6

コゴメグサは先駆植物だと考えられる。

B.　ホソバコゴメグサ群落

ホソバコゴメグサが優占する群落で、図2-6のBの部分に分布する。植被率は25％、出現種数は6種、群落の高さは6cmである。ホソバコゴメグサ以外ではミヤマウシノケグサとイタドリ、タカネマツムシソウが目立つ。群落の立地は拳大程度の礫が地表をびっしりと覆った裸地で、ホソバコゴメグサが礫の隙間に散在している。

　この群落は飯豊山地では、十文字鞍部から梅花皮岳への登り口、梅花皮岳の山頂付近、烏帽子岳の山頂付近、飯豊本山の北側など各地でみられ、植被率も数％程度〜60％を超すようなものまでさまざまである。いずれも風食で植被がはがされた後に、礫が移動して集積し、安定したところに出現している。

C. チシマギキョウ群落

　稜線近くの風食溝の内部（図2-6のC）で観察された群落。優占種はチシマギキョウだが、ほかにホソバコゴメグサやミヤマウシノケグサ、ミヤマウスユキソウ、コタヌキランなどがみられ、ホソバコゴメグサ群落に他の植物が何種類かつけ加わったような組成を示す。植被率は70％、種数は10、群落の高さは8cmである。分布地は礫地で、長径10〜20cmの角礫が地表をほぼ覆っている。

　群落の組成から判断すると、この群落は、ミヤマウシノケグサやホソバコゴメグサを主とする遷移の初期段階の群落から、強風地の極相である風衝草原に回復しつつある途中の群落だと考えられる。

D. コタヌキラン-ガンコウラン群落

　Aの裸地に接する部分（図2-6のD）に成立した草原で、コタヌキランとガンコウランを優占種としている。植被率は80％、種数は10、群落の高さは15cmである。コタヌキランなどの他にタカネマツムシソウやイイデリンドウ、ミヤマウスユキソウなどもみられるから、組成からはほとんど風衝草原（コメバツガザクラ-ミヤマウスユキソウ群集）と言ってもいいような群落である。しかし先駆植物のホソバコゴメグサやミヤマウシノケグサが残存していることからみると、極相への遷移途上の群落ではないかと推定できる。立地はCとほぼ同じで径10〜20cmの角礫が地表を覆っている。

E. チシマギキョウ-ミヤマウスユキソウ群落

　チシマギキョウとミヤマウスユキソウを優占種とする群落で、他にタカネ

マツムシソウやシラネニンジン、ネバリノギランなどが現れる。図2-6のE付近を広く覆う。植被率は90％、種数は12、群落の高さは25 cmである。立地はよく締まった礫地で、礫を覆って厚さ6 cm程度の褐色のシルトからなる高山草原土壌ができている。しかし一部はすでに再度風食を受け始めている。

　種数の多いことや草原土壌が発達していることから考えると、この群落はDの群落よりさらに遷移の進んだ段階にあり、風衝草原の極相により近いとみられる。しかしホソバコゴメグサやミヤマウシノケグサが残存していることから考えると、まだ極相には達しておらず、その手前の段階だといえそうである。

F．ハクサンイチゲ群落

　図2-6のF付近に分布する群落である。ハクサンイチゲのほか、シラネニンジン、ミヤマキンバイ、タカネマツムシソウなどの草本が優勢で、これにコケモモやコイワカガミが加わる。植被率は80％、種数は13、群落の高さは18 cmである。この群落ではハクサンイチゲやミヤマキンバイが上層、コケモモやキバナノコマノツメが下層というように階層構造ができている。土壌は礫混じりの高山草原土壌である。ホソバコゴメグサなどの先駆植物はもはやみられないから、風衝草原の極相の一歩手前に当たる群落とみなしてもよいであろう。この群落の分布地は次に述べるコタヌキラン群落と比べると明らかに一段低くなっており、風食溝の中の裸地から出発したことは間違いない。

G．コタヌキラン－タカネノガリヤス群落

　コタヌキランやタカネノガリヤスなどのイネ科草本が密生した背の高い群落で、植生図を作成した5×4 mの範囲内のほぼ半分の面積を占めている。このうち登山道に近いG地点（図2-6）での調査によれば、植被率は100％で、イネ科草本が上層を構成し、その下にハクサンイチゲ、チシマギキョウ、タカネマツムシソウ、キバナノコマノツメなどが生育している。ただし出現種数は8種と少ない。群落の高さは45 cmと他の群落に比べてかなり高くなっている。なお別の地点ではイネ科草本の下にコケモモ、コイワカガミ、マイヅルソウなどがみられた。

　この群落は、厚さ20 cmほどの高山草原土壌が分布するところに成立し

ており、風衝草原の極相に当たる、最も発達した群落と考えられる。

H. ガンコウラン群落

　ガンコウランを主体とする群落で、図 2-6 の H 地点で観察された。ガンコウランが地表面をびっしりと覆い、密生した群落をつくっている。他にミヤマキンバイとミヤマウシノケグサ、ミヤマヌカボ、クモマシバスゲ、コメススキなどのイネ科の草本が分布する。植被率は 85%、種数は 7、群落の高さは 6 cm である。

　この群落の立地は、径 20 cm ほどの礫とその間を充填するよくしまった土壌で、植被が削り取られて裸地ができた後、高山草原土壌の下部がまだ残存している時点で、隣接する削り残しの植被地からガンコウランが急速に分布を拡大したものとみられる。したがって植被率は高いが、一種の先駆植生と考えられる。

　ただこの群落は地表を密に覆ってしまうことから、イネ科草本を中心とする極相の草原に移行するとは考えられず、再度風食によって植被が削り取られる間ではこの状態を保つだろうと予想される。なお同じような群落は図 2-5 に示した場所をはじめとして、飯豊山地の強風地の各地でみることができる。また筆者らが以前に調査した木曾駒ヶ岳の強風地でも、同じタイプのガンコウラン群落をところどころで観察した。このことから考えると、ガンコウラン群落は、裸地で礫が安定してから始まる遷移系列とは別の系列に属する植物群落だと考えられる。

6. 考察

　上で記載した各群落の植被率、出現種数、群落の高さを表 2-1 の下端にまとめて示し、それを図化した（図 2-7）。また種数と植被率の関係を図 2-8 に示した。

　表と図から 8 つの群落は大きく、3 つに分けることができる。A、B、H の先駆的な群落、C、D、E、F の遷移途上ないし極相の一歩手前の群落、それに極相と見なすことができる G の群落である。種数は先駆的な群落では 4 ～ 6 程度と少なく、遷移途上の群落で 10 ～ 13 に増加し、極相群落では逆に 8 と減少する。植被率は先駆的な群落では低く、遷移途上の群落で 80% 前後に高まり、極相群落では 100% となる。群落の高さは先駆的な群落

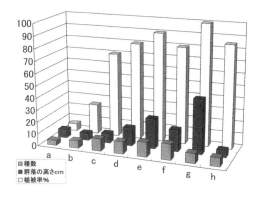

図 2-7　各群落ごとの出現種数、群落高、植被率
(小泉, 2005)

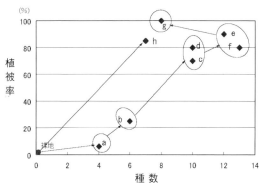

図 2-8　群落ごとの種数と植被率の関係
(小泉, 2005)

では 6 〜 7 cm 程度と低いが、遷移途上の群落では 20 cm 前後に達し、極相群落では急激に上昇して 45 cm に達する。遷移の進行に伴う変化はこのように大変大きいものであるが、その基礎には土地条件の変化がある。

　すでに述べたように、風食によって風衝草原の植被の一部が削られ、風食溝や凹みができるのが始まりである。最初そこは無植生の裸地で高山草原土壌の下層が露出したり、砂礫地になったりしているが、土地表層における凍結融解の繰り返しなどによって地表に礫が放出される結果、裸地の表面は次第に礫に覆われ始める。そしてそこにはさらにソリフラクションの作用が働くため、礫は次第に移動して裸地の末端付近に集積し、そこで安定化する。

　植物の侵入はこの時点でようやく可能になり、ミヤマウシノケグサやコバノコゴメグサなどの先駆植物が生育するようになる。A、B両地区の群落は

この段階にあるといえよう。またところによっては、H地区のように隣接する植被地からガンコウランが直接裸地に侵入して拡大することもある。

これに続く段階では、チシマギキョウやミヤマウスユキソウ、タカネマツムシソウなどが先駆的な植物群落に侵入して混生し、さらにハクサンイチゲやコタヌキランなどが加わって遷移途上ないし極相の一歩手前の群落ができる。C、D、E、Fの群落がこれに当たる。この段階ではイネ科以外の草本植物が多数生育し、植物相を著しく豊かにしているのが特徴的である。

次の極相段階では背の高いイネ科草本（特にノガリヤス類）が優勢になり、他の植物はその蔭になることによって、植物相はむしろ貧弱化してしまうから、この遷移途中の段階でイネ科以外の草本が多数現れるということは、風食に始まる植生遷移がこの地域の強風地での植物相を豊かにする上で大きな役割を果たしているということを示している。植被の破壊という植物にとってはマイナスの要因が、逆にさまざまな植物の分布をもたらしているのである。

したがって、もしも風食の働きがなかったとしたら、先駆植物や遷移の途中で出現する植物群の大半は姿を消してしまい、強風地の植物相は現在よりはるかに単純化していたに違いない。このことは飯豊山地全体の植物相の劣化をもたらしたはずである。

このように風食が植物相を豊かにするという事例は、実はこの報告が初めてではない。筆者ら（小泉ほか, 1999）は秋田県・田沢湖の南に位置する和賀山地の羽後朝日岳（1,376 m）において、やはり風食が強風地の植物相を多彩にするという現象を観察している。この山では山頂から北西に延びる標高1,300 m前後の稜線沿いに、トウゲブキやタカネツリガネニンジン、タカネノガリヤスなどからなる高茎草原が広く分布するが、それを削るようにして風食裸地が発達し、そこにキバナノコマノツメ、コケモモ、ハイマツ、ミヤマキンバイ、イワテトウキ、コタヌキラン、チングルマなどの高山植物が現れる。この山でもやはり風食が原因となって高山植物の大幅な低下が生じているのである。同様な現象は越後山脈の平標山でもみることができる（小泉, 未発表資料）。

近年、植物生態学の分野でも、洪水や土石流、地すべりなどといった地表攪乱が植物の分布に与える効果が正当に評価されるようになり、そのような

視点から植物群落の立地を検討した報告や総説がみられるようになってきた（たとえば、中村, 1990 など）。いずれの場合も、攪乱はそれに適応した植物や群落の出現をもたらし、そのことが豊かな植物相の維持に役立っているという結論を導いている。

　筆者は風食の効果も同じような地表攪乱の一つとみることができると考えている。ただこれまではそのような発想がなかったために、風食の役割は完全に見落とされてきた。風食の植物相に対する効果について論じたものが、筆者が関わったもの以外には存在しないのはそのためである。ただ事例はきわめて少ないものの、風食の効果について筆者は、風の強い日本の高山ではかなり普遍的にみられるものではないかと考えている。

第3章　東北日本の多雪山地における地すべり起源の植物群落

研究のきっかけ

　筆者の知り合いに、柳田誠という、地すべり地形の研究者がいる。彼は空中写真判読の名人で、山地斜面の地下に生じた地すべり面の深さを当てるという特技をもっている。1993年頃、彼が調査していた岩手県の和賀川の上流地域で、彼の判読が正しいかどうかを検証するために6本のトンネルが掘削された。この検証作業の直後、現場を見ないかという話があったので、筆者は喜んで参加したが、トンネルの側面には白い地すべり粘土の層が現れており、彼の判読の正確さを裏づけていた。また地すべり面は山地斜面の地下数mという、きわめて浅い部分にも存在しており、地下水の浸透を遮断しているために、地すべり面の上は湿潤な状態になっていた。これは驚くべき体験であり、このことから筆者は地すべり面の存在が土壌水分の高さを通じてそこの植物の生育に影響を与えているだろうと予測した。そこで翌年、あらためて現地を訪れて調査を行い、あわせて別の地域でも調査を行って、地すべりの影響を論じたのがこの報告である。

1. はじめに

　東北日本の日本海側の山地は多雪でブナ林がよく発達することで知られている。しかし地質学的には大半が第三層の泥岩・頁岩・砂岩・凝灰岩地域に属していて、そこはそのまま地すべり地域に一致していることが多い。たとえば、世界自然遺産に指定された白神山地はほぼ全域が地すべりの分布地域であるとみなされているし（大森・島津, 1986）、地すべり学会東北支部が編集した『東北の地すべり・地すべり地形』(1992)や、国立防災科学技術センターが作成した「地すべり地形分布図」(1984)をみても、大小の地すべり地形が各地に高い密度で存在することがわかる。しかしながら、たとえば白神山地が現在、実際に全山「地すべりの巣」といった状況になっているかといえば、けっしてそんなことはない。表示された地すべりのうちごく一

部が現在でも活動しているにすぎず、そのためにみごとなブナ林が成立することが可能になっている。これは $10^3 \sim 10^5$ 年という地質学的な長い時間スケールの中でさまざまな場所に発生した地すべりが、1枚の地図にすべて採録されたために、みかけ上「地すべりの巣」のようになっていると考えるべきであろう。図に表示されているほど、山地斜面のすべてが不安定になっているわけではない。$10^0 \sim 10^1$ 年という短い時間スケールで考えれば、山地のところどころに中小の地すべりが発生するにすぎず、大規模な地すべりはごく稀にしか起こらない。面積が $10^4 \sim 10^5 \mathrm{m}^2$ を越えるような大規模な地すべりは、東北地方では主として完新世初頭に生じたことが示唆されており（柳田, 1996）、これは氷河時代の終了に伴って降水量が増加したため、河谷の下刻が進み、斜面下部が不安定化することによって発生したのだろうと考えられている。このように長い時間スケールで考えた場合、現在は地すべりの活動が活発な時期ではなさそうだが、山地では実際に新しく発生した地すべりがみられることも事実であり、このことから日本海側多雪山地において、森林や植物群落の立地を論ずる場合、地すべりの存在を考慮することは不可欠だと考える。

　しかしながらこれまで、地すべりが森林や植物群落の分布に与える影響については、ほとんど注意が払われてこなかった（小泉, 1997a）。たとえば、ブナ林の更新に関する研究では、土壌の厚いなだらかな山地斜面のブナ林が調査対象として選ばれ、地すべりの直接的な影響を受けているような地点は、典型的な森林が成立していないとして、調査地区からは除かれてきた（たとえば Nakashizuka, 1987 など）。

　そのため多雪山地の植物群落の分布や特色に関して、地すべりに注目した研究はこれまでほとんどなかった。数少ない例外の一つに、東（1968）による北海道の地すべり地の滑落崖と地すべりブロック上に生じた植物群落についての記載と、植生遷移の推定がある。しかしこれは論文ではなく、実質2ページ程度の日本林学会での講演要旨にすぎない。

　斎藤ほか（1987）は白神山地において、従来、渓畔林とされてきたサワグルミが、尾根上や谷壁斜面の上部にも分布することを見出し、その原因が地すべりによるものであることを示唆した。また八木ほか（1998）は白神山地において、地すべり地形や浸食前線の存在が、植物群落の分布に大きく

図 3-1　本研究の調査地域
A：岩手県和賀川支流の北本内川流域
　　（岩手県北上市）
B：岩手・秋田両県境にある真昼山地の
　　真昼岳（1,060m）の東斜面（岩手
　　県沢内村）
C：新潟・長野両県境にある関田山脈・
　　鍋倉山の茶屋池付近（長野県飯山市）

関わっていることを示した。

　本研究は、地生態学的な視点から、地すべりが森林、特にブナ林の組成や、林内の樹種の分布、あるいは林床の植物群落の組成に与えている影響について考察したものである。

2. 調査地域の選定と研究の手順

　調査地域の選定に当たっては、東北日本各地の山地において予察調査を行い、研究対象地域として、3地域を選んだ（図 3-1）。
　このうち北本内川流域と真昼岳の東斜面は、地すべりの活動が現在でもかなり活発な地域の事例であり、鍋倉山は地すべりの活動がほぼおさまって安定したとみなすことのできる地域の事例である。
　本研究では、最初にブナ林の内部を現地踏査し、地形の観察によって新旧の地すべり地形を見出した。地すべり地形は馬蹄形をした滑落崖や、谷側にめくれ上がるように逆傾斜した地表面、あるいは波打った緩斜面や、線状の凹地に生じた湖の存在などから、読み取ることができる。大きな地すべり地の中に中小の地すべりが存在する場合もある。このうち古い地すべり地では、

滑落崖は地形から判定できるだけで、すでに全面的に森林に覆われてしまっているが、新しい地すべり地では、生じた直後の滑落崖がみられるところもあり、中には滑落崖に地層が露出している場合もある。

　次に3地域にある多数の地すべり地形の中から、典型的と考えられる事例を数地点ずつ選びだし、地形縦断面の簡易測量を行った。さらにそこの植生調査を行って、地すべりが森林の構造や、樹種の分布、林床植生の組成に与える影響を調べた。植生調査は地すべり地形の縦断面に沿って幅5mのベルトを設置し、ベルト内の高木、亜高木の分布と出現する低木や草本の種類を調べた。ただし植物社会学的な調査は行っていない。なお調査は岩手県の2地域については1994年の6月と95年の8月に、長野県の鍋倉山については94年の10月と95年9月に実施した。ただし本文では鍋倉山についての記述は割愛した。

3. 和賀川支流・北本内川流域における地すべりと植生分布との関わり

(1)　調査地域の概況

　和賀川は奥羽山脈の一部をなす真昼山地の最高峰・和賀岳（1,440 m）に発し、岩手県北上市で北上川に合流する河川である。この川は上流部では南流するが、湯田温泉付近で東に向きを変え、峡谷部をつくる。この峡谷部に湯田ダムがつくられた。北本内川は湯田ダムの4 kmほど下流の和賀仙人駅近くで、左岸側から和賀川に合流する、全長20数kmの支流である。流れの方向はほぼ南北で、源流は小倉山（851 m）にある。途中で多数の小沢が流れ込み、水量はかなり多い。北本内川の流域は標高およそ200～800 mほどの中山地になっており、川沿いには比高500～600 m前後のやや険しい山が続く。しかしそうした山の中腹には、地すべり地域特有の緩傾斜地がいたるところに分布するほか、ところどころに新しい地すべり地が見出される。

　先述のように、株式会社アイ・エヌ・エー（当時。現株式会社クレアリア）によって、地下の地すべり面を確認するためのトンネルの掘削が行われ、そこでは実際に地すべり面とそれに伴う粘土層を確認することができる。すべり面はわずかに谷側に傾くものの、ほぼ水平に近く、ゆるく波打っている。すべり面に沿って生じた地すべり粘土層の厚さは15～20 cmほどである。

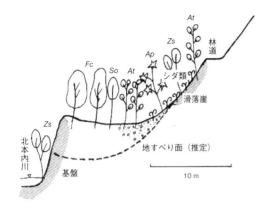

図 3-2　調査地点①における地形断面とそれに沿う主な植物の分布 (小泉, 1999)
At：トチノキ
Zs：ケヤキ
Ap：イタヤカエデ
So：ハクウンボク

　流域の地質は、第三紀中新世の大荒沢層に属する緻密な凝灰岩（グリーンタフ）を主体としており、ほかに安山岩や凝灰角礫岩が分布する。
　北本内川の流域にはかつて広くブナが茂っていたが、1970年代に大規模に伐採されてスギの植林地に変えられ、ブナ林は稜線部など一部に残るだけになってしまった。しかしところによっては、谷沿いでもややまとまったブナ林をみることができる。筆者はこの流域に3カ所の調査地点を設け、地すべりと植生分布との関わりを調べた。

(2)　調査地点①における地すべり地形と植生分布

　地点①は和賀川との合流点からおよそ3kmほど入った、北本内川左岸の川沿いに位置する、明倉沢にかかる明倉橋の下方200mほどの地点である。標高はおよそ210m。ここでは林道と北本内川との間の幅20mほどの部分に、小規模ながら典型的な地すべり地形がみられる。
　林道のすぐ下に傾斜38°、南西向きの滑落崖があって、全体として小さな馬蹄形状の凹地をつくる。斜面長は12mほどで下部は緩傾斜になる。滑落崖の下方はやや凹凸のある平坦地になっていて、その先はめくれ上がるように山側に逆傾斜している。この部分が地すべりブロックである。そしてそのさらに先は、北本内川に面するほとんど垂直の崖となっている。ここの模式的な地形断面とそれに沿う主な高木の分布を図3-2に示した。
　ここでは滑落崖の部分にケヤキやトチノキ、ホオノキなどの大木が生育し、ケヤキは最大のものは胸高直径が70cmに達する。一方、地すべりブロッ

表 3–1　地点①の滑落崖に分布する植物（小泉，1999）

草本層	ジュウモンジシダ，オシダ，リョウメンシダ，クマイザサ，シシガシラ，サワシバ，オオバクロモジ，ウワミズザクラ，ハイイヌガヤ，ゼンマイ，クルマムグラ，ハリガネワラビ，アキタブキ，ノコンギク

クの部分には最大径 80 cm の大木を含むブナと，トチノキ，イタヤカエデ，ハクウンボクが生育している。ただし逆傾斜した部分にはブナのみが生育する。川に面する崖の部分には基盤が露出し，樹木は生えていないが，崖の下からはケヤキの大木がのびている。亜高木層は滑落崖ではヤマモミジが，地すべりブロックではミズナラ，ブナ，サルナシ，フジが優占する。低木層と草本層は，両者で組成が大きく異なっている。まず滑落崖の部分ではシダ類が非常に多く出現する。特に多いのはジュウモンジシダとオシダ，リョウメンシダで，斜面の上部と下部では地表面をびっしりと覆うほどである。逆にクマイザサやチシマザサは存在するが，ごく少ない。ここでは低木層が発達せず，草本層のみからなる。滑落崖に分布する草本層の構成種を表 3–1 に示した。

一方，地すべりブロック上のブナ林の林床では，オクノカンスゲが目立つが，シダ類は少なく，クジャクシダやシシガシラが存在するだけである。ここでは低木層がよく発達し，オオカメノキやオオバクロモジ，ガマズミ，ブナの低木などが分布する。地すべりブロック上の低木層，草本層を構成する植物を表 3–2 に示した。

以上のように，滑落崖の部分と地すべりブロックの部分とでは，明らかに植生が異なっている。滑落崖の部分が非常に湿潤であることからみて，滑落崖から地下水が浸み出し，それが滑落崖の表面を湿潤化させ，そこにケヤキとさまざまのシダ類が生育することになったと考えた。気候条件から推定されるこの山域の極相植生はブナ林だが，新しい滑落崖の形成と地下水の浸出がそこにブナ以外の樹種やシダ類を生育させたのであろう。

（3）　調査地点②と③における地すべり地形と植生分布

地点①の上流側 400 m ほどのところに右岸側から金山沢という支流が合流している。金山沢は黒森（945 m）から南に延びる稜線を分水界として東

表 3-2　地点①の地すべりブロック上に分布する植物 (小泉, 1999)

低木層	オオカメノキ、クマイザサ、オオバクロモジ、ガマズミ、ブナ、オオヤマザクラ
草本層	シシガシラ、オクノカンスゲ、ミヤマガマズミ、ハイイヌツゲ、ヤブコウジ、ヤブデマリ、ウスバサイシン、オオイタヤメイゲツ、フジ、オオイワウチワ、クジャクシダ、マタタビ、ヒメアオキ

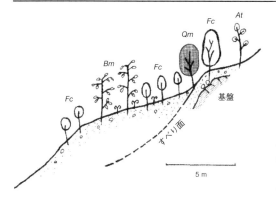

図 3-3　調査地点②における地形断面とそれに沿う主要樹種の分布 (小泉, 1999)
At：トチノキ
Fc：ブナ
Qm：ミズナラ
Bm：ウダイカンバ

に派生した沢で、流域全体が地すべり地になっており、北本内川との合流点付近では、礫が堆積して不安定な崖錐ないし沖積錐をつくっている。調査地点②を金山沢の南側の支尾根上に設置した。北本内川の河床からは標高差にしておよそ90m上に位置し、標高はおよそ280mほどである。調査地点付近は浅い谷と低い尾根がくりかえす地形で、調査地点はその中の1つの尾根の上にある。ここでも20mほど下方で、株式会社アイ・エヌ・エーによる2カ所の横穴ボーリングが行われており、地点①付近と同様、すべり面と粘土層が確認されている。

図3-3に調査地点②付近の地形縦断面と主要樹種の分布を示す。ここでは上部に基盤とその風化土壌からなる緩傾斜地があり、そのすぐ下には小さな滑落崖があって、ごく表層に近い部分ですべりが生じていることがわかる。地すべりブロックは幅8mほどで、上部は傾斜23°とややなだらかだが、その下方は43°と傾斜が急になる。

樹種の分布状況をみると、上部の緩傾斜地にはブナとミズナラが生育しているが、その下方の地すべりブロック上には高木としてウダイカンバが現れ

表 3-3　地点②の地すべりブロック上に出現した植物 (小泉, 1999)

低木層	ガマズミ、オオカメノキ、オオバクロモジ、ヤマモミジ、ミズナラ、イワガラミ、タムシバ、リョウブ
草本層	フジ、オオバクロモジ、マンサク、オシダ、トチノキ、ナンブアザミ、ハリギリ、ホオノキ、ムカゴイラクサ、オオカニコウモリ、ジュウモンジシダ、モミジガサ、エゾアジサイ、モミジイチゴ、エンレイソウ、オクノカンスゲ、シシガシラ、ゼンマイ、シノブカグマ、タニウツギ、不明のシダ

る。亜高木層にはハクウンボク、コシアブラ、フジ、ヤマモミジが現れる。低木層と草本層では、ジュウモンジシダやオシダのようなシダ類のほか、モミジガサや、トチノキやホオノキの幼木が目立つ。地すべりブロック上に出現した植物のリストを表 3-3 に示した。

　地点②は尾根筋に位置するにもかかわらず、湿性の植物が多い点に特色がある。その理由を考えると、ここでもやはり地すべりの存在が重要になってくる。ここの山腹斜面では地すべりがくりかえし起こったらしく、すべり面は何枚もあることが横穴ボーリングで確認されている。そのうち最も浅いものは、地形から考えておそらく地下 2～3 m のところにあると推定される。

　この浅いすべり面の存在は、土地の表層部を不安定化させると同時に、地下水の浸透を妨げ、地表に近い部分を湿潤化させている。尾根筋にもかかわらず、湿性の植物やシダ類が多いのは、このことが原因であろう。

　調査地点③は、地点②から金山沢に下る途中の斜面中段に設置した。金山沢の沢筋はこの斜面をさらに 5 m は切り込んでいるから、調査地点そのものは、沢からみると段丘状になった高まりの上に位置する。しかし段丘状の高まりはすべて不安定な岩屑からなり、表土は著しく湿っている。ここではシダ類が異常に多く、地表のほぼ 90％ を覆っている。群落を構成する主な植物は次の通り。

　高木層・・・・トチノキ、サワグルミ、ウダイカンバ
　亜高木層・・・ミズキ、ホオノキ、トチノキ
　低木層・・・・トチノキ、ハリギリ
　草本層・・・・ジュウモンジシダ、リョウメンシダ、オシダ
　いずれも湿潤地に現れる植物ばかりである。ここでは谷筋であることに加

え、地すべりの影響がより顕著に現れたとみることができる。

4. 真昼山地・真昼岳の東斜面における地すべりと植生との関係

次に真昼山地での調査事例を紹介する。

(1) 調査地域の概況

真昼山地は奥羽山脈の一部を構成する山地で、秋田県横手盆地と岩手県の和賀川上流の沢内村（現西和賀町）との間にそびえる中山地である。主峰は和賀岳（1,449 m）で、主稜線は標高 1,000 m をわずかに越す程度でしかないが、冬季、日本海から吹きつける季節風を直接受けるために、残雪や雪崩が多く、標高が低いにもかかわらず、みごとな偽高山帯の景観を示す。

今回調査対象にしたのは、真昼岳の東側の斜面で、兎平登山道入口から稜線上にある鬼平にかけての部分である。ここのブナ林は数十年前に伐採されているが、現在ではブナ林が再生している。再生したブナの多くはまだ胸高直径が 20〜30 cm にしかなっていないが、林内には伐採を免れた、直径 1 m を越えるようなブナが点々と存在し、伐採前の森林のみごとさを想像させる。

この山の地質は、第三紀中新統の大石層に属する、凝灰岩や泥岩、火山砕屑岩からなる。中腹には地すべり起源の緩斜面が何段かみられ、全体として階段状の地形を形づくる。

(2) 調査地点④における地すべりと植生の関係

調査地点④は、兎平登山口から沢筋をたどり、沢を渡って左岸側に出、さらに急な上りを 50 m ほど上ったところに設定した。標高およそ 470 m。調査地の周囲はブナ林に覆われているが、この一角にのみ、地すべり地特有の植物群落が発達する。ここの地すべりはごく最近、再活動をしたようで、図 3-4 の地形縦断面に示したように、背後に高さ 5 m ほどの、まだ植被がわずかしかついていない滑落崖があり、その前面には滑落崖から崩れた土砂が崖錐状に堆積し、礫まじりのやや不安定な土地をつくる。その先は地すべりブロックとなっていて、末端部は盛り上がり、山側に逆傾斜している。

植物の分布は次のようである。まず背後の滑落崖の部分には泥岩が露出し、表面は崖から浸みだす水で濡れていて、つるつるしたすべりやすい崖となっている。ここにはテンニンソウ、シシウド、アキタブキ、ウワバミソウなど

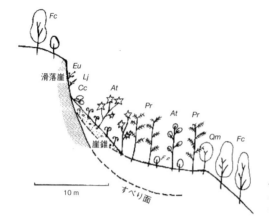

図 3-4 調査地点④における地形断面と主要な植物の分布
(小泉, 1999)
Fc：ブナ
Eu：ウワバミソウ
Lj：テンニンソウ
Cc：ミズキ
At：トチノキ
Pr：サワグルミ
Qn：ミズナラ

の草本が、薄くのった土砂にかろうじて根をはって、点々と生育している。また崖錐状に堆積した土砂の上には、ミズキやコハウチワカエデ、ウツギ(いずれも低木)とシダ類が生育している。この中には土砂のすべりによって根返りを起こしたものが少なくない。土層が薄いため、植物体の重みで簡単にひっくり返ってしまうのであろう。

土砂の堆積の先の地すべりブロックの部分には、高木層としてイタヤカエデ、サワグルミ、トチノキ、ミズナラが分布する。このうちイタヤカエデは高さ20 m、サワグルミは高さ 20〜25 m に達している。トチノキとミズナラは高さ15 m 前後である。亜高木層としてはサワグルミが優占する。これらはいずれも新しく生じた地すべり地に、いわば先駆植物のような形で入り込んだものであろう。

低木層になると、様子が変化する。この層では高さ 2〜3 m のブナの低木が、被度にして 20％ほどを覆い、非常に優勢である。サワグルミの低木もあるが、衰弱しており、いずれ枯れてしまいそうにみえる。これは、ここの地すべり地が次第に安定してきているということを意味するのではないかと考える。おそらく、あと数十年もすれば、サワグルミやトチノキなどは衰退し、ふたたびブナの林に戻ることになるのだろう。長い目でみれば、この山域では少しずつ場所を変えながら地すべりが発生し、そこにはサワグルミやトチノキの林が成立するが、時の経過とともに再びブナ林に置き替って、

表 3-4　地点④の草本層を構成する植物（小泉，1999）

草　本　層	ウワバミソウ、クジャクシダ、オオバユキザサ、ブナ、リョウメンシダ、シノブカグマ、テンニンソウ、トチノキ、アキタブキ、ヤグルマソウ、オシダ、エゾアジサイ、モミジガサ、アカソ、不明のシダ

……というように、循環的な変化を繰り返している可能性が高い。

　低木層にはブナのほかにミヤマガマズミが出現する。また草本層を構成する植物を表3-4に示した。このうちトチノキの幼木は枯れかかっている。凹地の末端の逆傾斜した高まりにはサワグルミとトチノキが列状に現れる。

　(3)　調査地点⑤における地すべりと植生分布との関わり

　調査地点④より標高にしてさらに50mほど上がったところに、調査地点⑤を設定した。急傾斜地を上って出た肩の部分にあたり、全体としては平坦だが、表面はゆるく波打っている。波状地の山側には2mほどの滑落崖があり、波状地が地すべりブロックであることを示している。

　ここにもいったん伐採された後、再生したと考えられるブナ林がある。ブナは高さ6〜8m程度、直径は10〜20cm程度にすぎず、高木林とはいえないが、ほぼ純林に近い。ただ平坦地で雪圧を強く受けたせいか、根曲りが著しく、中には根曲りというよりも、幹そのものが激しく曲りくねっているものもある。

　この波状地の緑には1本だけだが、オノエヤナギが生育している。地形的には尾根と言ってよい場所だから、このヤナギの出現もかなり特異なものと言ってよいであろう。浅い部分に生じた地すべりのために、表土が湿潤になり、ブナにまじってオノエヤナギが出現したのだと考える。なお滑落崖の部分にはホオノキとテツカエデが生育している。

考察とまとめ

　地すべりの影響は、次の3つの型にまとめることができる（図3-5）。

(1) 新しい滑落崖が生じたため、そこに先駆植物が侵入する。最初はテンニンソウやウワバミソウなどといった草本が入り、次にトチノキやサワグルミ、ケヤキなどの木本が侵入する（地点①と④）。また新しい滑落崖や地

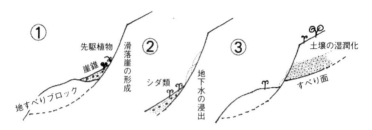

図3-5　地すべりが植生分布に与える影響（模式図）(小泉, 1999)

　すべりブロックが崩れると、土砂が堆積して小さな崖錐ができる。そこは表土が不安定なため、イタヤカエデやトチノキ、サワグルミが入り込む。崖錐の上部ではミズキなどの根返りがみられる（地点④）。
(2) 滑落崖からの地下水の浸出によって、周辺の表層土壌が湿潤化し、それに対応してジュウモンジシダやオシダ、リョウメンシダなどのシダ類が著しく繁茂する（地点①）。
(3) 地下浅部に地すべりのすべり面が生じたため、地下水の浸透が妨げられ、表層の土壌が湿潤化する。その結果、そこが尾根筋の場合は、湿性の草本やウダイカンバ、オノエヤナギといった木本が現れ（地点②と⑤）、沢筋の場合は、シダ類が著しく繁茂する（地点③）。
　これらの影響は単独で現れるわけではなく、複合して作用し、地すべり地特有の植物群落や植生の配置をつくりだすと考えられる。こうした植生の配置は古い地すべり地でははっきりしなくなるが、新しい地すべり地では非常に明瞭であり、それは山地をよく観察しながら歩けば、広い範囲で見出だすことができるものである。
　なお地点①や④に成立している群落は、植物社会学でいうジュウモンジシダ―サワグルミ群集（鈴木時夫ほか, 1956）に該当するとみられるが、成因からみて、この群集の出現は地すべり地に限られている可能性が高く、地すべり地の指標植物群落としてもよいのではないかと考える。またサワグルミについても、通常は谷筋を好む植物だとされているが、斜面上部に生じた滑落崖にも出現することから、湿潤な裸地を好む先駆植物であるとした方がよいと考える。

第4章 多摩地域におけるカンアオイ類の分布と地形の生い立ち

1. はじめに

　東京の多摩地域には、カンアオイ（別名カントウカンアオイ）（*Asarum nipponicum* var. *nipponicum*）、タマノカンアオイ（*Asarum tamaense*）、ランヨウアオイ（*Asarum blumei*）の3種類のカンアオイ属の植物が分布している。またこれとは別にフタバアオイ属のフタバアオイがごく稀にみられる。これらのカンアオイ類のうちカントウカンアオイを除く2種類はいずれも、生育地の都市化や盗掘などによって分布地が減少し、早急に保護が必要な状況になっている。たとえばタマノカンアオイは環境省第4次レッドリストの「絶滅危惧Ⅱ類」に、またタマノカンアオイとランヨウアオイは東京都の「保護上重要な野生生物種」に指定されている。カントウカンアオイは今のところ絶滅危惧種にはなっていないが、高尾山などでは個体数の減少が著しい。

　しかしこのような危機的な状況にあるにもかかわらず、その分布については、藤澤（1983）が示したごく粗い分布図（図4-1）があるだけで、分布の詳細は明らかになっていない。

　本研究は、多摩地域におけるカンアオイ類の分布を明らかにして、保護のための資料を提供するとともに、そのような分布を示すに至った原因を、植物地理学的、自然史的な視点から検討することを目的としている。

　そのためにはまず現時点での分布の実態を知る必要がある。植物の種ごとの分布データについては、神奈川県や長野県のように、すでに整っている県もあるが、東京都はこうした点に関してはきわめて遅れていて、資料は皆無に等しい。そこで筆者は、自ら調査を行い、分布データを集めようと考えた。具体的には、多摩丘陵や加住丘陵、狭山丘陵など、先行研究によってカンアオイ類の分布が確認されている地域、あるいは分布が予想される地域（図2）について、全域の分布調査を行うことを企画した。分布調査は、2万5千分の1地形図「青梅」、「所沢」、「拝島」、「五日市」、「八王子」、「府中」の6図幅に含まれる範囲について行ったが、五日市図幅の西部のような山岳地域

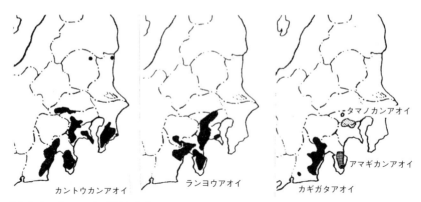

図 4-1　カンアオイ類の分布 (藤沢, 1977)

図 4-2　調査地域 (小泉, 2017)

については調査を省略した。

　調査は、対象地域に含まれる丘陵地の谷と尾根を順番に上り下りし、それによってカンアオイ類の有無を確認するという作業によって行った。調査に要した期間は 1997〜1999 年度にかけての 3 年間で、調査費用の一部についてはとうきゅう環境浄化財団から補助金をいただいた。なおその後、未調査

図4–3　カントウカンアオイの分布
(小泉, 2017)
(■が分布地を示す)

図4–4　タマノカンアオイとランヨウアオイの分布 (小泉, 2017)
(●がタマノカンアオイ、▲がランヨウアオイの分布を示す)

だった八王子市域の一部について小俣軍平氏から分布データの提供を受け、ようやく分布図ができあがった。

　分布の調査結果は、5万分の1地形図「青梅」、「五日市」、「八王子」、「東京西南部」の4図幅にまとめた。それを基に調査地域全域における3種類の分布をまとめたのが図4–3、4–4である。なおランヨウアオイの分布は限られているので、タマノカンアオイの分布図に併せて示した。

　調査地域が広大なために、現地調査は必ずしも十分なものとはいえず、特に多摩丘陵でも横浜市にかかる部分などは未調査になっている。また個体数が大きく減少する冬場に調査を行ったため、見落としのある可能性がある。この点についてはご寛恕いただきたいと思う。なお調査結果については小泉ほか（2000）で概略を紹介したが、その後の資料を加え、ここで新たに考察を行うことにしたい。

2. カンアオイ類の分布状況

3種のカンアオイ類についてその分布状況を記述する。

1. カントウカンアオイ

カントウカンアオイは多摩地域のほか、神奈川県西部、埼玉県西部、三浦半島、千葉県南部、それに伊豆半島と静岡県の駿河地方に分布している。また栃木県北部、茨城県北部、三重県東部に飛地的な分布がある（藤澤，1983）。分布の中心は丹沢山地から奥多摩、さらに奥武蔵にかけての低山地にあり、そこから丘陵部の一部にはみだしたような分布を示している。多摩地域での分布の北限はおおよそ荒川である。千葉県南部の丘陵地帯は海を挟んだ分布域となっているが、前川文夫（1977）はこれについて、10万年ほど前、三浦半島と房総半島がつながっていた時に伝幡したものの子孫だと考えている（なおこの10万年前という数字はあまりにも新しすぎ、近年の古地理の研究ではおよそ50万年前以前と訂正されている）。

以下では多摩地域に対象を限定して話を進めるが、分布域の広いカントウカンアオイについては山地と丘陵地に分けて記述する。

（1）山地地域

カントウカンアオイは、奥多摩の山地の入り口にあたる標高数百m程度の低山にほぼ連続的に分布している。ただし個体数は多くない。分布の東の限界線はかなり明瞭で、青梅市街地の北の黒沢、成木付近から日の出町大久野、武蔵五日市駅付近を経てほぼまっすぐに南下し、八王子市の美山付近を通って高尾山の東麓に至っている。この線は奥多摩の山地の東縁にあたり、これより東は草花丘陵、加住丘陵、多摩丘陵などの丘陵地となっていて、そこでのカントウカンアオイの分布は断片的となる。

なお奥多摩の山地を構成する地質は、五日市付近から秋川の流路に沿って西に延びる五日市－川上線によって南北に大きく二分され、北側には中古生界の秩父帯が、南側には中生代白亜系の小仏層（四万十層の一部）が分布する。

以上で述べた山地地域では、カントウカンアオイは北斜面に多く分布する。しかしそれ以外の向きの斜面にも点在している。地形との関係をみると、尾根筋から中腹にかけての斜面と、低い段丘状になった沢沿いの平坦面上に多

く現れ、沢沿いの斜面下部や沢の岸には少ない。沢の底には小さな川が流れていて、それに沿って小規模な崩壊地が発達することが多いが、その内部にはまったくみられない。おそらく崩壊や土砂の移動のため、個体は除去されてしまい、分布できないのであろう。

カントウカンアオイの分布の西の限界は、今回は調査していないために不明である。

(2) 丘陵地

丘陵地におけるカントウカンアオイの分布状況は、場所による差が大きく、同じ1つの分布地域として表現されていても、数百個体がまとまってある場合もあれば、数個体しかないというような場合もある。また狭い領域に集中的に分布する場合もあれば、広い範囲に個体が散在する場合もある。以下、丘陵地ごとに記載する。

①草花丘陵

草花丘陵は青梅市街地の南を流れる多摩川と、日の出町を流れる平井川に挟まれた丘陵である。ここでは明星大学青梅キャンパス（青梅市友田町）付近にまとまった分布がみられ、そこでは丘陵の北斜面上部を中心に個体が散在している。また多摩川に近い丘陵の東縁部には、多摩川が削り残したと考えられる、砂岩層（秩父帯）からなる基盤の高まりがあり、そこの急な斜面に多数の個体が生育している。

これに対し、丘陵の真ん中を東西に流れる大荷田川より南では、ごく一部を除きカントウカンアオイはみられなくなる。これについて筆者は、ここが主に丘陵の南斜面に当たっていて、冬場に乾燥しすぎることが原因だと考えている。乾燥する時期は冬期や5月頃など一年のうち何回かあるが、カントウカンアオイにとっては冬場の乾燥が最も厳しいようである。この時期、雑木林の樹木は落葉し、林床には直射日光が強く当たるようになる。このため林床はぱさぱさに乾燥してしまう。カントウカンアオイはタマノカンアオイと比べると、土壌の乾燥には強いようだが、水不足の状態になるとやはり萎れてしまって、その時に水が補給されないと枯れてしまう。このように、水不足に弱いことが、丘陵地の南斜面におけるカントウカンアオイの分布を制限する条件となっていると、筆者は考えている。

ここだけでなく、丘陵の南斜面では全体として、ごく例外的なものを除き、

通常、カンアオイ類は分布しないが、ここと同じように冬季の乾燥がその直接的な原因となっているように思われる。

　五日市の盆地と秋留台地の間には、横沢入の谷津田を囲む形で小さな丘陵がある。この辺りにもカントウカンアオイがまとまって分布している。

②狭山丘陵

　狭山丘陵ではほぼ全域に、カントウカンアオイが分布している。分布の中心は、東西方向に延びる数列の稜線の頂部から北斜面にかけての部分にある。この丘陵地では東側のおよそ3分の2が東京都水道局の水道用の管理地になっており、開発の手から免れている。水道用地の管理上、水道局の職員が雑木林の樹木を適宜伐採したり、アズマネザサを刈り払ったりしているので、カントウカンアオイなどの下草の生育環境は比較的良好に保たれている。また盗掘の恐れも少ないので、当面、絶滅の恐れはなさそうである。しかし管理地からはずれた部分には、人の手がはいらず、完全に放置されている場所もある。丘陵地の北側にある、かつての谷津田を利用してつくられた埼玉県立の自然公園はその一例である。ここでは、一部の谷津田がかつてのように耕作されて残されているが、丘陵地のおよそ半分は人手を加えずに放置されている。そこではアズマネザサが繁茂して3～5mもの高さになり、林床は暗くなって、林床の植物は気息奄々といった状態にある。このままでは林床の植物は枯れてしまうので、アズマネザサを伐採するなどなんらかの手入れが必要であろう。

③加住丘陵

　八王子市とあきる野市にはさまれた丘陵地が加住丘陵である。この丘陵は真ん中を東にむかって流れる谷地川によって、加住北丘陵と加住南丘陵に分かれる。カントウカンアオイは秋川右岸のサマーランド付近からあきる野市切欠付近にかけての加住北丘陵でまとまった分布を示し、加住南丘陵には分布はするものの数は少ない。ただ加住北丘陵では、秋川が多摩川に合流する地点に近い、右岸側の八王子市高月付近に分布の東の限界があり、そこから東はタマノカンアオイの分布地域となっている。

④多摩丘陵

　多摩丘陵は、北を多摩川の支流・浅川、北東を多摩川本流、南を境川と鶴見川に囲まれた丘陵地である。多摩丘陵については、前川由己（1979）が

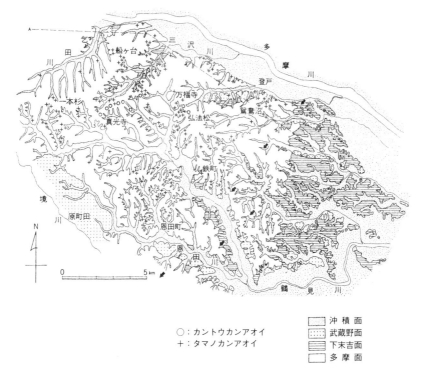

図4-5　多摩丘陵におけるカントウカンアオイとタマノカンアオイの分布
(前川, 1979)

調査を行っており、多摩ニュータウンの東方にあたる稲城市南部の浜坂や町田市真光寺付近、川崎市麻生区の黒川と万福寺などに、局地的にカントウカンアオイが分布することを報告している（図4-5）。ここは地形学的にみた場合、多摩Ⅰ面と多摩Ⅱ面の境界付近の、開析された崖線に当たる。しかし前川が分布を報告したあたりは、その後、地形が大きく改変され、現在ではゴルフ場や団地、都市公園などになっていて、工事によって自生地はほとんど破壊されてしまったとみられる。ただ畔上（1968）は『稲毛市史研究』の創刊号の中で、同市平尾でカントウカンアオイを観察したと記載しており、筆者も数地点で残存している個体を観察した。

2. タマノカンアオイ

タマノカンアオイの分布状況を図4-4に示した。主要な分布は丘陵地に

あるので、以下では丘陵地ごとに記述する。

①草花丘陵

ここにはタマノカンアオイは分布しない。

②加住丘陵

加住北丘陵の東部でのみ見出された。分布は秋川右岸の八王子市高月付近から始まり、東側にのびて、滝山城址公園付近にややまとまった分布地がある。ただし個体数は多くはない。主に丘陵の頂部から北斜面にかけての部分と、山麓の緩斜面ないし平坦地に分布する。加住南丘陵ではカントウカンアオイが優勢で、タマノカンアオイは今のところ観察されていない。

③狭山丘陵

丘陵東南部の村山貯水池（多摩湖）の南側にややまとまった分布がみられる。ここは貯水池の南を限る尾根の北向き斜面の下部にあたり、そこと浅い谷の内部に分布がある。また村山貯水池の北岸にもわずかに分布している。全体に大型で活力のある個体が多い。

④多摩丘陵

高尾山東麓の館付近から東の方に断続的に分布している。主たる分布地域は相原駅西方の七国峠付近、国道16号沿いの御殿峠付近、京王線長沼駅南方の都立長沼公園とその周辺、平山城址公園、多摩動物公園、町田市小山田付近のいくつかの谷津田の谷頭部、稲城市の米軍多摩弾薬庫の敷地内とその周辺などである。

以上のうち、七国峠付近と御殿峠付近では、北向きの浅い谷の下半分に主要な分布地域がある。このうち七国峠付近に分布するタマノカンアオイの分布状況と生態については、すでに報告した（小泉ほか, 1995）。

都立長沼公園は多摩丘陵の北斜面にある、みごとな雑木林に覆われた自然公園である。公園の内部は深い浸食谷と痩せた尾根が何回も繰り返して現れ、山地のような険しい地形を呈する。タマノカンアオイは東西に延びる主稜線から北に向かって延びる支尾根の、尾根筋から谷の内側にかけての部分に散在している。ただ公園の面積が広く、まとまった分布地域が何カ所かあるので、全体の個体数は1,000を越えるであろう。

町田市小山田付近にはよく手入れされた谷津田がいくつか残っており、その谷頭部から頂部斜面にかけてタマノカンアオイが点々と現れる。ただし個

体数は多くない。この付近の谷津田の中には、耕作放棄が進んでアズマネザサが繁茂し始めているものもあり、林床のタマノカンアオイの中には、光条件の悪化で生育が困難になりつつあるものが増えている。

なおタマノカンアオイは、前川由己（1979）により、筆者らが今回報告した地域よりさらに東に位置する川崎市多摩区、麻生区、あるいは横浜市青葉台付近まで点々と分布していたことが確認されている。この分布地域はごく一部を除き、都市開発などによってすでにかなりの部分が失われているとみられるが、今回はそこまで確認することはできなかった。

ところで図4-4をみると、タマノカンアオイはまだかなり広い範囲に分布しているようにみえる。しかし同じ図を2万5千分の1程度の大縮尺の地図に落とし直してみると、分布はまばらになり、空白地が増えてくる。図からはタマノカンアオイの分布地域が住宅地や道路、鉄道などによって寸断され、孤立している様子をはっきりと読み取ることができる。今やまとまった分布を示すのは、都立長沼公園の内部だけと言っても過言ではない有様である。稲城市の米軍多摩弾薬庫の中も比較的手つかずの自然が残されているので、まとまった数の個体が残存している可能性が高いが、内部が公開されていないので、調査することはできない。

現在の分布地域や過去に確認されている分布状況からみて、多摩ニュータウン一帯や、その北にある百草団地・高幡台団地などの広大な団地地域、あるいは首都大学東京のある南大沢付近、上柚木から多摩美術大学のある遣水にかけての一帯、さらに八王子みなみ野ニュータウンができた宇津貫付近などに、かつてタマノカンアオイが分布していたことはまず間違いがない。しかしこうしたところでは開発に伴って、雑木林は伐採され、土地そのものも、削った土砂を谷に埋めるという形でならされた。そしてそこに現在、団地やニュータウンができているわけである。こうした工事に当たっては林床のタマノカンアオイなどは一顧もされなかったに違いない。おそらく表土と一緒にブルドーザーによって削り取られ、あるいは埋められてしまったのであろう。その結果、タマノカンアオイは、分布の核心地域ともいえる部分が失われ、周辺部に小さな集団が点在するという状態になってしまった。

3. ランヨウアオイ

ランヨウアオイは静岡県東部から伊豆半島を経て神奈川県西部の丹沢山地

まで続く山地地域に分布の中心がある。ほかに山梨県南部や三浦半島の鎌倉、横須賀付近にも分布している。ただし富士山には分布しない（藤澤, 1983）。

今回の調査地域の中では、七国峠付近など、八王子市南方の多摩丘陵西部でのみ分布が確認された（図4-4）。国道16号線の八王子バイパスをおおよその東の境にして、それより西の部分である。ただし個体数はきわめて少なく、1つの分布地で数個体からせいぜい数十個体程度しかみられない。なお文献の上では八王子市浅川町からも報告があるが、今回は確認できなかった。

3. カンアオイ類3種の分布と地形の生いたち

以上で述べた、多摩地域における3種類のカンアオイ類の分布パターンを比較すると、きわめて興味深い特徴が認められる。巨視的にみると、タマノカンアオイとランヨウアオイは分布地域が一部重なっていて、タマノカンアオイの分布地域の中に、ランヨウアオイの分布地域の一部が含まれる形になっている。しかしこの2種とカントウカンアオイの分布地域は重なっていない。このすみ分けはたいへん明瞭なものである。

カントウカンアオイの分布地域は主に関東山地にあり、そこから東方の草花丘陵や加住丘陵、狭山丘陵にはみだしたような形をとっている。一方、タマノカンアオイは多摩丘陵に分布の中心があり、加住丘陵では丘陵の東南部にのみ分布している。また狭山丘陵でも丘陵の東南部のごく限られたところにのみ分布がみられる。

分布域の境界は明瞭で、たとえば加住丘陵では八王子市高月付近で突然、カントウカンアオイからタマノカンアオイに変化する。また狭山丘陵でも両者ははっきりした形で分布が交替する。

このようなカンアオイ類の分布の成因を論じた研究に、前川文夫（1953）の論文がある。前川はカンアオイ類の分布と分化の問題を、日本列島の生いたちとからめながら考察し、次のような推論を示している。漸新世中頃（3,000万年ほど前）、中国大陸からタイリンアオイ節の祖先型が九州へ渡ってきた。そして2,600万年前には東方に向けて分布を拡大し始めた。中新世中頃、西から分布を拡大してきたカギガタアオイの祖先型が東海地方の古期山地に達し、後にはさらに関東山地にまで到達した。1,600万年ほど前、フォッサマグナの成立により、カギガタアオイとタマノカンアオイの共通の

祖先型は分断され、それぞれ独自の進化をとげることになった。1,300万年ほど前、タマノカンアオイ祖先型がタマノカンアオイに進化し、その一部は伊豆半島にも分布した。伊豆半島では、鮮新世中期～末期にかけて猫越火山の噴出があり、火山岩の影響を受けてタマノカンアオイからアマギカンアオイが分化した。

　この学説については、日浦（1979）が批判的に検討して、これに代わる新しい説を提示しているが、いずれにせよ、日本列島全体を対象とするような論文では、ここで述べているようなスケールの分布現象は扱うことができない。もっとローカルな扱いが必要である。

　このスケールで、上で述べたようなカンアオイ類の分布について考察したものに、先述の前川由己（1979）の論文がある。彼はカントウカンアオイとタマノカンアオイのすみ分けについて、貝塚（1964）などが明らかにした、多摩地域の古地理の変遷に原因を求め、次のような仮説を提示した。

① 前期洪積世（200～50万年前）の末、上総層群の陸化浸食に伴って、南にあった三浦半島と房総半島南部をつないでいた半島から多摩地域にカントウカンアオイが侵入した。
② 中期洪積世（50～15万年前）の初め、古相模川によって御殿峠礫層が堆積し、多摩丘陵西部のカントウカンアオイは絶滅した。
③ 中期洪積世の中葉（30万年前）、屛風ヶ浦海進によって、カントウカンアオイは多摩丘陵では船ヶ台高地帯を除いて全滅し、東部におし沼砂礫層の堆積をみた。
④ 中期洪積世には②③と前後して、タマノカンアオイが高尾山から東方へ扇状に分布し始めた。
⑤ 後期洪積世の初め、多摩丘陵は浸食によって現在に近い形となり、タマノカンアオイは分布を拡大することが不可能となった。その頃（12～13万年前）、下末吉面（S面）の形成によって、加住、狭山、多摩の諸丘陵の分布地が分断された。
⑥ 後期洪積世の中葉（8～6万年前）、および沖積世（1万年前～現在）には武蔵野面、沖積平野などが形成され、現在の自生地だけが残った。

　この論文は説得力に富むものだが、多摩丘陵の東部（図4-5参照。実際には中央部と呼ぶ方が正確である）の資料だけで、分布の成因を論じており、

構成にやや無理がある。

　今回の筆者らの調査では、前川（1979）の調べた多摩丘陵の中央部だけでなく、加住丘陵や草花丘陵、狭山丘陵など他の3丘陵と青梅・永山丘陵、さらに関東山地の一部も調査対象にしたので、いくつかの新しい知見が得られ、結果的に前川の示した仮説を訂正する必要が出てきた。

　得られた知見と最近の地形発達史の研究に基づいて、多摩地域におけるカンアオイ類の分布パターンの形成史を編んでみると次のようになる（図4-6）。

① 前期更新世の200万年前～70万年ほど前にかけて、浅海に堆積した上総層群（多摩丘陵や加住丘陵、草花丘陵等を構成する泥層や砂層、礫層）の堆積地域が、関東山地の隆起に伴って陸化し、浸食を受けるようになった。その結果、関東山地の前面には、後に隆起して現在の各丘陵の前身となる海岸平野が形成された。ここには、奥多摩の山地からカントウカンアオイが侵入し、次第に分布を広げていった。

② 40万年ほど前になると、現在の相模川の前身である古相模川が、八王子市南方の御殿峠付近を扇頂として東北東方向に広がる大きな扇状地をつくり、御殿峠礫層を堆積させた（多摩I面の形成、図4-6A）。ただこの扇状地は、タマノカンアオイが狭山丘陵にも分布することから推定すると、従来知られていた東北東方向だけでなく、北東に向かっても延び、狭山丘陵辺りにまで達していたとみられる（図4-6Aに示した古相模川の扇状地I）。古相模川の分流は秋川に合流していた。

　古相模川は、40万年より前は現在の相模川のように、南流していたとみられるが、宮ヶ瀬ダム付近で生じた河川争奪により、突然、東ないし北東方向に流路を変えたものと考えられる。その結果、前川（1979）の推定したように、御殿峠礫層の堆積地域ではカントウカンアオイは絶滅した。地質が安定した基盤岩地域からゴロゴロした砂利に変化したことが原因であろう。このことはすでに述べたように、御殿峠礫層あるいはそれに相当する礫層の分布地域と、カントウカンアオイの消滅した地域がみごとに一致していることから推論される。その結果、カントウカンアオイの分布地域は東西に分断された。

③ 御殿峠礫層の堆積地域には、カントウカンアオイに代わって新たにタマノ

第 4 章　多摩地域におけるカンアオイ類の分布と地形の生い立ち　251

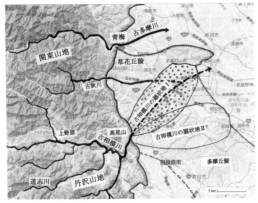

A　40万年ほど前の地形と河川

古相模川の扇状地が高尾山の東から2方向に広がっている
多摩川は草花丘陵と狭山丘陵の北側を流れ、入間方面に向かう

B　20万年ほど前の地形と河川

河川争奪により、古相模川は南東側に向きを変えた
多摩川の流路は変わらず

C　10万年前以降

多摩川は草花丘陵と狭山丘陵の間を流れ、当初は青梅と小平を結ぶ線上にあった。しかしその後、南に移動し、2万年前からは現在の位置に落ち着いている

図 4-6　西多摩地域における地形ならびに河川の変遷 (著者作成)

カンアオイが分布を拡大した。このタマノカンアオイの起源地はおそらく高尾山の東方付近だと推定される。その後、古相模川は流路を次第に南に移し、八王子市～町田市方面にかけての多摩丘陵上を流れるように変化する（図4-6Aに示した古相模川の扇状地Ⅱ）。その結果、多摩丘陵と加住丘陵の東部、狭山丘陵の南東部をつなぐ広い範囲にタマノカンアオイの分布地域ができた。狭山丘陵にカントウカンアオイが広く分布し、またタマノカンアオイも分布することから、当時、草花丘陵と狭山丘陵は連続しており、多摩川は狭山丘陵の北側を流れていたとみられる（図4-6A）。タマノカンアオイに続いて、ランヨウアオイも御殿峠礫層の分布地域に分布を広げ始めたが、すでにタマノカンアオイが分布していたため、分布の拡大は進まず、多摩丘陵の西部だけに止まった。

④ 30万年ほど前になると、屏風ヶ浦海進が起こり、多摩丘陵の東部を浸食して海成のおし沼砂礫層を堆積させ、多摩Ⅱ面をつくった。このためそこに生育していたカントウカンアオイは絶滅し、わずかに多摩市東部～町田市の北部にあった高台（船ヶ台高地帯）にのみ残ることになった（この項は前川由己による）。

⑤ その後、関東山地の隆起に伴って、御殿峠礫層からなる扇状地も次第に隆起して丘陵地に変化し、古相模川は再度の河川争奪によって流路を南に変え（図4-6B）、現在のように相模湾に注ぐ形になった。この争奪の時期はまだ特定できないが、相模原台地の最高位面・相模原Ⅰ面が御嶽火山の噴出物 Pm Ⅰ を載せていることから推定すると、20万年くらい前であった可能性が高い。

⑥ 10万年くらい前になると、草花丘陵と狭山丘陵のつながりが、古多摩川や古秋川の浸食によって切断され、古多摩川は両者の間にあった丘陵を大きく削り取って現在の流路に近くなった。それによって狭山丘陵は独立した丘陵になった。このことは立川付近を通る、多摩丘陵と狭山丘陵を結ぶ断面（図4-7）で、下末吉面の分布が狭山丘陵の北側に限られ、狭山丘陵の南側には下末吉面が分布しないことから想定できる。狭山丘陵の分離には立川断層の活動が関与した可能性があるが、この点についての資料はない。武蔵野台地の中央部には、およそ10万年前頃に形成された武蔵野Ⅰ面が広がっているが、これは草花丘陵と狭山丘陵のつながりが切れ、多摩

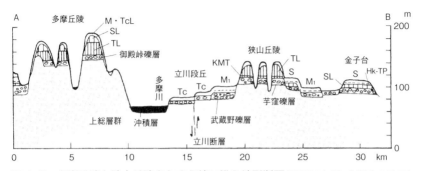

図 4-7 多摩丘陵と狭山丘陵をむすぶ線に沿う地形断面(貝塚ほか編, 2000 を改変)
S 面は狭山丘陵に北側には分布するが、多摩川沿いにはない

川が武蔵野台地の中央部を流れるように変化したことによって生じたとみられる。

⑦その後、氷期の海面低下に伴って、多摩川は河床を低下させ、それに伴って古秋川、古浅川などの浸食が進み、現在の各丘陵の原形ができた。それによってカンアオイ類の分布地域は分断された。さらに主な河川沿いでは、武蔵野Ⅱ面、立川面等といった河岸段丘が次々に形成され、そこではカンアオイ類は絶滅し、以後、カンアオイ類は分布をほとんど拡大できないまま、現在に至る。

以上が前川由己の説を訂正したカンアオイ類の分布成因論である。ここで述べたように、カンアオイ類の分布地は、13万年前の下末吉期以降、河川の浸食によって寸断され、自然状態においても次第に縮小し、分断化の一途をたどってきた。それがさらにここ数十年間の人間の開発行為によって著しく加速されているわけである。中でもタマノカンアオイは、かつての分布地域の中核ともいえる多摩丘陵の北部が開発されたために、広い範囲で絶滅し、生育地は孤立した。さらにアズマネザサの繁茂などによる生育環境の著しい悪化が加わって、絶滅が危惧される生育地が増えている。生育地の減少がこのまま続けば、種そのものの存続が危ぶまれる。保護のための早急な対策が望まれる所以である。

まとめ

　本研究では、多摩地域におけるカントウカンアオイ、タマノカンアオイ、ランヨウアオイの3種類のカンアオイ類の分布の詳細を、現地踏査によって明らかにし、分布地域の形成要因について植物地理学的な視点から考察を行った。カントウカンアオイと、タマノカンアオイ・ランヨウアオイの2種は明瞭なすみ分けを示すが、その原因として、次のような古地理の変遷が関わっていることが示唆された。70万年ほど前、関東山地前縁の浅海や低地だった部分が陸化・隆起し、そこにカントウカンアオイが山地部から分布を拡大した。しかし40万年ほど前には、古相模川がもたらした御殿峠礫層が、多摩丘陵の西部～狭山丘陵、さらには稲城付近にまで広がる広大な扇状地をつくり、その堆積地域ではカントウカンアオイは消滅した。このカントウカンアオイの空白地域に主に分布を拡大したのがタマノカンアオイである。その後、古相模川は河川争奪によって、大きく流路を変え、平塚に出る現在の流路になった。一方、草花丘陵と狭山丘陵を結んでいたつながりは、10万年ほど前に古多摩川などによる浸食で破壊され、狭山丘陵は分離した。その結果、狭山丘陵に分布していたタマノカンアオイなどは孤立することになった。その後のさらに新しい地質時代に形成された地形面上には、カンアオイ類はいずれも分布を広げることができないまま、現代に至る。その後、都市化などにより個体数の減少は著しく、早急な対策が求められる。

コラム　東京のカタクリは氷期からの生きた化石

　カタクリの花ことばは「初恋」だそうである。うつむいて恥じらうように咲く、上品なピンク色の花。まさに花ことばにふさわしい野草である。東京近辺では3月の初め頃発芽し、3月末〜4月の初め頃に可憐な花をつける。サクラの花とほぼ同じ時期である。これはちょうど雑木林の木が葉を広げ始める時期に当たっており、展葉が完了し、地面が暗くなる5月の末には、球根と種を残して地上から姿を消してしまう。まさにスプリング・エフェメラル（春のはかないもの）といえよう。

　カタクリはとても人気のある野草で、たくさんの人が花を見に訪れる。東京近郊では大泉や清瀬、八王子の多摩丘陵、秋川丘陵、神奈川県の城山町などがお目当ての場所である。ほかにもいくつかあるから一見すると数が多そうだが、分布地はあっちにポツン、こっちにポツン、といった具合である。

　また少なからぬ人が「追っかけ」をするらしい。東京近郊で花を見、次に秩父のカタクリを訪ねる。その後は群馬県の岩宿、佐野、栃木県の星野と順番に見、さらに新潟県、山形県、岩手県と次第に北上していって、最後は北海道の旭川や北見で終わるのだそうである。その間、約1カ月にわたってカタクリの花を楽しむことができる。

　でも「追っかけ」をするくらい好きなら、カタクリのことをもっと知ってほしいというのが、私の密かな願いである。誰も不思議に思わないのだが、東京や千葉県、神奈川県あたりにカタクリが分布しているのは、実はたいへん不思議なことなのである。

　カタクリの本来の生育地は、石川県〜秋田県付近にかけての雪国である。雪のたくさん積もる里山で、雪解けを待ち兼ねるようにして地面に顔を出し、急いで花をつけるのが、カタクリやイチリンソウ、ニリンソウなどの春植物である。私は佐渡島の金北山やドンデン山で、解けかかった雪の中で花をつけようとしているカタクリをみたことがある。ここではほかにもオオミスミソウやキクザキイチゲなどが咲き乱れ、これでは多くの人が訪れるのも当然だと思った。

図1　東京のカタクリ

　つまりカタクリやキクザキイチゲなどは、起源をたどると、涼しい気候を好む北方系の植物なのである。それがなぜ暖かい太平洋側の地方にあるのだろうか。

　これには寒冷な氷河時代（氷期）の存在が関わってくる。2万年ほど前、地球は最終氷期のピークを迎え、北米や北欧は現在南極にあるような大陸氷河に覆われた。日本列島は幸い、これほど寒くなることはなかったが、それでも植生帯は南にずれ、北海道胴体部ではツンドラが、北海道の渡島半島や東北〜中部地方にかけては亜寒帯針葉樹林が優勢になった。ブナ帯も南下して四国、九州に分布を移し、照葉樹林に至ってはほとんど絶滅寸前にまで追い込まれた。当時の東京付近は、だいたい現在の北海道の十勝地方と同じくらい寒くなったと推定されている。この時期にカタクリも中心は太平洋側の地方にまで南下したのである。

　ただ氷期でも、北海道や東北地方の各地に点在する温泉地の周辺では、地面が地熱で温められていたためカタクリなどの球根は凍結することを免れていたようで、ツンドラや亜寒帯針葉樹林の厳しい環境下でも、何とか生き延びてきた。それが旭川や北見、東北北部のカタクリ群落となっているのだろう。

　しかし一万年ほど前に氷期が終了すると、太平洋側の気候はカタクリにとっては暖かくなりすぎた。カタクリはすでに述べたように、花をつけた後は地上から姿を消し、地下で球根となって夏の眠りに入る。この時あまり暖

図2　沖積錐上に生育するカタクリ

かいと、球根がどんどん呼吸をしてしまい、室内に置いたニンニクと同じように、消耗してついには枯れてしまう。

　こうしてカタクリは氷期の終了とともに涼しい場所への移動を迫られたが、この場合、カタクリには2つの手があった。1つは北方への移住、つまり本拠地である雪国に戻るということである。もう1つは山に登るということで、山の上は低地に比べて涼しいから存続が可能である。東京では小河内ダムの南にある御前山（1,528 m）の山頂付近が、カタクリの生育地として知られているが、あのくらいの標高がカタクリにとって生育の適地といえる。実際にカタクリは他の植物と同様、北と高地をめざして移動したはずである。

　しかし一部のカタクリは低地でも特に涼しい場所に生育の場をみつけ、そこで存続することができた。その子孫が大泉や秋川に分布するカタクリである。

　これまで鈴木由告氏の研究などにより、東京付近でカタクリが生育するためには、3つの条件が必要なことが明らかになっている。

　1つは雑木林の林床であること。これは生育や開花に太陽の光が必要だからである。雑木林では冬場、落葉するため、林床まで太陽の光が入る。3月初めに発芽したカタクリは、この日光を浴びて生育することができる。

　2つ目は北斜面であること。これは夏、日が当たらず、涼しいからである。そのため、カタクリの球根は呼吸を減らすことができ、球根の消耗が抑えられる。

図3 カタクリの芽生え
ネギの苗のようにみえる

　そして3つ目が沖積錐、あるいは段丘崖の下部といった、地形条件である。これは言い換えれば、常に地下水で湿っているような場所であるという条件になる。土壌に水分が豊富だと、夏、気温が高くなった時に、水分が蒸発して気化熱を奪い、地温は一定以上には上がらない（22℃だということが明らかになっている）。このためカタクリは存続が可能になる。

　沖積錐というのは、図2に示したような扇形に広がる斜面で、小さな扇状地だと考えてよい。写真はあきる野市の加住丘陵で写したもので、豪雨の時に崩れた土砂が沢の出口に扇形に堆積したものである。沖積錐では上の沢から少しずつ水が供給されるため、土壌は常に湿っていて、上であげたカタクリの生育条件を満たしている。

　こんな具合で3つの条件がすべて満たされる涼しいところでのみ、カタクリは生き延びてきたが、3つの条件を満たす場所はかなり限定される。そのため、東京付近でのカタクリの分布はあっちにポツン、こっちにポツンといった形になったのである。つまり東京付近のカタクリは、氷期からの生き残りがそのまま存続してきた、文字通り生きた化石であるということができる。なお秩父地方のカタクリの分布地は、私の観察ではどうやら大半が地すべり地であるらしい。地すべり地では地下の浅いところに地すべり粘土が生じるため、地下への水の浸透が妨げられ、表土の土壌水分が多くなる。このことが同じようにカタクリの生育を可能にしてきたのであろう。武州日野駅近くのカタクリ分布地はその典型である。

カタクリの芽生えは図3に示したように、ネギの苗から数本取って地面に差したような形をしている。この細い茎はその後小さな球根をつくり、次の年はもう少し丸みを帯びた葉をつける。というように次第に大きな葉をつけ、7、8年かかってようやく花をつける大きさになる。「わっ、きれい」と言って花の写真を撮るだけでなく、カタクリの生活の地味な部分にも目を向けていただきたいものである。

　なおカタクリの蜜を吸う蝶にギフチョウ、ヒメギフチョウがいる。いずれもまだ一部に雪が残っているような寒い時期に出現し、「春の女神」と呼ばれることがある。なぜこの組み合わせが生じたのだろうか。

　ギフチョウの先祖は食草としてカンアオイという、冬でも緑を保っている植物を選んでしまった。親は早春にカンアオイの葉の裏に卵を産み、孵化した幼虫は春から初夏にかけて伸びるカンアオイの葉を食べ、どんどん育つ。そして夏には蛹になって次の春までを過ごし、翌春、羽化する。このような生活史はカンアオイの成長に合わせたものだと考えられているが、そのためにほとんど花のない寒い時期に羽化することになった。こんな時期に花を着けているのはカタクリとショウジョウバカマくらいしかない。こうしてカタクリの花とギフチョウの組み合わせが生まれたわけである。筆者は山形県の高館山のカタクリの蜜を吸うギフチョウを見たことがあるが、カンアオイーギフチョウーカタクリの3者の関係は不思議としか言いようがなく、実におもしろい。

第 IV 部

火山の植生

第1章　遷移途中の火山植生から推定した御嶽の噴火活動

研究のきっかけ

　日本には火山が多い。いわゆる「日本百名山」には火山が40あまり入っており、北海道・東北では百名山に火山の占める割合が特に高く、幌尻岳や早池峰山、飯豊山、朝日岳、会津駒ヶ岳をのぞけば、百名山の大半が火山だと言ってよい。他にも関東地方の周辺や九州など、火山の多い地方もあり、日本の自然を考える上で、火山抜きでは話が進まないところがある。

　加えて日本の場合、火山の多くは活火山で、明治時代以降に噴火したものだけでも、30あまりを数える。また江戸時代まで含めれば、天明の大噴火を起こした浅間山や富士山や鳥海山、岩手山などが加わる。

　火山は噴火の際、溶岩や火砕流、火山灰、スコリア等を大量に噴出するため、それに覆われた地域の植生はすべて消滅してしまう。したがって火山の植生について調べる場合、噴火の履歴を考慮に入れることは不可欠である。しかし、火山の植生の研究は、噴火後何十年たったら植生はこのように変化したというものがほとんどで、その逆はない。噴火年代のわかっていない噴火は研究の対象にならないから、結果的に1つの火山全体の植生を対象にしてその成立過程を論じた『火山誌』は、まだないと言ってよい。

　筆者は新しい噴火活動の起こった場所には、先駆植生が分布することに注目し、植生から噴火の歴史を編むことを考えた。その対象となったのは、1979年の噴火まで2万年間噴火がなかったとされ、死火山の代表とされてきた御嶽である（図1-1）。

1. はじめに

　御嶽（3,067 m）は堂々たる風采の複合火山である（図1-2）。古くから山岳信仰の対象となってきた名山で、今でも夏には白装束の人々が行き交うこともある。登山者には大変人気のある山だが、残念なことに、2014年9月27日11時53分、山頂のすぐそばで噴火が起こり、60名を超える方が亡く

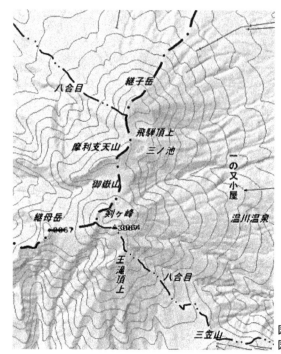

図 1-1　御嶽山頂部の地形図（地理院地図, 2018）

なるという大きな事故が発生した。紅葉の時期で土曜日、天気は快晴という、登山には最適の日だったが、それが災いして遭難者が増えてしまった。噴火がせめて昼時から1時間でもずれていてくれれば、と悔やまれるが、自然現象だけに手の打ちようがない。亡くなられた方々のご冥福をお祈りしたい。

2. 長い休止期の後の大爆発

　御嶽火山の歴史は75万年ほど前に遡る。この火山活動は42万年前まで続き、現在の御嶽火山の原形に当たる巨大な火山体を形成した。しかしその後、なぜか30万年も続く長い眠りに入る。

　眠りが中断するのは、10万年前。御嶽は突然、大爆発を起こして、大量の軽石を噴出し、火砕流を発生させた。それによって山体の上部は陥没し、直径約5 kmのカルデラが生じた。この爆発の際、舞い上がった軽石は遠く房総半島にまで達し、御嶽第一軽石層（PmI）の名で知られている。

8万年前、カルデラを埋めるように新しい火山が成長し始めたが、5万前には再び山体が崩壊して大規模な岩屑雪崩が起こり、木曽川泥流となって木曽川沿いに流れ下って堆積した。4万2,000年前には、剣ヶ峰から摩利支天山を経て継子岳に至る、摩利支天火山が活動を始める。現在の山頂部の峰々はこの活動によってできたものである。一ノ池、二ノ池などは噴火口で、最も新しい三ノ池は2万年前に生まれている（図1-1）。主な火山活動はこれで終了し、御嶽はおとなしくなったが、1979年、突然爆発して私たちを驚かせた。

　この噴火は2万年ぶりといわれ、死火山の定義の見直しにつながったという記念碑的なものである。しかし筆者は1984年に御嶽直下で起こった地震の後、何回か登山して植生を観察し、先駆植生やさまざまな遷移段階にある植物群落の分布から、小規模なマグマ噴火や水蒸気爆発が何回も起こっていたであろうと推定した。その後、火山学者による調査で、ここ1万年の間にマグマ噴火が4回、水蒸気爆発は数百年に1回程度は起こっていたということが明らかにされた。これは筆者の推定した噴火に対応している可能性がある。火山学者の小林武彦氏の調査でも、御嶽では6,000年前以降、少なくとも4回の水蒸気爆発が起こっているという。

3．噴火の歴史と植生分布

　筆者は植生のタイプから火山活動の存在を推定したが、噴火年代については、筆者がこれまで観察したことのある浅間山、北海道駒ヶ岳、岩手山、吾妻山、富士山、霧島山などの先駆植生を参考に推定したもので、おおよその値でしかないことをご理解いただきたい。

　なお主に紹介するのは、田ノ原からの王滝登山道沿いと、山頂を越えて三ノ池までである。岐阜県側からは、1979年の噴火前に登っているが、まだ駆け出しだったこともあって植生についてはよく観察していない。ただ2017年の7月に濁河温泉から登り、飛騨側頂上付近の植生を観察したので、その結果を末尾で述べる。以下、田ノ原からの登山道に沿って記述する。

　（1）外輪山の残り・三笠山

　田ノ原のバス停の背後に三笠山という小さな高まりがある。この高まりはかつてのカルデラの縁に当たるピークで、カルデラ内部が大きく崩壊したた

図 1-2 パミスとイワツメクサ群落

めに外輪山の一部が点々と残ったものの一つである。三笠山にはオオシラビソを中心とする、密生した亜高山針葉樹林が成立しているが、田ノ原からの登りでは、平坦な鞍部にハイマツが現れ、それと混じってコメツガやオオシラビソが生育している。ところどころに湿原がある湿った場所で、一種の垂直分布帯の逆転が生じている。ハイマツとコメツガの混じった植生は、新期の火山活動の影響をうけて成立したもので、現在亜高山針葉樹林への遷移が進みつつある途中相だとみることができる。7合目辺りから田ノ原方面を見下ろすと、両者の違いは明らかな色調の違いとなって表れている。

(2) イワツメクサの群落と溶岩上に成立したハイマツ群落

森林限界の手前で登山道は小さい沢を渡るが、その辺りには灰色ないし黄褐色の粒の細かいパミス（軽石）や岩片が堆積しており、そこにイワツメクサがパラパラと生育している（図1-2）。他の植物がほとんどないことから考えて、100年以内に小さな水蒸気爆発があった可能性が高い。小さな爆発なので、おそらく記録されなかったのであろう。

七合目の手前で森林限界を抜け、四徳明神という祠のある緩傾斜地に出る。金剛童子の祠もある。岩の塊がゴロゴロ転がったり、溶岩が流れたそのままの姿を留めたりしていて（図1-3）、植被が乏しいことから考えると、数百年〜千年程度前に溶岩の流出があったと推定できる。溶岩の年代の測定は地質学者にお任せするしかないが、溶岩流に焼かれた植物遺体などが発見できれば、^{14}Cによる年代測定が可能になる。

図 1-3 四徳明神付近の新しい溶岩

　四徳明神の上から表層地質は溶岩に変化し、それに伴ってハイマツが卓越するようになった。森林限界は 2,350 m 付近にあり、気候的に推定される高度より、400 m は低くなっている。溶岩がシラビソなどの亜高山針葉樹林の生育を妨げ、その分、森林限界を引き下げているわけである。この場合、ハイマツは先駆植生の役割を果たしている。森林限界の下方には、1984 年の地震によって生じた伝上谷の大きな崩壊がみえる。

　王滝頂上山荘がようやくみえる高度まで登ると、登山道近くでは山体を刻む浅い谷が目立ち始めた。谷筋では溶岩とスコリアの互層からなる断面が観察でき、谷の内部にはチングルマやコバイケイソウ、タカネスイバ、タカネヨモギなどからなる草本群落がみられる。ところどころに残雪もある。

　少し登ると「一口水」という水場に着く。ここでは谷筋の浸食が進んで、表面を覆う溶岩の下にあった、パミスと火山砂の互層が露出している。いわゆる火砕サージの堆積物らしい。この互層の一部が水を通さない層となっており、それが水場を成立させている。

(3) 火山礫地の草本群落

　九合目付近で右手に深い谷が迫ってくる。深さ数十 m はあり、対岸の崖には溶岩の層が何枚もみえる。登山道沿いの植物もこの辺りから一変し、オンタデやイワツメクサ、コメススキなどが優勢になってきた (図1-4)。地表はそれまでの溶岩から人頭大ないし直径数十 cm の礫がごろごろする場所に変わった。これは王滝頂上付近で起こった水蒸気爆発によってもたらされた火山礫であろう。土地条件が変わったために、植物群落も一気に変化した

図 1-4　オンタデとイワツメクサの群落

のである。いずれも礫地に生育する先駆植物ばかりで、噴火の年代は 2、3 百年以内だと推定する。

　王滝頂上に立つと正面に御嶽の最高峰・剣ヶ峰がみえる（図 1-5）。標高差にして 130 m あまり。手前にはなだらかな火山砂礫の斜面が広がり、植被はごくわずかしかみえない。左手に眼をやると、白い噴煙が立ち上っているのがみえる。ここは地獄谷の源頭に当たり、噴煙は 1979 年の噴火以来、続いているらしい。周囲は噴気や火山灰の影響を受け、一部ではコメススキの小さな株が生育しつつあるものの、広い範囲にわたってほぼ無植生になっている。2014 年の噴火も 1979 年の噴火口にごく近い場所で発生したようである。噴火以後、筆者はまだ現地を見ていないが、厚い火山灰の堆積物により、無植生になったことは間違いない。

（4）八丁ダルミ付近の先駆植物からなる群落

　王滝頂上からわずかに下った八丁ダルミ付近では、植物は乏しく、噴煙や火山灰の影響を受けにくい東側の谷の内部でようやく増加するが、そのほとんどがオンタデで、わずかにコメススキを交えるだけである。しかし噴気孔から離れるほど、植被は密となり、草地からハイマツ群落へと移り変わる。ここも 2014 年噴火の降灰で無植生になったことだろう。

　このオンタデやコメススキからなる群落は、1979 年の噴火の影響を受けなかった礫地にも分布しており、その礫は数百年前に起こった、1979 年や 2014 年の噴火より規模の大きい噴火でもたらされた可能性が高い。この噴火の際は、王滝頂上の南側斜面を含む周囲数百 m の範囲に火山礫が落下し、

図 1–5　最高峰・剣ヶ峰

八丁ダルミ付近では、ようやくオンタデやコメススキからなる先駆的な群落が成立した。なお王滝頂上山荘の南側斜面に広がる群落は、同じ時期に落下した火山礫の上に成立したもので、風背側であるために、遷移がやや進んだ段階にあると考えられる。

(5) 5 つの火口

剣ヶ峰の山頂からは、眼下に一ノ池、二ノ池の火口が見下ろすことができる。またその先には平坦なサイノ河原とその背後にそびえる摩利支天山の壁がみえる（図 1–6）。遠くには乗鞍岳や北アルプスの山波が連なり、素晴らしい景色である。

一ノ池には 1979 年の噴火以前、みごとな構造土があり、小林国夫（1958）による詳細な報告がある。筆者もかつて観察して驚いた記憶があるが、残念ながら 1979 年の噴火に伴う火山灰で埋められ、みられなくなってしまった。

剣ヶ峰から二ノ池に下る登山道は途中、稜線の東側を通り、そこには溶岩と赤く風化した火山泥流堆積物の互層が露出している。植物は乏しく、イワスゲのかたまりが点在しているだけである。

(6) 二ノ池への下りの植物群落

二ノ池に近づくと、直径数十 cm の岩がごろごろする砂礫斜面に変わり、下るにつれて植被も少しずつ増えてくる。強風地にはイワスゲやガンコウラン、クロマメノキ、ミヤマクロスゲ、ミヤマダイコンソウなどが分布している。逆にそれまで優勢であったオンタデやコメススキは大きく減少し、姿を消したところも少なくない。先駆植物が少ないことから考えると、この辺り

図1-6 手前が二ノ池火口、後ろの尾根が摩利支天山、その手前の平がサイノ河原、中央は二ノ池小屋

は王滝頂上の南側斜面を中心に火山礫を降らせた、数百年前の噴火の影響を受けなかったのであろう。つまりこの辺りは一世代前の火山礫地ということになる。おそらく 1,000 年以上、経過しているだろう。残雪跡地にはアオノツガザクラやチングルマ、ガンコウラン、コメススキなどからなる群落が成立している。

　二ノ池の湖畔に着く。池は半分以上土砂に埋まっているが、西側には青い湖面を残している。山側には残雪が広く残っている。地形からみると、二ノ池は実は 2 つの火口からなるようにみえる。真ん中に低いけれども植被がついた明瞭な高まりがあり、両者を分けている。湖が残っているのが西側の火口である。すでに埋まってしまったが、植物に乏しく、泥質の堆積物で覆われた、円形の平坦地が東側の火口であろう。この平坦地では不明瞭ながら構造土が観察できる。また山側からは小さな土砂の押し出しがいくつも生じている。

（7）二ノ池下方の斜面のハイマツ群落

　二ノ池湖畔の山小屋の横を通ってサイノ河原に下る。途中はなだらかな斜面になっていて、イワスゲやイワツメクサ、ガンコウランなどからなる群落が、岩塊の点在する砂礫地に分布し、ところどころにソリフラクションローブ（移動する砂礫が篩分けを受けてつくり出す舌状の地形）がみられる。この群落も、数百年前の噴火ではなく、それより一世代前の噴火の影響を受けて成立した遷移途上の群落のようである。ローブの上は基本的に無植生だが、縁の部分にはイワツメクサが生育していることが多い。

第1章　遷移途中の火山植生から推定した御嶽の噴火活動　271

図1-7　二ノ池下方の植生。手前はサイノ河原、中央の山小屋は二ノ池新館

　ところが二ノ池新館辺りを境に植生は急に変化する。ハイマツ低木林が広く分布するようになり、ミヤマハンノキやミネヤナギといった低木も現れる。そして強風でハイマツが生育できない部分にのみ、ガンコウラン、クロマメノキ、コケモモ、イワスゲ、ミヤマダイコンソウ、チシマギキョウ等からなる風衝矮低木群落が現れる。このように、ここには極相に近い高山植物群落が成立しているが、これはこの場所が二ノ池と三ノ池の中間に位置し、噴火の影響が最も少なかったためであろう。

　なぜかわからないが、ここでは植被全体が階段状になっている（図1-7）。もしかしたら、ハイマツの下に階段状構造土が埋もれているのかもしれない。

（8）摩利支天山とサイノ河原の植生分布

　斜面の対岸には、サイノ河原をはさんで摩利支天山の急斜面がみえる。最上部には溶岩が載っているが、その下方は雪の吹き溜まる斜面になっていて植被は乏しく、一部には残雪がある（図1-6）。そのさらに下方は岩塊斜面ないし崖錐状の緩斜面となっていて、そこにはハイマツ群落とガンコウランやクロマメノキ、ミヤマダイコンソウなどからなる矮低木群落が卓越している。

　ところがその下の平坦地、つまりサイノ河原になると、植被は突然、減少する。ハイマツのかたまりは点在するものの、高山植物が疎らに生えた礫地や砂礫地が優勢になり、全体として白っぽく変化する。サイノ河原ではいわば、垂直分布帯の逆転が生じているわけである。なぜこのようなことが起こったのだろうか。

図 1-8　コマクサの生育する砂礫地

　筆者は、逆転をもたらした原因はここの局地気候だろうと推定している。
　1 つは冬の風である。サイノ河原は摩利支天山と二ノ池から流れた溶岩の高まりにはさまれた、東西に延びる平底の谷間となっており、冬はそこを西からの季節風が吹き抜ける。この風はおそらく猛烈なものであり、サイノ河原の西半分ではこの風のために、冬ほとんど雪がつかないはずである。植物は強風と低温、さらに土壌の凍結にさらされるから、ハイマツは生育できず、生育できる植物は丈の低いごく限られた種類になってしまう。実際にサイノ河原では、風食による植被の剥離現象が、至るところで観察でき、ここが強風地であることを裏づけている。
　もう 1 つの原因は冷気湖の形成である。サイノ河原では常に風が吹いているわけではなく、まったく無風の日もある。5、6 月頃や秋口に無風の日が生じると、サイノ河原の底には放射冷却によって生じた冷気がたまり、著しい低温になる。サイノ河原の東半部には、散乱する火山岩塊の間を埋めるように、ガンコウランやクロマメノキ、ミヤマクロスゲなどからなる群落が分布しているが、これは冷気の集積に適応した群落であろう。
　ところでサイノ河原の東部には、植被が土饅頭のような高まりをつくり、その間を砂礫が充填するという、不思議な現象が観察できる。土饅頭状の植被は、岩塊や礫を植物が覆うことによってできているようだが、砂礫地が無植生のまま維持されているのは、土壌の凍結融解に伴う表土の擾乱が原因で、それをもたらしたのは冷気湖の形成であろう。砂礫地に落ちた種子は仮に発芽しても、秋に表土が擾乱されるため、結局、生き延びることはできない。

第1章　遷移途中の火山植生から推定した御嶽の噴火活動　273

図 1-9　五ノ池小屋（右手前）から継子岳へ続く稜線とコマクサの分布する砂礫地（手前、薄い灰色の部分）

そのために砂礫地は無植生のまま保たれるのである。

(9) サイノ河原のコマクサ群落

サイノ河原の北側には、摩利支天山がそびえるが、その東にはそこから延びる比高 30 m ほどの尾根が続いている。その尾根に登るなだらかな斜面上の砂礫地で、コマクサが咲いているのをみることができた（図 1-8）。株数は少ないが、何カ所かでみることができる。

コマクサの咲いている砂礫地では、直径 2〜3 cm から 10 cm 程度のよく発泡した薄茶色のスコリアが表面を覆っていて、これまでの灰色をした安山岩の岩塊や大きな礫が表面を覆う場所とは明らかに異なっている。スコリアからなる砂礫地の分布は、サイノ河原の北東部のごく一部に限られ、このことから考えると、火山地形の全体の配置が決まった後、摩利支天山から延びる尾根の上で小さな爆発があり、周囲にスコリアをまき散らしたということのようである。この砂礫地にはコマクサのほか、オンタデが広く分布し、地面が不安定であることを示している。

4. 飛騨側頂上付近のコマクサ群落

飛騨側頂上には五ノ池小屋があり、その背後に山頂の祠が立っている。祠から北にある継子岳の山頂に向けて非対称の南北稜線が延びており、稜線沿いの西側斜面の一部がコマクサの生育する砂礫地になっている（図 1-9）。砂礫地のコマクサの個体数は多いが、分布域の面積はそう広くはなく、祠か

ら北に200mほど延びる稜線と、濁河温泉から上がってきた登山道、それに砂礫地の北を限るハイマツ群落に挟まれた、三角形の範囲にほぼ限られる。写真では登山道の下方にも砂礫地が広がっているが、傾斜が30°を超えるとコマクサの分布はほとんどみられなくなる。

　稜線沿いの砂礫地では、祠の基部を基点として稜線沿いに歩いて20mくらいまでは径15〜20cmの安山岩の礫地で、径1〜2mの岩塊が点在する。マトリックス（充填物）に乏しく、ここではコマクサはみられない。イワツメクサの株が点在し、イワスゲ、ミヤマタネツケバナ、オンタデが生育している。植被率は15%。

　続く70m地点までは径15〜20cmの灰色の安山岩礫が卓越するが、マトリックスが増え、礫と砂礫の篩い分けがみられるようになる。イワツメクサ、イワスゲ、オンタデの株が分布し、植被率は3〜7%。傾斜30度ほどの斜面の下方の砂礫地では、コマクサがわずかにみられる。

　70〜90m地点では稜線沿いに赤い色の凝灰角礫岩が露出する。そこから供給された赤色の安山岩礫がマトリックスの多い砂礫斜面をつくり、ここからコマクサが目立ち始める。

　その先にはコマクサの保護地域だということを示す看板があり、そこから灰色の礫が混じる。稜線近くでは径20cmほどの大きい礫が多く、そこではイワスゲの株が点在するが、その下方では傾斜が増すとともに、礫は径5, 6cmと小ぶりになり、コマクサが急増する。2m四方に30数個体のコマクサを数えることができた。

　その先には長さ15mほどの見学用の通路が設置してあり、その手前の緩傾斜地には黒色の凝灰角礫岩礫が安定した礫地を形成している。ミヤマキンバイ、イワスゲ、ミヤマダイコンソウ、ミヤマウシノケグサ等が生育し、植被率は7%。斜面を10mほど下がると、傾斜が増加し、コマクサの群落がみえる。

　見学用の通路の先端部は展望台になっており、そこからはコマクサの大群落が観察できる。コマクサの生育地は径1, 2cmと5〜6cmの礫が卓越し、そこに25cmほどの礫が点在する砂礫地で、マトリックスに富む。傾斜18度で2m四方の枠内には40数株のコマクサが生育し、植被率は20%であった。その下方の急な砂礫地では植被率は25%に達した。

なお見学用の通路の北側は、径30 cmほどの大きい礫が砂礫の動きを抑え、イワスゲとイワツメクサの群落が生じている。コマクサは礫地の内部の砂礫地に点在しているが、数は少ない。

西向き斜面を全体としてみると、稜線に近い緩傾斜地では礫が大きく、そこにはイワツメクサやイワスゲの群落ができるが、その下方は傾斜が増し、表層の礫が流れて下の砂層や砂礫層が露出し、そこにコマクサの大群落が生じる。しかし濁河温泉に向かう登山道付近まで下がると、傾斜が急になりすぎて砂層も流され、コマクサの生育には不向きになるようである。

5. 飛騨側頂上付近のコマクサ分布地の形成要因

次にコマクサの生育する砂礫地がどのようにして形成されたのかを考察してみたい。見学用の通路を過ぎて進むと、斜面はすぐにハイマツに覆われ、全体がみごとなハイマツの海をつくる。ハイマツの下には溶岩が割れてできた径数十cm〜2 mくらいの岩塊が存在する。そしてその先には、継子岳の火口から流出した溶岩流が厚さ20 m近い崖をつくっているのがみえる。

図1-9をあらためてみていただきたい。写真中央を走るのが継子岳に向かう稜線で、右手に五ノ池小屋がみえる。小屋に近い砂礫地がコマクサの分布地で、その左手の緑の斜面が岩塊を覆うハイマツ低木林である。両者の背後の暗い部分が継子岳の火口・四ノ池で、今は水が抜けてしまったが、御嶽では最大の火口湖である。岩塊を覆うハイマツ低木林の先に高さ20 mくらいの崖がみえるが、これが継子岳の火口から流出した溶岩流そのもののつくる崖である。

稜線沿いの地形発達を考えると、最初にできたのは奥の溶岩流の覆われた斜面で、3〜4万年前のことである。その後、五ノ池小屋と溶岩の崖の間では2万年の最終氷期の極相期に溶岩が凍結破砕作用によって破砕され、斜面は移動した岩塊に覆われるようになった。そして1,000年か2,000年前以降、五ノ池小屋に近い尾根筋では、岩塊斜面を壊すように小さな火山活動がいくつも生じ、赤や黒の凝灰角礫岩が噴出した。この凝灰角礫岩が凍結破砕作用によって破砕され、できた礫が移動したため、礫地や砂礫地ができ、そこがコマクサの生育地になった。新期の火山活動が起こらず、破壊されなかった岩塊斜面が、見学用の通路の先のハイマツ低木林のある斜面である。

まとめ

　御嶽の最高峰・剣ヶ峰の山頂部一帯には高山植生がモザイク状に分布しているが、その中にはごく新しい時期に起こった噴火でできた裸地に復活した、先駆植生とみられるものも少なくない。イワツメクサやオンタデ、コメススキなどからなる群落がこれにあたる。これより遷移のすすんだ段階の群落もあるが、これも新しい火山活動の証拠となろう。

　飛騨側頂上の五ノ池小屋から継子岳に続く稜線の西側斜面の一部はコマクサの生育地となっているが、こちらも新しい噴火で噴出した赤や黒の凝灰角礫岩が凍結破砕作用で砕かれて礫地や砂礫地をつくったもので、このうち砂礫地にコマクサが分布し、礫地にはイワツメクサやオンタデの群落が生じている。継子岳の溶岩からなる斜面や、溶岩が壊れてできた岩塊斜面はもっぱらハイマツ群落に覆われ、他に例をみないような「ハイマツの海」を形成している。

　筆者が先駆植生の分布から指摘した新しい噴火の痕跡と、火山学者の調査とのすり合わせは今後の課題となるが、実現すれば興味深い結果が得られるのではないかと期待している。

第2章　磐梯山爆発カルデラ内の植生分布

研究のきっかけ

　火山植生の調査を続けるうちに、磐梯山が次の調査対象として浮上してきた。この山は 1888 年に大規模な山体崩壊を起こし、その後に、崩壊カルデラを残している。その内部ではその後、植生が復活してきたが、現地で観察すると、一部には直径 50 cm、高さ 20 数 m に達するアカマツの大木が育っているのに、一部には高さ 20 cm のシラタマノキが広く分布しており、その極端なアンバランスがなぜ生じたのか疑問に思えた。そこで当時、東京学芸大学の大学院に進学したばかりの仲尾剛君（現在、新潟明訓高校教諭）に修士論文のテーマとしてこの問題を調査してもらうことにした。仲尾君は期待に応え、いい論文をまとめてくれた。本稿は彼の修士論文を短縮し、一部加筆したものである。

はじめに

　1888 年 7 月 15 日、福島県の磐梯山では水蒸気爆発が起き、山体の北側が大きく崩壊して直径 2 km を超える爆発カルデラが形成された（図 2-1、2-2）。この時発生した岩屑雪崩により、山麓の裏磐梯には土砂や岩塊が堆積した広大な荒れ地ができ、その分布面積は 3.5 km^2、岩屑の体積は 1.5 km^3 に達した（下鶴, 1988）。荒れ地には膨大な数の流れ山ができ、桧原湖をはじめとする湖沼群も生じた。
　噴火から 130 年たった現在、裏磐梯の高原は広く森に覆われ、植生の回復が進んでいる。植物の侵入は土砂の供給源となった爆発カルデラ内においても進み、全域がほぼ緑になった。しかし植物群落の分布状況は一様ではなく、場所により極端な違いがある。一部には遷移が進み、高さ 30 m 近いアカマツの高木林となった地域がある。アカマツの低木や亜高木が優占するところもあり、ダケカンバ林やカラマツ林になっているところもある。しかし遷移の遅れた荒原も広い面積にわたって残っており、特にシラタマノキ群落（図 2-3）とミヤマハンノキ低木林は大きな広がりをもって分布する。
　裏磐梯の植生に関する従来の研究には、地形と表層地質に注目した研究が

図 2-1 磐梯山の崩壊カルデラ
(荒牧ほか編, 1989)
馬蹄形の部分が崩れ落ちた
灰色のなだらかな底面が調査地域

図 2-2 銅沼(あか)から見上げたカルデラ壁

図 2-3 シラタマノキ群落

目立つ。吉井義次（1939）は、1888年の崩壊により、丘陵、渓谷、断崖、池沼、段丘などのさまざまな地形が生じ、そのことにより多様な植物群落が発達したと述べている。また火山爆発後に樹林が再生した地域の中で、裏磐梯の植生回復が特に速いことを指摘し、その理由として、溶岩の流出がなかったことを挙げている。

広木詔三（1976・1979）は、1888年の大崩壊の後、1938年や1954年にも崩壊が発生しており、その土砂が堆積したところは無植生の荒れ地やコメススキの優占する荒原となっていて、後者の一部にはアカマツやダケカンバ、ウダイカンバの稚樹が侵入しつつあると報告している。

しかし、上記の研究では、植生や、地形、表層地質の具体的な分布が示されておらず、実際の植生と地形、表層地質の対応は明確になっていない。また、広木が指摘した二次泥流の発生以降も、崩壊壁からは土石が頻繁に供給され（町田・渡部, 1988）、カルデラ内の地形や表層地質の分布に変化が生じている。しかしそれと植生との関連も調べられていない。

以上のことを踏まえ、本研究では、磐梯山爆発カルデラ内の多様な植生の成因について、地生態学的視点から検討することを目的とした。特に、これまで広木以外にはほとんど注意されたことがない、崩壊壁からの土石の供給と植生分布との関連に焦点を当てることにしたい。また広木の研究からすでに40年近い歳月が経つため、その間の植生変化も顕著であり、この変化を把握することも興味深い。本研究の調査地域は、磐梯山爆発カルデラ内の底面を中心とする一帯である（図2-4）。底面の標高は1,100～1,200 mで、南側は崩壊壁に取り囲まれ、北側は開けてスキー場になっている。

調査地域について

(1) 磐梯山の位置と火山活動史

磐梯山は福島県会津盆地の北東縁にある成層火山である。山頂部は赤埴山(あかはに)（1,427 m）、大磐梯山（1,818.6 m）、櫛ヶ峰（1,636 m）の諸峰からなり、これらが沼の平旧火口を囲むように位置している。

磐梯山の活動期は、先磐梯期、古磐梯期、新磐梯期の活動期の3つに区分される（中央防災会議災害教訓の継承に関する専門調査会, 2005）。先磐梯期は約90万年～50万年前、古磐梯期は約50万年～8万年前で、櫛ヶ峰や

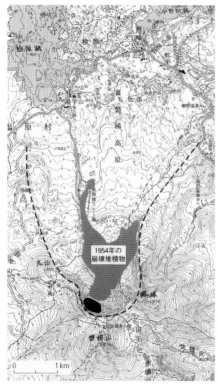

図 2-4 調査地域(中尾, 2011)
波線は 1888 年の崩壊カルデラの縁を示す。黒く塗ったところは 1954 年に崩壊した場所、灰色はその時の岩屑が堆積した範囲を示す

赤埴山は古磐梯期に形成された。8 万前から現在までが新磐梯期で、この時期に大磐梯山や、1888 年の崩壊で失われた小磐梯山が形成された(三村, 1988、守屋, 1988、千葉・木村, 2001 など)。山体は輝石安山岩質の溶岩と火砕岩から構成されている。約 2.5 万年前以降は水蒸気爆発のみで、有史時代以降、活動の記録がいくつかあるが、いずれも簡単な記載のみで、詳細は不明である。

(2) 1888 年噴火とそれに伴う地形の変化

1888 年、磐梯山で水蒸気爆発が発生し、磐梯山山頂部の一角を構成していた小磐梯山が崩壊し、北に開いた爆発カルデラが形成された。この時生じた崩壊壁は比高 500 m に達し、半円形の切り立った崖となって爆発カルデラを取り囲んでいる。小磐梯山の崩壊した山体は、岩屑雪崩となって流下し

図 2-5　崖錐と落下してきた転石
写真左側下部の森はカラマツ高木林

て山麓の裏磐梯地域を埋め、そこには流れ山が多数生じた。また、岩屑流の堆積物は長瀬川水系をせき止め、桧原湖や小野川湖をはじめとする多数の湖沼を形成した。当時の北麓には集落が点在していたため、甚大な被害が生じた。犠牲者数は推定で 477 名に達する。

(3) 1888 年噴火後の爆発カルデラ内の地形変化

爆発カルデラの形成後も、崩壊壁からカルデラ内への土石の供給が慢性的に行われてきた。崩壊壁直下には、顕著な崖錐がみられ、崖錐の麓やそれに続く平坦地には壁から転落してきた巨大な岩塊が散在している（図 2-5）。また、崩壊壁には何本か沢ができており、その下方には豪雨時に土砂が堆積してできた扇状地が確認できる。

一方、こうした慢性的な岩屑供給とは別に、崩壊壁の一角が大きく崩れ落ちる、「山崩れ」が生じることもある。1954 年発生の山崩れは特に大規模であり、カルデラ底面のほとんどの範囲を覆った（佐藤ほか, 1956、町田・渡部, 1988）。

(4) 植生分布の概況

馬場ほか（1988）によると、1888 年の崩壊によって植被が壊滅した裏磐梯には、明治末から大正初めに植林が行われた。植林された樹種は主にアカマツであった。植林の正確な範囲は明らかになっていないが、桧原湖南東にある柳沼北部および桧原湖南西の京ヶ森地区など山麓部で行われたと伝えられており、標高の高い本研究の調査地域で植林が行われた可能性は低い。中の湯や八方台など磐梯山西側の斜面は、1888 年の崩壊から免れたために、

自然植生がみられ、八方台付近から上は標高約 1,400 m までブナ林となっている。頂上に近い 1,800 m あたりからは高山帯に出現する植物がいくつかみられ、偽高山帯が成立している。

調査方法

（1）地形

調査地域の地形の分布と変化を把握するために地形分類図を作成した。図は 1976 年と 2000 年に撮影された国土地理院の空中写真を判読したものを現地調査によって訂正し、その結果を 1 万分 1 火山基本図「磐梯山」（以下、基本図と略称）上に示した。

（2）表層地質

調査地域の表層地質と地形、植生との対応をみるため、表層地質図を作成した。地形分類と同様に、空中写真の判読と現地調査を行い、結果を基本図に示した。ただし調査地域は磐梯朝日国立公園特別保護地区に含まれ、地表面掘削の許可を得ることができなかったため、地表で観察したり、登山道沿いに現れた堆積物断面を観察したりして、堆積の性質や粒径の違いによって表層地質を分類した。

（3）植生

調査地域の植生の分布を把握するため、空中写真の判読と現地調査により、相観植生図を作成した。植生の分類は、景観上、優占する種を抽出することによって行い、結果は基本図上に示した。

（4）植生断面

それぞれの相観植生の内部に長さ 50 m、幅 2 m のベルトを設定し、地形断面の測量を行うとともに表層地質および生育する植物の記載を行い、植生断面図を作成した。ベルトは地形の特徴が明確に現れる場所に設定した。

（5）アカマツの胸高直径・樹高・樹齢

アカマツはススキに次いで荒れ地に侵入する先駆種である。場所による遷移の開始時期の違いや、遷移の進行を考察するため、アカマツの生育状況や樹齢を調べた。対象は、相観によって区分したアカマツ高木林と、オシダ－アカマツ亜高木林、シラタマノキ－アカマツ低木疎林、カラマツ－アカマツ低木疎林である。各森林に、登山道に沿った長さ 200 m、幅 40 m のベルト

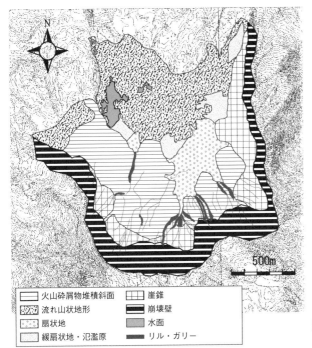

図 2-6　地形分類図
(中尾, 2011)

凡例：
- 火山砕屑物堆積斜面
- 流れ山状地形
- 扇状地
- 緩扇状地・氾濫原
- 崖錐
- 崩壊壁
- 水面
- リル・ガリー

を設定し、この範囲で樹齢が高いと推測されるアカマツ 20 個体を選び、胸高直径・樹高・樹齢を測定した。樹高はレーザー測量器を用いて測定した。樹齢は、磐梯山の国立公園事務所から生長錐を使用する許可が出なかったため、アカマツが一年ごとにつける輪生する枝（年枝）もしくは枝痕を数えて推定した。

調査結果

(1) 地形

最初に 1954 年の山崩れの堆積物の達した範囲を再確認して分布図を作成した（図 2-4）。次に調査地域内の地形を、火山砕屑物堆積斜面、流れ山状地形、扇状地、緩扇状地・氾濫原、崖錐、崩壊壁、リル・ガリーの 7 つに分類した。それぞれの分布を地形分類図（図 2-6）に示す。

火山砕屑物堆積斜面は、1888 年の崩壊および 1954 年の山崩れによっても

図 2-7　溶岩からなる急崖とその下の崖錐
奥の湖は桧原湖

たらされた火山砕屑物で構成される堆積斜面である。全体に緩傾斜で、地表面の起伏は小さいが、ところによっては流れ山が 3〜4 m 程度の高まりをつくる。

　流れ山状地形に分類した地域は、1888 年崩壊もしくは 1954 年の山崩れにより供給された火山砕屑物の堆積地域のうち、比高 1〜10 m 程度の小丘（流れ山）が多数形成されているところで、起伏が大きいのが特徴である。

　扇状地と緩扇状地・氾濫原は、崩壊壁や崖錐、火山砕屑物堆積斜面から、水流によって運搬された土石が堆積して形成された地形である。日本写真測量学会（1980）の定義に基づき、扇状地のうち表面傾斜 2°〜3°以下の部分を、緩扇状地・氾濫原とした。いずれも主として 1954 年の山崩れより後に形成された新しい地形で、頻繁な土砂の供給により、埋められた植物が多く確認できる。大雨の後には激しい濁流が生じるほか、土石流もしばしば観察され、土石流で生じた扇状地が次の豪雨で一部が削り取られ、そこを次の土石流が埋めるということを頻繁に繰り返しているようにみえる。その結果、扇状地は数十 cm の段差で何段かに分かれるようになった。また扇状地、緩扇状地・氾濫原には流路の跡があり、その深さは浅いもので 10 cm 未満、深いものは 1 m を超えている。

　崖錐は、溶岩や火山砕屑物のつくる急崖から生産された岩屑が落下し、その基部に堆積してつくった円錐状ないし角錐状の堆積地形である。調査地域の東側では急崖と崖錐の高さは併せて 150 m あまりに達し、水平方向の連続は、櫛ヶ峰から始まって長さ 1500 m 以上に達する（図 2-7）。

第 2 章　磐梯山爆発カルデラ内の植生分布　285

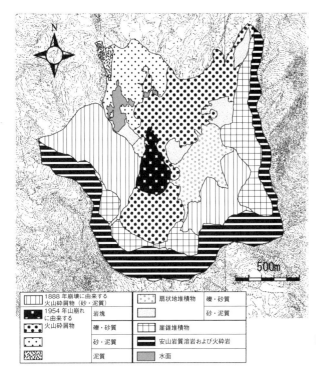

図 2-8　表層地質図
(中尾, 2011)

リルは降水の洗掘により生じた浅い溝であり、ガリーはそれが成長し、急傾斜の側壁をもった地形である。崩壊壁直下の堆積斜面に形成されている。

(2) 表層地質

調査地域の表層地質を 9 つに分類し、その分布を図 2-8 に示した。

1888 年崩壊に由来する巨礫混じりの砂質・泥質の火山砕屑物は、調査地域西側および南東側の崩壊壁下に分布する。これはよく締まった堆積物で水気に富み、水を通しにくい。ここの登山道を歩いていると、時々堆積面から突出した高さ 4～5 m もある大きな岩塊をみることがあるが、これは 1888 年の崩壊の際、崩壊した土石に乗って運ばれてきたものである。この火山砕屑物の堆積した平坦面は、その後、中央部が再崩壊したために、段丘化し、銅沼のある平坦面より 30 m 程度高くなっている。

1954 年の山崩れに由来する火山砕屑物は、粒径や砕屑物を構成する物質

図 2-9 巨大な安山岩岩塊の堆積

の種類により、いくつかに分かれる。まず大きな岩塊が累々と集積した火山砕屑物（図 2-9）は、調査地域中央にある低い丘をつくる。岩塊は灰色ないし黒色をした安山岩で、粒径は小さいもので 50 cm を超え、3～5 m に達する巨大なものも多数みられる。岩塊の間には隙間があり、全体としてマトリックスを欠く。

　1954 年山崩れに由来するもののうち、礫質・砂質の火山砕屑物は、調査地域の北東から南にかけて広く分布する。主に白色・黄色の半固結の乾燥した火山灰からなるが、内部に火砕岩を多量に含み、そのうち大きなものは 2 m に達する。1954 年山崩れに由来する砂質・泥質の火山砕屑物は、調査地域北側に分布する。1988 年の崩壊起源の砂質・泥質の火山砕屑物に似るが、これよりも湿り気がある。1954 年山崩れに由来する泥質の火山砕屑物は、調査地域北端の狭い範囲に分布する。粘土の層を挟み、透水性は低い。

　礫質・砂質の扇状地堆積物は、径 20～50 cm ほどの大きな礫からなり、土砂の供給源に近い上流側に分布する。一方、砂質・泥質の扇状地堆積物は、細粒の堆積物からなり、より下流側の緩傾斜地に分布する。

　崖錐堆積物は一般に上部ほど細かい礫が堆積し、斜面下方ほど礫径が大きくなる傾向が認められる。ここの場合も、全体としては細粒な堆積物が卓越し、崖錐上はほとんどが植被の乏しい礫地となっている。しかし上部の崖から粗粒な岩屑が供給される場合は、拳大、人頭大もしくはそれより大きい礫が集積して帯をつくり、そこに植被が定着している場合も少なくない。崖錐の最下部には岩塊が堆積している。径 1～2 m 程度のも多く、さらに転がっ

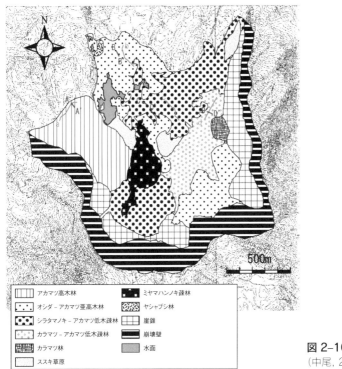

図 2-10　植生図
(中尾, 2011)

凡例:
- アカマツ高木林
- オシダ-アカマツ亜高木林
- シラタマノキ-アカマツ低木疎林
- カラマツ-アカマツ低木疎林
- カラマツ林
- ススキ草原
- ミヤマハンノキ疎林
- ヤシャブシ林
- 崖錐
- 崩壊壁
- 水面

て平地に達した岩塊の中には径5mに達するような大きいものもみられる。

　調査地域東側の崖錐では、崖錐の一部が西に向かって半円形に突き出ており、ここにはカラマツの高木林が成立している。上部の壁の溶岩が硬いせいか、大きい礫や岩塊のみが供給されて崖錐の表面を覆い、周囲の崖錐堆積物とは異なった様相を呈する。巨礫や岩塊が堆積した結果、後から落下した岩塊は崖錐の末端部を超えて転がり、緩傾斜の崖錐を形成したようにみえる。そこにカラマツが生育し、崖錐上にかけてもカラマツの低木が散在している。

　基盤が露出する崩壊壁は、厚い安山岩質溶岩と火砕岩、それに火山灰の固まった層からなる。

(3) 植生分布

　調査地域の植生を8つに分類した。植生の分布を図2-10に示す。
　アカマツ高木林は調査地域西側に広く分布する。高木層はアカマツからな

り、樹高20〜30m、胸高直径50cm前後の大木に成長したものが多い。亜高木層にはダケカンバ、低木層にはノリウツギ、ウラジロヨウラクが多くみられる。

オシダ－アカマツ亜高木林は調査地域北側に広く分布し、調査地域の中央付近および南東側の火山砕屑物堆積斜面にも分布している。構成種はアカマツを主とし、ダケカンバ、ヤシャブシを交えるが、アカマツの樹高は10〜20mと低い。低木層は少なく、ナナカマドやノリウツギ等をみるのみである。逆に、林床植生は広く地表を覆い、オシダ、コバノフユイチゴが密生している。

シラタマノキ－アカマツ低木疎林は調査地域北東から中央にかけて広く分布し、南側の火山砕屑物堆積斜面にも分布している。シラタマノキ群落の中に樹高5〜7m程度のアカマツの低木が点在し、ヤシャブシやハナヒリノキが伴う。林床植生ではシラタマノキが広く地表を覆うほか、ススキが目立つ。

カラマツ－アカマツ低木疎林は、扇状地と緩扇状地・氾濫原に成立する。先に述べたように、扇状地は豪雨の後に発生する水流による撹乱を受けやすいところで、新旧の森林がみられるが、扇状地の縁に近く、川から離れていて撹乱を受けにくい地域で樹高の高い森林が成立している。樹高7〜15mのアカマツ、カラマツ、ウダイカンバが多い。林床にはウダイカンバの稚樹やハナヒリノキ、ウラジロヨウラクが目立つ。撹乱を受けて数年程度とみられる場所には、高さ数十cmのアカマツやカラマツ、それにダケカンバの幼樹が多数生育している。

カラマツ林は、調査地域東側の崖錐の下部から縁にかけての狭い範囲と、緩扇状地・氾濫原に分布している。後者には高木から幼樹までのさまざまな樹齢の群落が生じている。

ススキ草原は、調査地域中央付近や北東の端、銅沼上流部などに狭い範囲で分布している。

ミヤマハンノキ疎林は、調査地域中央部の安山岩の岩塊上に分布する。樹高1〜2mほどのミヤマハンノキが多く、斜面上部で個体数が増える。

ヤシャブシ林は、調査地域北端にきわめて狭い範囲で分布している。

崖錐および崩壊壁は急傾斜で、落石の危険もあり、植生の調査はできなかった。どちらも点々と植物は分布しているが、全体として植物は乏しい。

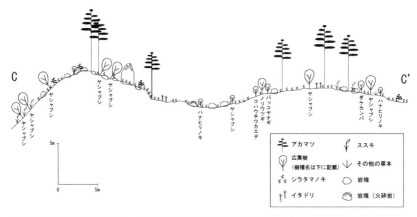

図 2-11　シラタマノキ－アカマツ低木疎林の地形―植生断面（中尾, 2011）

(4) 植生断面

植生断面図はアカマツ高木林、オシダ－アカマツ亜高木林、シラタマノキ－アカマツ低木疎林、カラマツ－アカマツ疎林のそれぞれについて作成したが、ここではシラタマノキ－アカマツ低木疎林の場合のみを示す（図 2-11）。起伏は流れ山がつくったもので、高まりの上にアカマツの低木とヤシャブシが点在しているが、それ以外の場所ではシラタマノキ群落が優占している。

いずれの植生断面でも土石に乗って運ばれてきた径 1 m 程の岩塊がみられ、小丘の間の谷部と斜面下部に比較的多く存在する。シラタマノキ－アカマツ低木疎林では、1 m を超える岩塊が各地で観察できる。

地形断面の形状と植物の分布の対応をみると、アカマツ高木林、オシダ－アカマツ亜高木林、カラマツ－アカマツ低木疎林に共通して、アカマツは地形が高まりとなる場所に多く分布している。一方、ダケカンバは、アカマツ高木林、オシダ－アカマツ亜高木林において谷部や斜面下部に比較的多く分布している。

(5) アカマツの胸高直径・樹高・樹齢

図 2-12 に 4 つの森林におけるアカマツの樹齢と樹高の関係を示す。

それぞれ森林における樹高の最大値は、30.3 m、23.5 m、10.1 m、13.0 m、平均値は 21.8 m、15.1 m、7.4 m、9.7 m であった。アカマツ高木林は 18 m くらいから 30 m 強と高い木が多い。一方、オシダ－アカマツ亜高木林は 10

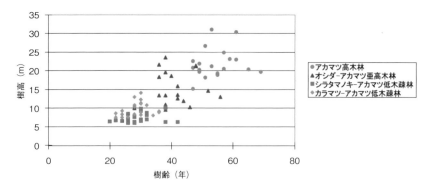

図 2-12　4 つの森林におけるアカマツの樹齢と樹高の関係（中尾, 2011）

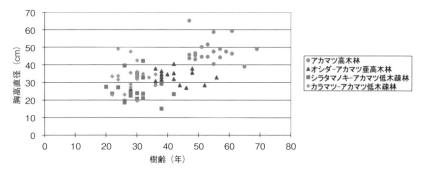

図 2-13　4 つの森林におけるアカマツの樹齢と胸高直径の関係（中尾, 2011）

〜23 m 程度、シラタマノキ－アカマツ低木疎林は 7〜10 m と低く、カラマツ－アカマツ低木疎林は 7〜15 m 程度である。

次にアカマツの樹齢と胸高直径の関係を示す（図 2-13）。

アカマツ高木林、オシダ－アカマツ亜高木林、シラタマノキ－アカマツ低木疎林、カラマツ－アカマツ低木疎林のそれぞれにおける胸高直径の最大値は、順に 65.1 cm、40.6 cm、42.2 cm、49.0 cm、平均値は、48.1 cm、32.6 cm、26.4 cm、33.0 cm であった。アカマツ高木林では幹は 40〜60 cm と太いが、オシダ－アカマツ亜高木林では樹高は高いが幹は細く、25〜40 cm の範囲にほぼ収まる。シラタマノキ－アカマツ低木疎林の場合は 20 cm 台に中心があり、カラマツ－アカマツ低木疎林では樹齢は低いが、幹は太く、30 cm 台の木が多い。

アカマツの樹齢は図2-13から読み取ることができる。森林ごとの最大値は、69年、56年、42年、36年、平均値は、54.5年、41.2年、29.7年、28.6年であった。アカマツ高木林は50年代、60年代に中心があり、オシダーアカマツ亜高木林は30年代後半から40年代に中心がある。残りの2つの森林は20年代から30年代前半に中心がある。

考察

植生図に表示した9つの森林ないし群落の分布をみると、すでに述べてきたように、地形や表層地質と非常によく対応している。しかしそれには現在の環境だけではなく、2度にわたった崩壊に大きく関わっていることが明らかである。そこで、時系列にしたがって本地域の森林や植物群落の生い立ちを再構成してみたい。

1. 1888年に発生した山体崩壊により、裏磐梯の植生は破壊され、広大な裸地（荒れ地）が形成された。その後、桧原湖周辺ではアカマツの植林が行われたが、そこから標高の高い地域に向かっては自然生のアカマツの侵入が進み、爆発カルデラ内部にまで分布するようになった。現在、カルデラ内に分布する大木揃いのアカマツ高木林は、それらが大きな攪乱を受けることなく現在まで存続したものであろう。

ただ本研究で得られた、アカマツ高木林の樹齢最高値69年という結果は、いささか小さいので、以下、これについて検討する。崩壊は130年前だが、樹齢の最高値を69年とすると、アカマツの侵入まで59年かかったことになる。これは大きすぎる数字である。吉井（1939）は、1888年の崩壊からおよそ50年経った時点で、崩壊土砂の堆積域にススキが先駆植物として侵入し、その後、ススキ草原にアカマツが生育し始めていることを観察している。石黒（1935）も、1888年の崩壊土砂の堆積域において、アカマツの侵入が他の樹種と比較して早いことを指摘している。このことから考えると、69年という樹齢の推定値には問題があると思われる。年枝を用いた樹齢の推定法では、30mもある高い木ではやはり限界があり、10年程度過少に見積もった可能性が高い。真の最高樹齢はおそらく80年程度に達しており、それなら吉井（1939）の記載に符合する。

調査地域南側の櫛ヶ峰付近の崩壊壁下に分布するオシダーアカマツ亜高

木林も、1888年の山体崩壊後に成立した可能性が高い。最高樹齢はアカマツ高木林に次ぎ、56年と高くなっている。樹齢が高いのに樹高が低くなっているのは、傾斜が急で立地が不安定なことと、斜面のため、強風にさらされることが原因として考えられる。

2. 爆発カルデラ形成後、1954年にも大規模な山崩れが発生した。ただこの山崩れでは、火山活動を伴わず、豪雨も発生しなかったので、崩落した岩屑は供給源となった場所の地質を保ちながら堆積し、混じりあうことがなかった。その結果、堆積した岩屑には場所により大きな差が生じ、それが植生の分布に大きな違いをもたらすことになった。

たとえば、厚い安山岩溶岩の層から供給されたと考えられる、粗大な岩塊からなる調査地域中央の丘の上にはミヤマハンノキ疎林が成立した。

山体が火砕岩によって構成されていた部分に由来する、礫・砂質の火山砕屑物が分布するところでは、大小の流れ山ができ、そこの乾燥した土地に、シラタマノキ–アカマツ低木疎林が成立した。ここでは火山灰起源の白色・黄色の岩屑が目立ち、他の地域ではみられない火砕岩も確認できる。1954年の山崩れは1カ月以上にわたって間隔をおいて繰り返されたという報告もあり（佐藤ほか，1956）。カルデラ壁の崩壊部は幅約500 m、高さ約400 mにまたがるから、繰り返された崩壊の度ごとに、運搬される物質の種類や到達距離に違いがあったと考えられる。ここには現在シラタマノキ–アカマツ低木疎林が成立しているが、アカマツはほとんどが30年ほど前から生育を始めたもので、それ以前はシラタマノキ群落が優占していた。広木（1976・1978・1979）が調査した40年前は、崩落が発生して20年程度しか経っていないから、それこそコメススキやススキが点在する荒れ地だった。ここは乾燥する上、貧栄養で、他の群落の立地に比べて生育環境は厳しく、それがアカマツの侵入を制限していたと考える。

3. 銅沼の北方に分布するオシダ–アカマツ亜高木林とヤシャブシ林の成立環境はやや特殊である。この2つの森林の成立した場所は、山崩れで崩落してきた岩片や土砂が銅沼の泥や泥水と混じり、銅沼より北で、泥を多量に含む土石流に変化したとみられる。このことはすでに佐藤ほか（1956）が指摘しているが、彼らによると、銅沼はかつて燕岩（爆発カルデラ崩壊壁の北東端）の崖下付近まで広がっていたが、1954年の山崩れにより広

図 2-14 アカマツとカラマツのすみ分け
アカマツは大きい礫の堆積した微高地に生育し、カラマツは細かい礫や砂が堆積した場所に生育している

い範囲が土砂で埋没し、現在の面積になったという。このように崩落した土砂が銅沼の泥水と混じりあったことが、銅沼の北側で火山砕屑物に泥が多く混入する原因になったと考えられる。銅沼の泥の混入した砂・泥質の火山砕屑物と、泥質の火山砕屑物は水分を多く含み、それぞれにオシダ－アカマツ亜高木林、ヤシャブシ林が成立した。オシダもヤシャブシも水気の多い環境を好む植物であり、そこにアカマツが侵入したのがオシダ－アカマツ亜高木林、水気が多すぎてアカマツが侵入できなかったのがヤシャブシ林であろう。

4. 崖錐上や火山砕屑物が堆積した扇状地上では、切り立った崩壊壁や斜面上部からの土石の供給が盛んに行われている。爆発カルデラ東側の崖下には扇状地・氾濫原が発達し、1954年山崩れに由来する火山砕屑物を覆ったり、削ったりしている。扇状地堆積物が礫質・砂質の地域にはカラマツ－アカマツ低木疎林、砂質・泥質の地域にはススキ草原が主に成立している。ただしカラマツ－アカマツ低木疎林も詳しくみると、人頭大以上の大きな礫の堆積した部分にアカマツ、拳大程度の礫から砂質の部分にカラマツが生育しているのがわかる（図 2-14）。両者の移行帯にはアカマツもカラマツも分布する。

　すみ分けの原因として、アカマツは砂質の土地を好まないが、カラマツは環境に対する適応の幅が広いので、生育可能だということがいえよう。

　なおカラマツ－アカマツ低木疎林の成立する扇状地や緩扇状地・氾濫原では、水流による攪乱が頻繁に生じている。豪雨のあとは水流の勢いも強

く、礫が衝突したりしてアカマツの幹や枝に損傷を与えると考えられる。カラマツ－アカマツ低木疎林では、他の植生にみられない複雑に幹が分かれるアカマツが分布しているが、これは損傷したアカマツが再生した個体だと考えられる。

5. 崩壊壁はほぼ無植生であり、崖錐には、帯状に植物の侵入がみられるが、全体として植物の乏しい荒れ地が優占している。しかし、調査地域東側の西に突き出ている崖錐末端の緩傾斜地にはカラマツ林が成立している。ここは径 2～3 m もあるような巨大な岩塊が堆積しており、カラマツはその隙間に生育し、高さ 20 m を超す大木もみられる。カラマツがなぜこのような場所に生育できるのか、よくわからないが、富士山の森林限界にも生育できるような、カラマツの先駆植物としての高い環境適応能力が、ここのような厳しい環境下での生育を可能にしたのであろう。

まとめ

磐梯山爆発カルデラ内でみられる多様な植生を地生態学的視点、特に火山活動史と地形・表層地質との関連から検討した。結果は以下の通り。

1. 磐梯山では 1888 年の山体崩壊で広い範囲の植生が全滅したが、その後、130 年が経ち、カルデラ内にもアカマツ林が回復した。しかし 1954 年にも大きな山崩れが発生し、砕屑物はカルデラ内を広く覆った。そのためそこは荒れ地になり、植生遷移が再び始まった。
2. 1954 年に堆積した岩屑は、供給源の地質を反映していくつかのタイプに分かれ、その違いが植物群落や植生の違いをもたらすことになった。
3. カルデラ内の北東から中央にかけて分布する、火山灰に礫や砂を交えた火山砕屑物は、火山灰の白色・黄色が顕著であり、大きな火砕岩もみられる。そこではかつてシラタマノキ群落が優占していたが、近年アカマツの侵入が始まり、シラタマノキ－アカマツ低木疎林となった。しかし乾燥、貧栄養といった条件を反映してアカマツの侵入は遅れ、成長も遅い。
4. 爆発カルデラの北東側では、崩落してきた岩片や土砂が銅沼に突入し、銅沼の泥や泥水と混じったため、銅沼の北では表層地質が水を多量に含むようになった。そこには湿性のオシダ－アカマツ亜高木林が成立した。
5. 1954 年の山崩れ以降も、カルデラ壁からは岩屑が供給され、崖錐や扇状

地を形成した。そこにはカラマツ－アカマツ低木疎林が成立した。そこでは粗大な礫の堆積したところにアカマツ、細かい礫と砂の堆積した部分にカラマツといったすみ分けがみられる。しかし頻繁に生じる水流により、浸食と堆積が繰り返されるため、小さな段差が生じ、それに対応するさまざまな樹齢の群落ができている。

第3章 乗鞍火山の高山植生

はじめに

　わが国の火山には、輝石安山岩からなるものが多く、完新世に噴出した新期火山を除けば、ハイマツ群落の発達がよいのが普通である。たとえば、大雪山や乗鞍岳、御嶽などには「ハイマツの海」と呼ばれる広大なハイマツの分布が知られており、これは非火山性の山地にはあまり例をみないものである。一方、小疇（1970）によれば、火山は花崗岩山地と並んで構造土など周氷河地形の発達のよい場所となっており、現在形成中のきわめて明瞭な構造土をみることができる。

　このように火山はハイマツ低木林と砂礫地が共存するという、一見、相反するような自然特性を備えており、非火山性の高山とは性格が異なっているようにみえる。この自然特性が何に起因するのかを明らかにするのが、本研究の目的である。ただ火山においては、白馬岳などのように、構成する岩石の風化特性や岩屑の生産・移動に着目する方法だけでは不十分で、火山地質あるいは火山の形成史も考慮に入れなければならない。

　調査地域として乗鞍岳（3,026 m）を選んだ。これはこの山が前述の特徴を最も顕著に備えており、かつ地形・地質や気候、植生等について、すでに詳しい報告書（日本自然保護協会，1969）が出されているからである。

1．調査地域について

　乗鞍岳は飛騨山脈の最南端に位置する、半ば独立した火山である。この山は20数座のピークからなる一大火山群で、南北約15 km、東西約20 kmの広い範囲を占めている。主脈はほぼ南北方向に連なり、標高2,500 m以上の部分だけでも、延長は5 kmあまりに達する（図3-1）。

　この火山群は更新世初期に活動を始め、更新世末期〜完新世初頭に現在の形になったと考えられており、火山の形成史はかなり複雑である。牛丸（1969）によれば、乗鞍火山群の形成は北から南へと進み、烏帽子火山体、鶴ヶ池火山体、摩利支天火山体、一の池火山体（乗鞍本峰）の順に形成された（図3-2）。烏帽子火山や鶴ヶ池火山ではカルデラや中央火口丘の形成も

第Ⅳ部 火山の植生

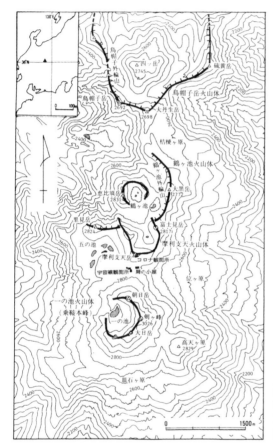

図 3-1 乗鞍火山の位置と地形（小泉, 1982）
コンターは 50m おき、太い線は稜線を示す

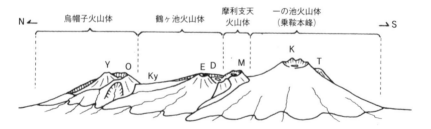

図 3-2 乗鞍火山の形成過程を示す概念図（牛丸, 1969 の図を一部改変）
Y：四ツ岳、O：大丹生岳、Ky：桔梗ヶ原、E：恵比須岳、D：大黒岳、
M：摩利支天岳、K：剣ヶ峰、T：高天ヶ原

伴っている。ただ全体としては山体の形成が新しいため、浸食は進まず、幼年期的な火山の形態を保ち、女性的で温和な山容を呈している。

　植生分布の概要は次の通りである。この山では標高 1,800 m 以上が亜高山帯に相当し、シラビソ、トウヒ、オオシラビソの林となっている。森林限界は標高 2400 m 付近にあり、緩斜面上で亜高山針葉樹林から直接ハイマツ群落に移行することが多い。そのためダケカンバやミヤマハンノキの移行相の森は他の山地に比較すると発達が悪い。

　高山帯ではハイマツ群落が卓越するが、強風地には風衝草原や移動礫原の植物群落が現れ、剣ヶ峰付近などでは無植生地もみられる。宮脇ほか(1969)によれば、この山の高山帯・亜高山帯のフロラは、四ッ岳を中心とする烏帽子火山群の部分と、剣ヶ峰を中心とする新期火山の部分に分けて考えられ、前者に比べれば、後者は著しく単純である。しかし後者でも古期火山と地続きであるため、新しい火山である富士山では欠けているようなかなり多くの種類が生育しているという。

2. ハイマツ群落の分布とその発達のよい理由

　先に述べたように、わが国の火山では、富士山のような例外を除き、一般にハイマツ群落の発達がよいのが普通である。乗鞍岳はその典型といえよう。そこで最初にハイマツ群落の発達のよい理由を、気候、地形、地質の各面から検討する。

　乗鞍岳におけるハイマツ群落の分布は図 3-3 に示した通りである。この山では標高約 2,400 m 以上の部分が高山帯の範域に相当するが、その中でハイマツ群落の占める割合が非常に高くなっている。特に桔梗ヶ原、位ヶ原、皿石ヶ原などの緩傾斜の溶岩台地に広大な分布がみられ、猫岳、四ッ岳、恵比須岳、摩利支天岳、乗鞍本峰などの斜面にもまとまった分布が生じている。

　このような広い分布を示す理由として、まず考えられるのは、山頂効果(山頂現象)の発現の悪さである。山頂効果とは、冬の北西季節風が尾根を吹き越える際収斂して、吹きさらしの場所と雪の吹きだまる場所を生じさせることによって現れる、植生帯の異常を指す。この現象の起こる範囲内ではハイマツは生育が困難となり、替わって高山植物の群落が現れる（小泉, 1974）。

　山頂効果は、日本アルプスのような南北方向に連なる稜線沿いでは、きわ

図 3-3　乗鞍岳におけるハイマツの分布（小泉, 1982. 図 3-1 と同じ範囲）
ハッチをかけた部分

めて発現しやすい。その結果、東西斜面とも稜線から比高差にして 100〜200 m の範囲でハイマツはほとんど欠落してしまっている。

　これに対し乗鞍岳ではかなり状況が異なっている。この山では南北方向に連続する稜線は大黒岳付近にわずかにみられるものの、あとは比高数百 m の小ピークが点在するだけで、山頂効果は発現しにくい。山頂効果を発生させるような強風域は、富士見岳と大黒岳の鞍部（鶴ヶ池の東方）、富士見岳と摩利支天岳の鞍部、摩利支天岳と乗鞍本峰の鞍部、乗鞍本峰の朝日岳から剣ヶ峰を経て屏風岳に至る間の各ピークとピークの間の鞍部、剣ヶ峰と高天ヶ原の鞍部など、ほとんどが小ピーク間の鞍部に限られている（森下, 1969）。こうした部分は全体からみればわずかであるから、それだけハイマ

ツの生育可能域が広いということになる。乗鞍岳の広大なハイマツの分布はまずこうした気候条件に求められよう。

　ハイマツの分布に都合のよい条件として、次に地形条件を挙げることができる。乗鞍岳には標高 2,400 m 以上の高地に、桔梗ヶ原、位ヶ原をはじめとして多数の溶岩台地が広がり、緩傾斜の広大な斜面をつくっている。こうした斜面の存在はハイマツの分布に都合のよい条件を与えている。また溶岩台地や溶岩円頂丘には浸食谷も乏しく、これもハイマツの分布には好都合である。

　一般に日本アルプスの高山では、標高 2,400～2,600 m 付近はダケカンバやミヤハンノキの優占する高度帯となっていることが多い。これはこの領域が亜高山帯の針葉樹林と高山帯のハイマツ低木林の境界部に当るため、ダケカンバなどが両者の間隙を縫って、地形条件の悪いところを中心に生育しているのだと説明されている。しかし乗鞍岳では、浸食谷のような地形条件の悪いところは少なく、ダケカンバやミヤハンノキは生育の場をほとんどもち得ていない。そのためハイマツは通常ダケカンバなどが生育している標高にまで低下することが可能になっている。このようにこの山の広い「ハイマツの海」の存在には、地形条件も大きく関与していることがわかる。

　地質条件からみた場合は次のようである。一般に新期火山では、火山活動の影響によりハイマツ群落の発達が悪く、本地域でも剣ヶ峰付近の無植生地はそのようなタイプだと考えられている（宮脇ほか，1969）。しかし筆者の調査によれば、乗鞍岳ではこの原則は必ずしもあてはまらない。たとえば、剣ヶ峰の東斜面の上部や一の池西方の斜面をつくる溶岩は、乗鞍岳では最も新しい時期に噴出した溶岩である（牛丸，1969 の第 7 溶岩）。しかしこの溶岩はすでにハイマツに覆われており、逆に、層位的にはこの溶岩に覆われる、下位の風化した溶岩の露出している部分（たとえば、蚕玉岳〈剣ヶ峰と朝日岳の間の小ピーク〉や大日岳の東北斜面など）が無植生の砂礫地となっている（図 4-4）。この事実は単に火山活動の時期だけが問題ではないことを示している。

　筆者はこの問題を解く鍵が、現在の岩屑の生産状況にあると考えている。第 7 溶岩の分布地では現在、礫生産はほとんどなく、斜面は流出直後の冷却によって破砕されたと考えられる、径数十 cm～1 m ほどの岩塊に覆われ、

図 3–4　北からみた乗鞍本峰
左から剣ヶ峰、蚕玉岳、朝日岳。裸地が広がっている

安定している（これは一見すると、木曽山脈などの化石周氷河斜面に非常によく似ている）。このため、ハイマツは斜面上の岩塊によって冬の強風による害から免れ、生育が可能になっているのだと考える。

これに対し、第7溶岩の下位の溶岩は温泉変質によって表面がボロボロになり、現在でも岩片が次々に剥離している。斜面は砂と20 cm以下の礫に覆われるが、半ば崩壊地に近く、不安定である。ここではハイマツは遮蔽物を欠くため生育できない。

このように乗鞍岳では、割れて粗大な岩塊に変化する溶岩の分布地域は、ハイマツの生育可能地となっており、ハイマツの海の形成に一役買っている。剣ヶ峰以外でも摩利支天岳や恵比須岳、四ッ岳の斜面などはこうした性格の斜面である。岩塊と岩塊の間の隙間には砂や泥がつまり、ハイマツに根をはる場所を提供している。ただ、化石周氷河斜面の場合と同様、岩塊が巨大すぎたり、岩塊間のマトリックスが欠如したりしているところでは、場所により無植生のまま残ったところが生じている。

なお桔梗ヶ原など、従来、溶岩台地とされてきた緩傾斜地も、通常は溶岩屑の上に厚さ数m〜10数mの泥流状の堆積物が乗っていることが多い。この堆積物は巨礫とマトリックスに富んでおり、ハイマツの生育には都合がよいと考えられる。

以上のように、乗鞍岳の地形・地質条件は、種々の点において広大なハイマツの海をつくるのに適している。このような条件は南隣りの御岳にもみられ、多少性格は異なるが、大雪山や白山、八甲田山などにも存在する。した

がってごく一般的な議論として、火山はハイマツの生育に都合のよい条件を備えているといえそうである。

3. 剣ヶ峰周辺及び高天ヶ原の植物群落

乗鞍火山で最も新しい火山体である剣ヶ峰周辺や高天ヶ原には、裸地のほか風衝矮低木群落や高山荒原植物群落が成立している。宮脇ほか（1969）はこれらの群落を克明に調査して多数の群集を記載し、各群集の立地環境についても詳しい解析を行っている。したがってこの地域の植物群落とその成立環境についてはほぼ明らかになっているといえよう。ただ、宮脇らは立地の成因そのものについてまでは議論していないため、個々の群集がなぜそうした成立の場を得たのか、という点については、必ずしも十分な説明が与えられているわけではない。

筆者はこの点に着目し、各群落の成立している立地（土地）そのものの成因を、火山地質、第四紀地質の両面から検討して、それと植物分布との関係を探ろうと考えた。

(1) 無植生地について

乗鞍本峰の蚕玉岳周辺や大日岳・屏風岳の周辺には、半崩壊地性の裸地が広がっている。この裸地の領域は、先に述べたように、一の池第7溶岩の下部にくる、温泉風化を強く受けた安山岩溶岩と火山砕屑物の露出域に相当しており、現在の周氷河的な環境下で、砂礫の生産・移動が強く行われるために、裸地になっているものである。一の池噴火口の内側には、この溶岩から供給される岩屑が堆積して崖錐をつくっているが、ここもほぼ無植生である。

(2) 高山荒原植物群落

大日岳付近の風化した安山岩や火山砕屑物のつづきと考えられる火山砕屑物が、剣ヶ峰東斜面の中部および剣ヶ峰と高天ヶ原の鞍部にも分布している。この両地区では傾斜が緩かになるため、若干の植物の生育がみられるようになる。

剣ヶ峰東斜面の中部では現在形成中のローブ（舌状になった砂礫の流れ）があり、その上面の細礫地にコマクサが生育している。またローブの先端には人頭大程度の礫が集まり、そこにはイワスゲやイワツメクサ、あるいはミネズオウ、コメバツガザクラ等が分布する。しかし植被率は全体でも10％

図 3-5　剣ヶ峰－高天ヶ原鞍部周氷河砂礫地の植生

に満たない。

　一方、剣ヶ峰と高天ヶ原の鞍部はきわめて平坦な地形をなし、全体が周氷河性の砂礫地となっている（図3-5）。ここにはイワスゲやミヤマダイコンソウ、コメバツガザクラなどからなる団塊状の植生の島が2～3mおきに点在し、特異な植生景観を示す。また、砂礫地にはコマクサが点々と分布する。しかし斜面全体の植被率は低く、わずかに5％程度で、砂礫地に限定するとコマクサの被度は2％にすぎない。

　この平坦な鞍部で植被が乏しい理由は強い周氷河作用に求められる。この鞍部は強風の吹き抜ける場所に当たっており、冬季でもほとんど雪がつかない。そのため、凍上や融凍攪拌といった周氷河作用が強く働いている。その結果、斜面上には構造土が形成され、斜面物質は著しく不安定になって、生育できる植物は限定されている。植物が乏しいのはそのためである。特に砂礫地内ではそうで、ここではコマクサですら、条線土の粗粒部分の縁にわずかに生育しているにすぎない。また、植生の島は、砂礫地に生じたロープの前面の小崖に分布しており、不安定な砂礫地中にわずかな安定地を求めて生育したものと考えることができる。

　(3) 構造土とその生成条件

　ところで、この鞍部にはきれいな条線土が発達している。これは、わが国では稀にみるみごとなものである。条線土は連続のよいものでは、10 m以上にもわたって追跡でき、ゆるく蛇行する流れのような条線パターンをつくり出している。粗粒部分と細粒部分の幅はそれぞれ15 cm、11 cmほどであ

る。表層砂礫の下には波打った明褐色の砂まじりシルト層が存在する。

　このようなみごとな構造土の発達する理由として、まずこの鞍部がなだらかでかつ周氷河環境下にあるということを挙げることができる。しかしこれだけでは説明は十分でない。こうした条件を満たすところはこれ以外にも何カ所もあるが、実際に現成の構造土の観察されるところは意外に限られているからである。全域をくまなく調査したわけではないが、構造土の分布するところは、この鞍部から高天ヶ原にかけての一帯と、大黒岳北方の平坦な肩、それに四ッ岳の一部に限られている。これらの地区に共通するのは地表を覆う砂礫が小さく、粒径がそろっているということである。たとえば、剣ヶ峰－高天ヶ原間の最低鞍部の条線土をつくる礫は、粗粒部分で径5〜8 cm、細粒部分で0.5〜2 cmとよくそろっており、最も大きなものでも20 cmを超えない。これは剣ヶ峰の新期の噴火によって供給されたスコリアが細粒であったことが最大の原因だが、周氷河環境下での凍結破砕作用によって、岩屑が細かに砕かれたた可能性もある。

　このことを布衍(ふえん)して考えると、構造土の形成にはスコリアを噴出するような火山活動のほか、細粒の岩屑を生産するような火山砕屑物や粗鬆(そしょう)な岩石の存在も必要であることがわかる。先に述べたように、本地域の溶岩の中には冷却時に粗大な岩塊に割れ、現在は礫生産を行っていないものが少なくない。こういう性質の溶岩の分布地は構造土の形成には不向きである。しかしもともと火山砕屑物に富む上、温泉変質を受けた溶岩からなる剣ヶ峰－高天ヶ原間の鞍部付近や、風化しやすい粗鬆な溶岩からなる高天ヶ原、大黒岳などは、構造土の形成に適した条件を満たしているといえよう。これらの地域では風化によってシルトも大量に生産され、それが強いソリフラクションをひき起こして、明瞭な構造土をつくり出したのだと考える。

（4）スコリア分布地の植生

　剣ヶ峰および高天ヶ原の周辺では、ところどころにスコリア（黒色のコークス状の火山弾や軽石）が分布し、植物の分布に影響を与えている。層序関係からみてこの黒色スコリアの噴出したのは、一の池第5溶岩の噴出より後で、一の池第7溶岩の噴出より先である。第6溶岩との前後関係は今のところ不明であるが、乗鞍本峰においては、各地で先述の温泉変質した溶岩および火山砕屑物を覆う形に分布している。産状からみてこのスコリアは、お

図 3-6 スコリアと火山弾の層を覆う第 7 溶岩
朝日岳北斜面

そらく第 7 溶岩を噴出する大噴火の直前の小噴火の産物だろうと考えられる（図 3-6）。このスコリア層は詳しくみると、相対的に粗粒なものからなる下部層と、細粒なものからなる上部層に分けることができる。下部層は径 15〜25 cm、稀に 40 cm に達する、発泡良好なスコリアからなり、分布域は狭く、剣ヶ峰と大日岳の鞍部の火口に面した側の斜面で観察されただけである。これに対し上部層の分布域は広く、肩の小屋付近から剣ヶ峰・大日岳の周辺を経て高天ヶ原に至る広い範囲を覆っている。ただし場所によっては、その後の浸食やソリフラクションなどによって消失し、剣ヶ峰東斜面の一部や剣ヶ峰－高天ヶ原鞍部の南半部のように、ほとんどスコリアを載せないところもある。スコリアの粒径は場所によって異なり、剣ヶ峰－大日岳鞍部の東斜面や、剣ヶ峰東斜面の中上部のように、噴出源に近いところは径 8〜15 cm と大きいが、噴出源からやや離れた剣ヶ峰－高天ヶ原鞍部の北半部や、高天ヶ原では径 5〜11 cm 程度とかなり小さくなる。

　こうした粒径の違いは植生分布に大きな影響を与えている。まず、剣ヶ峰－大日岳鞍部の西面では、粗粒なスコリアが地表をびっしり被い、立地は安定し、イワウメ、コメバツガザクラ、イワスゲを中心とする風衝矮低木群落が成立している（表 3-1）。植被率は平均 35% と、立地が乾燥している割には高い。この立地はおそらく、周氷河作用で火山弾上部層が取り去られることによって生じたと考えられる。なお、周囲の火山砕屑物の分布地は無植生である。

　同じ鞍部の東斜面では、上位層の径 8〜15 cm のスコリアが斜面を覆う。

表 3–1　剣ヶ峰－大日岳鞍部西斜面粗粒火山弾地の植物群落 (小泉,1982)

調査枠	1	2	3
方位		S65°W	
傾斜		18°	
イワウメ	18	12	7
コメバツガザクラ	14	15	3
イワスゲ	6	2	8
トウヤクリンドウ	+		8
ミネズオウ		5	
ガンコウラン		1	
植被率	35	30	25
斜面全体の植被率		35	

数字は種ごとの百分率被度を示す。
調査枠は 1 m×1 m

表 3–2　剣ヶ峰－大日岳鞍部東斜面火山弾地の植物群落（1）(小泉,1982)

調査枠	1	2	3
方位		S80°E	
傾斜	30°	24°	24°
ミヤマダイコンソウ	30	6	6
ガンコウラン	15	20	1
ウサギギク	4	2	3
コメススキ	1	1	24
イワスゲ	1	4	1
ミネズオウ	3	5	10
ハクサンイチゲ	1		
コイワカガミ	5		
イワツメクサ	4		
ジムカデ		4	2
ミヤマシオガマ		1	
ミヤマアキノキリンソウ			+
植被率	50	40	40
斜面全体の植被率		25	

　ここではミヤマダイコンソウ、ガンコウラン、イワスゲ、コメススキ等が生育するが、立地を一様に被うことはできず、植生の島をつくっている。斜面全体の植被率は25％程度である（表3-2）。同じ斜面でも、風化した火山砕屑物起源の砂や細礫がスコリアに混じり込んでくると、立地の性格は変わり、砂礫の移動がみられるようになってくる。ここでは植被率は15％程度に低下し、コメススキやイワスゲが植生の島をつくって、その中にウサギギクやミヤマアキノキリンソウが生育するという分布パターンが生ずる（表3-3）。
　同じ斜面でスコリアがほとんど失われ、火山砕屑物起源の小礫と細礫の多いところでは、植生の島はほとんどなくなり、もっぱらオンタデとコマクサのみが生育するように変化する（表3-4）。
　以上のように、マトリックスに乏しいスコリアの層は通常、安定した立地をつくりやすいのが特色だが、それが細礫クラスの火山砕屑物が混入するこ

表 3-3　剣ヶ峰－大日岳鞍部東斜面火山弾地の植物群落(2) (小泉,1982)

方　　位	S70°E
傾　　斜	23°
オ　ン　タ　デ	12
コ　メ　ス　ス　キ	5
ウ　サ　ギ　ギ　ク	3
イ　ワ　ス　ゲ	＋
植　被　率	20
斜面全体の植被率	15

表 3-4　剣ヶ峰－大日岳鞍部火山砕屑物砂礫地の植物群落 (小泉,1982)

方　　位	S60°E
傾　　斜	20°
オ　ン　タ　デ	5
イ　ワ　ス　ゲ	3
植　被　率	8
斜面全体の植被率	5

とによって立地の性格が不安定へと変化していくことがよくわかる。

　同じような系列は剣ヶ峰の東斜面の一部でもみられ、斜面中上部の径8〜15 cmのスコリアが地表を覆うところでは、イワウメやミネズオウ、コメバツガザクラ等からなる風衝矮低木群落が成立するが、周氷河作用等によってスコリアが失われたところは、コマクサやイワツメクサがもっぱら生育する。また、高天ヶ原との鞍部に近い緩傾斜地では、火山砕屑物からなる砂礫地に、上部からスコリアが供給され、表層が篩い分けを受けて条線土を形成している。スコリアはもっぱらその粗粒部に集まり、そこにコマクサが点在している。

　剣ヶ峰－高天ヶ原鞍部の南半部には、前述のようにみごとな条線土が生じているが、北半部にはスコリアが残存しており、安定した立地をつくっている。そのためここには一様に植物が生育しており、表3-5に示したような植物群落が成立している。南半部に条線土が発達しているのは、強い周氷河作用のためにスコリアが失われてしまい、立地が不安定になったためと思われる。

　高天ヶ原は平坦で径8〜10 cmのスコリアが多く、マトリックスに乏しい。鞍部北半部とほぼ同一の植生が分布している。しかしスコリアの層はごく薄く、各所に風化した火山砕屑物起源の砂礫が顔を出している。こうした立地は歩くと足がめりこむほど不安定で、不明瞭な多角形土や条線土がみられ、コマクサのみが生育している。なお、剣ヶ峰北方の蚕玉岳付近にも飛地的にスコリアの残存したところがあり、特異な植物群落がみられる。ここは傾斜

表 3-5 剣ヶ峰－高天ヶ原鞍部火山弾地の植物群落 (小泉, 1982)

調査枠	1	2
方位	S10°E	
傾斜	3°	
ミヤマダイコンソウ	15	8
コメバツガザクラ	8	8
ハクサンイチゲ	5	5
コメススキ	3	5
トウヤクリンドウ	2	3
コマクサ	1	
イワスゲ		1
植被率	25	25
斜面全体の植被率	20	

30°を超す急斜面で、周囲の火山砕屑物からなる礫地は無植生なのに、ここにだけイワスゲが点々と株をつくって生育している。

4. 大黒岳の植生

乗鞍本峰に次いで、強風地の植物群落の発達のよいのは大黒岳の西斜面である。この山は里見岳とともに鶴ヶ池カルデラの外輪山を構成し、南北方向に延びる細長い稜線をつくっている。

(1) 山頂部の強風地植生

この山の西斜面は全体が凸型の平滑斜面となっており、基本的な性格は氷期に形成された化石周氷河斜面であると考えられる。斜面上では全体としてハイマツが卓越するが、尾根筋から斜面長にして 30 m ほどの範囲では、山頂効果のため、ハイマツの分布は斑点状に変わり、代わって強風地の植物群落が現れる。ここでも、植物の分布は斜面上の礫の大きさと密接に関連している。まず基盤の突出部の陰や、径数十 cm～1 m あまりの巨礫の背後には、強風の害を避けてハイマツが生育している。また巨礫の周囲や、径 7～30 cm ほどの礫からなる半化石化したローブの表面には、イワウメ、イワスゲ、ミヤマキンバイなどからなる群落が成立している。

一方、この半化石化したローブからは、礫間を充填していた小礫・細礫を主体とするマトリックスが流出し、新しい小ローブをつくっているが、その上面にはコマクサが点々と生育している。この上面では、周氷河作用のほか雨の影響もあり、礫は移動しやすくなっている。

(2) 大黒岳北方の肩の植生

　大黒岳の北方には頂上から20 m ほど下ったところに平坦な肩がついている。この肩は西向きの緩傾斜地をなし、稜線沿いはやはり山頂効果によりハイマツを欠いている。斜面上では径4〜7 cm の小礫が卓越し、周氷河性の砂礫地を形成している。このうちマトリックスに富むところでは表層砂礫は不安定で、きれいな条線土ができ、そこにコマクサ群落が成立している。一方、大部分の場所ではマトリックスが乏しく、締まった礫地をつくっている。ここではコメバツガザクラが先駆植物となって、散在する分布をなし、ついでイワスゲやイワウメ、ミヤマキンバイ、ミネズオウなどからなる風衝矮低木群落に発達していく。この群落は剣ヶ峰－高天ヶ原鞍部の群落によく似ているが、ミヤマダイコンソウのかわりにミヤマキンバイが入っている点が異なっている。ハイマツは斜面上の礫が小さすぎるため、遮蔽物を欠いて生育できない。なお、斜面は凸形で、下方に向かってしだいに傾斜を増し、18°を超えるほどになると、ソリフラクションにより小さいローブができ始める。

(3) 大黒岳に風衝植生の出現する理由

　乗鞍岳では風の吹き抜ける鞍部を除くと、山頂効果の発現しているのはこの大黒岳の稜線だけである。ここだけがなぜ、山頂現象が起こり得たのか、詳しい理由はわからないが、先に述べたように、この山の山体を構成する大黒溶岩は他の溶岩に比べ、粗鬆で、凍結破砕作用を受けて細粒化しやすい性質をもっている。このため、風食や凍結融解作用が活発に起こり、山頂現象の発現を可能にしているものと考えられる。風衝植生の分布は、まさに山頂現象の結果によるものである。

　なお、この大黒岳においても、現在、礫生産はほとんどみられず、斜面上の礫は安定化しつつあり、将来的には風衝矮低木群落が優占する形に移行する可能性が高いと考えられる。

おわりに

　乗鞍火山の高山植生の成立要因を明らかにするために、各群落の立地の成因を、主として火山地質と第四紀地質の両面から検討した。
1. 乗鞍火山の高山帯では、他の高山に較べハイマツ群落が著しく広い領域を占める。これは、①この山が多数の小ピークからなり、山頂効果が発生しにくい、②溶岩台地のような緩傾斜地が多く、浸食谷が少ないため、ハイマツがダケカンバ帯の領域まで低下している、③山体を構成する溶岩が粗大な岩塊に割れ、それが強風からハイマツを守るため、強風地でもハイマツの生育が可能である、といった条件によるものである。
2. 剣ヶ峰周辺には温泉変質した溶岩と火山砕屑物が現れている。そこでは岩屑の生産・移動が活発なため、半崩壊地性の立地が生じており、無植生地になっている。
3. 剣ヶ峰−高天ヶ原鞍部や大黒岳北方の肩には、小噴火で放出されたスコリアや、凍結破砕作用によって細粒化しやすい火山砕屑物や溶岩が分布している。そこでは砂礫が篩い分けを受けてみごとな条線土を形成し、立地が不安定なため植物はコマクサのみに限られている。ただし階状土の前面のようなやや安定したところには、イワウメやイワスゲなどからなる植生の島ができている。
4. 剣ヶ峰周辺にはスコリアがパッチ状に分布している。このスコリアの分布地は安定しており、イワスゲやイワウメ、ガンコウランなどからなる風衝矮低木群落が成立している。しかしこれに火山砕屑物起源の砂礫が混じると、立地は不安定化し、植物はそれに伴って高山荒原植物群落に近いものに変化していく。

コラム　八ヶ岳連峰、硫黄岳・横岳鞍部におけるコマクサの分布

　八ヶ岳は本州の中央部に位置する大規模な火山である。しかし通常の火山とは違って、南北に細長く延びている点に特色があり、南端の編笠山（2,524 m）から北端の蓼科山（2,530 m）までは21 kmもある。その間に20ほどの火山が列をなしているわけであるから、単独の名前で呼ぶにはあまりにも大きすぎると言わざるを得ない。また八ヶ岳火山の活動期は、更新世の初期から完新世にかけてと幅が広く、そのため個々の地形にも大きな違いがある。古い火山の多い南八ヶ岳の山々は、2,700〜2,900 mと標高が高く、激しい浸食を受けて険しい地形をつくる。しかし新しい火山の多い北八ヶ岳では海抜高度が2,300 m〜2,600 mと低く、山頂部は溶岩ドームなど火山の原地形を残すところが多い。

　このようにして八ヶ岳を構成する火山は1つ1つがみな個性的で異なる性格となった。また主峰・赤岳（2,899 m）を中心とする一帯は、3,000 mにはやや足りないが、北アルプスにひけをとらない険しく美しい山容を示している。このことから筆者は、八ヶ岳はかつて提唱されたように「東アルプス」と呼ぶのがふさわしいような気がする。

　ところで南八ヶ岳の硫黄岳と横岳の鞍部一帯は、コマクサ（図1）が広く分布することで知られている。この地域のコマクサの分布については、梅澤・増沢（2009）による「八ヶ岳におけるコマクサ純群落の成立要因」という報

図1　スコリア地に生育するコマクサ

図2 小規模噴火の跡
背景は硫黄岳

告があり、強風地にある砂礫地の存在がコマクサの分布を可能にしていると述べている。しかしこの研究では、砂礫地は所与のものとして扱われ、その成因については不問にされている。したがってコマクサがそこになぜ分布するのか、正確には明らかにされていない。筆者は分布の原因を議論するためには、砂礫地の成因から探る必要があると考えた。

硫黄岳付近のコマクサの生育する砂礫地は、硫黄岳に発達する灰色の安山岩岩塊地とは異なり、もっぱら黒や赤のスコリアからなる。このことから、筆者（小泉, 2011）は、稜線沿いで小規模噴火が頻発し、直径数十mから100m程度の範囲にスコリアを撒き散らかして、それによって砂礫地が形成されたのだろうと予測した（図2）。しかしその後、これを卒業論文のテーマとして調べた竹内真冴也君の調査で、砂礫地の大半は別の原因でできたものであることが明らかになり、小規模噴火だけでは砂礫地のできた原因を説明するには不十分なことが判明した。以下、その経過を紹介したい。なお本研究の詳細は『植生学会誌』の35巻第2号（2018）に掲載されることが決定している。詳しくはそれをご覧いただきたい。

調査地は、硫黄岳（2,742 m）の南の鞍部から横岳（2,829 m）の手前にある丸い小さなピーク、「台座の頭」までである（図3）。調査地の中間付近に硫黄岳山荘がある。

横岳は新八ヶ岳期の第1期（約20万年前以降）に活動した成層火山で、地質は主に安山岩質のデイサイトや凝灰角礫岩からなる（河内, 1977；西来ほか, 2007）。赤岳に近い南部は浸食により荒々しい景観を示すが、北半分

図3　硫黄岳の山頂から望む南八ヶ岳の山々とコマクサの分布地
中央が赤岳、その左が横岳。丸で囲んだところがコマクサの分布地

は比較的穏やかな地形である。硫黄岳は新しい火山で、南八ヶ岳では例外的になだらかで丸みを帯びた山頂部をもっている。しかしその北側は大きな爆裂火口となっている。硫黄岳の活動期は新八ヶ岳期の第5期（約3.2～2.3万年前）にあたり、第1期（約20万年前以降）の活動による横岳の噴出物の上に乗るように山体が形成された。台座の頭はスコリアが噴出してできたスコリア丘で、その形成は200年程度以内と推測されるが、正確な噴火年代は不明である。

　現地調査によって作成したコマクサの分布図を図4に示した。コマクサは硫黄岳山荘の南北に延びる稜線とその西側斜面に広く分布する。またこの一帯から南に離れた台座の頭付近にもまとまった分布があり、両者をむすぶ登山道沿いにも狭い帯状の分布がみられる。

　コマクサの分布範囲は、黒や青、赤、黄などさまざまの色をしたスコリアの分布地に重なる。このスコリアの分布を筆者は小噴火によって生じたものと考えたが、竹内君は稜線から斜面にかけて長さ数十mの測線を7本設置し、地形測量や地質調査を行うとともに、測線の50cmごとにスコリアの大きさやコマクサの株数を数え、それを細かく記載して、筆者とは異なる結論を導き出した。彼は学部の3年、4年の夏休みの大半をここでの調査に費やしており、それが優れた論文の作成につながった。

　その結果、明らかになってきたことは、斜面の途中に固結した凝灰角礫岩の層が何枚も見られるということである。この層は数10cmから3m程度の厚さで斜面から突出するが（図5）、冬から春にかけての寒い時期には、

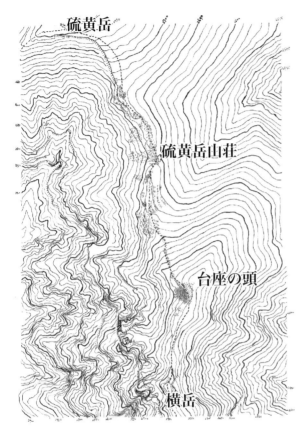

図4 コマクサ分布図
(竹内, 2012)
ドットを打ったところ
がコマクサの生息地

凍結破砕作用を受けて直径数cmの粒々に分解し、下に崖錐状の堆積や砂礫地をつくる。その分解で生じたのがスコリアで、そこがコマクサの生育に適した砂礫地になった。凝灰角礫岩を構成していたスコリアは、厚さ数十cmごとに色が変化するために、斜面の色も次々に変化する。筆者はそれを小噴火の跡と誤認してしまった。

　結果を見ると、小噴火の跡は図2に示した場所と、台座の頭（図6）の2カ所に過ぎず、残りはすべて凝灰角礫岩の破砕に起源する砂礫地であることが明らかになった。台座の頭は新鮮なパミスに覆われて、大規模なコマクサ群落が発達しており、斜面上に浸食の痕跡がほとんどない。このことからパミスの噴出後、まだ200年くらいしか経過していないだろうと予想できる。

図5 凝灰角礫岩の出っ張り

図6 台座の頭のコマクサ

　凝灰角礫岩は地質調査の結果、十数万年前の横岳火山から噴出したスコリアや火山礫が固まったものであることであることが明らかになった。図3の写真に示したように、硫黄岳－横岳稜線の下方には、斜めに傾いた成層火山の構造がみえる。これは十数万年前に噴出したと推定されている横岳火山の堆積物で、火山の中心部が浸食によって削り去られ、行者小屋のある深い谷ができたために、山体の東側のみが残ったものである。

　両角・北沢（1986）によれば、横岳の火山岩類は下位から、下部溶岩・火砕岩、中部スコリア、上部溶岩に区分され、このうち中部スコリアは硫黄岳から横岳に向かう縦走路沿いに広く露出し、層厚は80mに達するという。中部スコリアはスコリア噴火の繰り返しによって、厚さ数十cmから3m程度のスコリア層が次々に堆積し、固結して凝灰角礫岩になったもので、たまたまこの層が膨大な厚さをもっていたために、スコリアが鞍部の西側斜面

に広く露出し、コマクサに適地を広く提供することになったといえる。

　鞍部一帯では 上にのっていた溶岩などの層が浸食によって取り去られたために、凝灰角礫岩層が地表に露出した。それが冬季の厳しい気候条件の下で風化し、分解してスコリアの粒子になり、コマクサの生育に適した砂礫地をつくり出した。これがこの地域の広大なコマクサの分布を支える最大の条件であり、一帯の地質が凝灰角礫岩でなかったなら、コマクサの大群落は存在しなかったに違いない。

第Ⅴ部

蛇紋岩・橄欖岩地、石灰岩地の植生

第1章 アポイ岳の植生

研究のきっかけ

　日本列島には蛇紋岩や橄欖岩といった超塩基性岩や、石灰岩からなる山岳が全国に分布し、蛇紋岩植物や石灰岩植物といった独特の植物の生育することで知られている。面積的にはけっして広くはないが、日本列島の植生を考える際には、重要な存在といえよう。

　このうち蛇紋岩や橄欖岩からなる山は、夕張岳や早池峰山、至仏山、四国の東赤石山など全国に30近く存在し、その中には変わった植物の名所として知られた山が少なくない。白馬連峰の鉢ヶ岳付近の蛇紋岩植生については、すでに第Ⅱ部で触れたので、ここではアポイ岳や早池峰山を取り上げ、石灰岩地域としては秋吉台等について紹介したい。

　アポイ岳は北海道・日高山脈の南端に近いところに位置する標高811mの山である（図1-1）。日高山脈の主脈からはずれ、それほど高くない山だが、山容は立派で、全体が橄欖岩という特殊な岩石からなることから、2015年にユネスコ世界ジオパークに認定された。橄欖岩というのは地下のマントルを構成する岩石で、これがほとんど変質せずに地表に現れ、本来の形でみられるところは、世界的にみてもきわめて稀だというから、地質学上の意味は大きい。世界ジオパークに認定されたのも当然のことといえよう。

　ただアポイ岳に橄欖岩が露出した理由は、理解するのがなかなか難しい。

図1-1　様似海岸からのアポイ岳遠望

1,300万年前北米プレートとユーラシアプレートの境は今の日高山脈の場所にあり、そこでは北米プレートがユーラシアプレートの下に潜り込んでいた。その際、プレートの先端はマントルにまで達してマントル物質を掻きとり、その後、造山運動に伴う衝上断層によって、マントル物質は地下深くから運びだされ地表に表れたのだという。

1. 珍しい高山植物の宝庫・アポイ岳

　アポイ岳は珍しい高山植物の分布することで知られている。橄欖岩は蛇紋岩とともに超塩基性岩の代表で、マグネシウムやニッケルなどの重金属を多く含むため、普通の植物にとっては有害で、生育できるのはそれに耐えることのできる種に限られる。このため橄欖岩や蛇紋岩の山には矮性の固有種や準固有種が多くなり、結果的にその山にしかない珍しい植物を多数擁することになった。

　アポイ岳でも登山する人の多くが珍しい花をみることを目的にしている。この山の代表はヒダカソウで、南アルプス北岳の固有種であるキタダケソウや、崕岳（北海道夕張山地）の固有種であるキリギシソウによく似た、白く清楚な美しい花をつける。アポイ岳の固有種であるから、本来ならばアポイソウという名前がふさわしいと思うが、なぜかヒダカソウという名になっている（残念なことにこの優雅な植物は盗掘によってほとんど姿を消し、みることができなくなってしまった）。他にもアポイクワガタとかアポイアズマギク、ヒダカイワザクラとかいった固有種や準固有種がたくさんあり、ここの高山植物群落は国の天然記念物に指定されている。高山植物の好きな人にとって一度は登ってみたい山といえる。特異な植物で知られる有名な山だけあって、研究も古くから行われており、北大の宮部金吾や舘脇操をはじめとして、この山で調査した研究者は少なくない。近年では渡邊定元や佐藤謙などが調べている。またガイドブックやこの山の植物だけを紹介した図鑑の類もかなりの数にのぼる。

　ただそうしたガイドブックや図鑑の類でもほとんど触れていないことがある。1つは岩の割れ方や地形と植物分布との関わり、もう1つは五合目の避難小屋を境目にして植生景観に大きな違いがあることである。今回はこの2点についてなぞ解きをしてみたい。

2. アカエゾマツの大木がなぜ生育できたのか

　最初に後者の問題から考えてみたい。アポイ岳では五合目より上では高山植物やハイマツと、アカエゾマツの疎林が優占するが、五合目以下の山麓部はアカエゾマツの大木に覆われている。同じ橄欖岩地なのに、なぜこちらでは大木が生育できたのかという問題である。

　宿舎のアポイ山荘を出て5分ほど歩くと、立派なジオパーク資料館がみえてくる。ここに立ち寄り基本的な知識を身につけよう。資料館からはしばらく川沿いの道をたどるが、ここでは樹木の伐採が進んで、自然林はみることはできない。川沿いから外れ、なだらかな登山道にかかるころからアカエゾマツの森林がみえてくる。ここのアカエゾマツ林は王子製紙の社有林で、山麓部の森はいったん伐採された後、再生したものだという。

　アカエゾマツの林は上に上がるほど立派なものとなる。おそらく伐採されなった原生林だからであろう。五合目が近づくと、ゴヨウマツも混じって庭園の趣すら示すようになってくる。一方、五合目の避難小屋を越えると、登山道沿いには岩盤が表れ、アカエゾマツは生えているものの、低木や亜高木が多く、斜面上ではダケカンバが目立つようになる（図1-2）。

　基盤の地質は同じだから、地質の違いでは説明できない。ではどうするか。地生態学の立場では、まずは表層地質や土壌に注目するということになる。表層地質を調べてみると、避難小屋より上では岩盤が露出するが、避難小屋より下では厚さ1mほどの、巨礫混じりの赤色ローム層が堆積しており、

図1-2　五合目付近の景観

その中には軽石の塊や粒子が多く含まれている。この軽石はこの辺りの火山噴火の履歴から考えると、4万2,000年前に支笏火山から噴出した支笏降下軽石（柳田, 1994）である可能性が高い。支笏降下軽石はアポイ岳を含む一帯にも降下し、堆積したが、その後、最終氷期の極相期に五合目より上部では周氷河性の環境になったため、軽石は橄欖岩の破砕礫や風化物質とともに削剥され、五合目以下の緩傾斜地に堆積することになったと推定できる。その結果、橄欖岩に含まれるマグネシウムなどの有害物質は、軽石が大量に混じることで有害の度合いが緩和され、そのためにアカエゾマツやゴヨウマツが生育できるようになったと思われる。ただ緩和されたとは言っても有害であることに違いはないから、エゾマツ、トドマツといった北海道の亜高山で優占する針葉樹は生育できない。

3. 五合目より上部の植生

　避難小屋から上ではダケカンバやアカエゾマツの疎林が優占し、一見すると森林のようにみえる。しかし内部はスケスケで、上がるにつれて高山植物やハイマツが増えてくる。ガイドブックによれば、1950年代までは乾性のお花畑が広く分布していたが、近年、アカエゾマツの侵入が目立ち、全体が森林のようになってきたという。侵入は特に谷筋で顕著で、濃い緑の針葉樹の帯をつくって分布している。これは谷筋に風化物質が集まりやすく、先に述べた橄欖岩の悪影響が緩和されるためであろう。ただ避難小屋から馬の背を経て山頂に至る登山道は、ほとんどが基盤の岩盤の上を通るため、まだ高山植物をよくみることができる。高山植物は7合目付近からたくさんみられるようになるが、この辺り基盤岩は細かく破砕されて砂礫地をつくりだしている。なぜ砂礫地になったのか理由はよくわからないが、蛇紋岩は凍結破砕作用に弱く、砂礫地をつくりやすい傾向があるので、その部分だけ橄欖岩が蛇紋岩化したのかもしれない。この砂礫地には植物は乏しいが、アポイクワガタやアポイアズマギク（図1-3）、アポイハハコ、オヤマソバなどが生育している。周辺にはキンロバイやチシマキンレイカ、アポイキンバイ、ヒダカトウヒレン等がみられる。

　馬の背の稜線が近づくと、砂礫地は岩塊斜面に替わり、そこにはハイマツが優占するほか、アポイハハコ、チングルマ、ミヤマハンノキなどが生育す

図1-3　アポイアズマギク

図1-4　砂礫地の植生

る。またヤマツツジやオレンジ色のツツジが斜面上に点在する。

4. 馬の背の植物

　馬の背の稜線に着くと、急に岩盤が目立つようになってくる（図1-5）。本来の橄欖岩になったせいであろう。

　ここからはアポイ岳の山頂から北の吉田岳やピンネシリに続く稜線も望め、支尾根や斜面の至るところに岩盤が露出しているのがよくみえる。なかなか迫力のある風景である。馬の背ではいくつかのピークを越えて行くが、岩盤に割れ目の少ない部分がピークになり、そうでない部分が小さな鞍部をつくっているようである。岩盤には粗い割れ目が縦横に入っており、植物はその隙間や棚に生育している。この隙間に生える植物は、被度は小さいが、種類はきわめて多い、ヒダカイワザクラ、ミヤマオダマキ、キタヨツバシオガ

図 1-5 橄欖岩の岩盤
岩盤の隙間や棚に植物が生育している

マ、アポイカラマツ、アポイゼキショウ、エゾコウゾリナなど珍しい植物のオンパレードである。さすがは橄欖岩地である。

これまで述べてきた五合目より上の植生分布をあらためて確認すると、アポイ岳の登山道沿いの植生は、

1. 砂礫地のアポイクワガタを主要な要素とするまばらな群落
2. 馬の背の稜線の手前の岩塊斜面に生じたハイマツやアポイハハコからなる群落
3. 馬の背の露岩地からなる小ピークに生じた岩隙の植物群落

の3つに分けることができる。詳しい調査を行っていないが、各群落の構成要素はほとんど重なっていないのが興味深い。

5. 山頂部のダケカンバ林

アポイ岳の山頂部にはダケカンバ林があって異彩を放ち、古くから垂直分布帯の逆転現象として特筆されてきた（図1-6）。ハイマツ帯の上にダケカンバが林をつくっているので、確かに逆転には違いないし、筆者もどんなにすごいものかと楽しみにして登ったのだが、意外に迫力がなかった。ダケカンバ林は、山頂から標高差にしてわずか30m程度の範囲にしか分布しておらず、面積もわずかである。

垂直分布帯の逆転が生じた原因だが、ダケカンバの分布をよく観察すると答えが出てくる。手前の馬の背の稜線はほぼ東西に延びている。そこには北西側から冬の季節風が強く当たるために、北西側には丈の低いハイマツ群落

図1-6 山頂のダケカンバ林

や乾性の植物群落が成立し、稜線の南側には尾根を挟んで、ダケカンバをはじめとする広葉樹林が分布している。植生分布は極端な非対称を示す。

　アポイ岳の山頂部はその先にあるが、アポイ岳からは北の吉田岳の方に延びる稜線があり、そこから派生する支尾根が手前に出っ張っている。このため、この尾根が風よけになって、アポイ岳の山頂部には風が強く当たらない。このため尾根に守られた部分に帯状にダケカンバ林の成立が可能になっているのである。さらに山頂部は丸みを帯び、ほぼ平坦で、露岩地ではなく、岩塊混じりの褐色ロームが80 cmほどの厚さで堆積しており、これもダケカンバ林の成立には好条件になっていると思われる。平坦な地形のために火山灰の堆積が可能になったのであろう。

第2章　早池峰山の植生

1. 蛇紋岩植物の宝庫・早池峰山

　早池峰山（1,917 m）は北上高地の最高峰で、アポイ岳や至仏山などと並び日本有数の橄欖岩（蛇紋岩）岩体からなることで知られている。またエーデルワイスの仲間のハヤチネウスユキソウをはじめ、カトウハコベやナンブイヌナズナ、ナンブトラノオ、ナンブトウウチソウなど蛇紋岩植物の宝庫でもあり、たくさんの植物愛好家を魅了する「花の名山」でもある。図2-1は小田越付近から見上げた山頂部だが、森林限界の上が急に突兀（とっこつ）とした橄欖岩の岩山に変化する様子がよくわかる。

　山の斜面上部には、最終氷期に形成されたとみられる岩塊斜面が発達し、凹凸の少ない斜面を形成することが知られている（清水, 1994）。岩塊斜面の末端は小田越登山口からのコースで、標高1,396 m付近まで低下しており、そこはオオシラビソやコメツガなどからなる亜高山針葉樹林と、ハイマツやコメツガからなる低木林の境界、つまり森林限界に一致している。（図2-2）。

　森林限界の低下の原因は、植物にとって有害な成分を含む橄欖岩の岩塊斜面にあると考えられており、森林限界は気候的に推定される高度よりおよそ700 mも低下している。このため高山帯の領域が広がり、普通の山よりはるかに低い標高で高山植物に出会うことができる。このことも多くの登山者を

図2-1　小田越付近から見上げた早池峰山
上部は岩山になっている

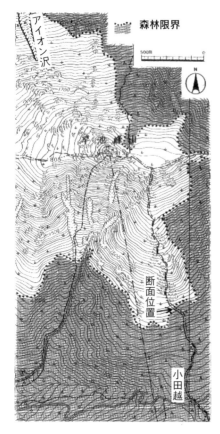

図 2-2　早池峰山の森林限界線（清水，1994）
図の右側（東側）では稜線近くにまで上昇している（1/2.5万「早池峰山」「高桧山」）

引きつける要因になっている。

2．2016年の見直し登山

　早池峰山には40年くらい前から何回も登っているのだが、近年は自然観察のガイドをしながらのことが多く、じっくり観察している時間がなかった。そこで2016年の夏はガイドをせずにゆっくり登り、その結果、これまで見落としていたことがいくつもあることに気がついた。今回はそのことについて書きたいと思う。

　登り口は小田越である。ここは花巻から大槌町や宮古市へ抜ける道路の峠

図 2-3　一合目の岩塊斜面

（標高 1,250 m）に当たっており、早池峰山や南の薬師岳への登山口になっている。小田越からの登山道は、最初はなだらかで、木道が設置されており、高さ 6～8 m くらいのオオシラビソやコメツガの森の中をたどる。その後、木道は切れ、拳大から 20 cm くらいの礫がごろごろしたごく普通の登山道になる。転がっているのは砂岩の礫で、ときどき真っ白な大理石の塊に出会う。砂岩や大理石は小田越層という古生代石炭紀の古い地層をつくっていたものである。登山道の両側は高さ 1 m 弱の崖になっていて、礫や火山灰混じりの土層が露出している。登山道やその周囲に黄褐色をした直径 1 m 前後の丸みを帯びた岩塊がたまに転がっているのがみえるが、これは橄欖岩の岩塊で、上部の斜面から転がり落ちてきたものである。

　針葉樹の樹高が低くなってきたころから、橄欖岩の岩塊が目立つようになり、1,396 m 付近で突然、径 2～3 m から 5 m もある巨大な岩塊が累々と堆積した岩塊斜面に移行する（図 2-3）。移行部には高さ 2 m くらいの段差ができていて、ダケカンバが生えている。岩塊斜面の下限は森林限界に一致しており、急に展望が開けるため、登山者はほぼ全員がここで一息入れる。ここが一合目である。

　ここから上、植物は低木化したコメツガとハイマツが優占するように変化するが、斜面の 3 割くらいには巨大な岩塊がそのまま顔を出しており（図 2-4）、凍結破砕作用で大きな岩を割って運んだ、氷期の自然の力をまざまざと感じさせる。ハイマツやコメツガは岩塊の隙間で発芽し、岩塊を覆う程

第Ⅴ部　蛇紋岩・橄欖岩地、石灰岩地の植生

図 2-4　一合目上部の露出した岩塊斜面　上の崖は二合目の岩盤

図 2-5　直線状になった岩塊斜面の末端

度の高さにまで成長するが、それより高くなると、強風の害を受けるので現在の姿になったようにみえる。登山道沿いにはマルバシモツケやハクサンシャクナゲ、ミネザクラ、コメツツジなどの低木と、ナンブトウウチソウやカトウハコベ、ホソバツメクサ、ミヤマアケボノソウ、コミヤマハンショウヅルなどさまざまな種類の草本をみることができる。

　ところで一合目から上は橄欖岩地に変化するのだが、よくみると岩塊斜面が卓越するところと、基盤が露出して険しい崖をつくるところが交互に現れることがわかる。一合目からしばらくは岩塊斜面、二合目付近は基盤、三、四合目付近は岩塊斜面、五合目の直下が基盤といった具合で、全体が階段状になっている。基盤岩の部分では植物は岩の隙間に生育することができるだ

図 2-6 五合目の岩盤(左奥)とその上部に広がるハイマツの海

けであるから、植被の割合は当然ながら減少する。

　二合目の手前あたりから下を見下ろすと、岩塊斜面の末端が等高線に並行して真っすぐに延びているのがわかる(図 2-5)。上部の崖で生産された岩塊がここまで移動したということなのだろう。

　一合目と二合目の間ではハヤチネウスユキソウはほとんどみられないが、二合目の岩場を越え、三合目付近の岩塊斜面になると、少しずつ出てくる。ただし径 3, 4 m もあるような岩塊の累積した斜面よりも、径数十 cm 程度の小ぶりな岩塊からなる斜面や径 20 cm くらいの礫地を好むようで、そうした場所にイネ科の草本やミヤマオダマキと一緒に生えている。

　四合目辺りでは人頭大程度の礫の集まった場所が増えてきて、そこにイネ科草本とハヤチネウスユキソウ、ミヤマオダマキ、ナンブトウウチソウ、カトウハコベ、ミヤマヤマブキショウマ、ホソバツメクサなどが草原をつくる。風食を受けて荒れた感じのするところもあるので、風が強く当たることが草原の分布に影響しているようである。

3. 五合目での変化

　早池峰山の植生は五合目で大きく変化する。このことは今回初めて気がついた。五合目の下は基盤からなる顕著な崖になっているのだが、そこを越えると眼前には突然、なだらかでスムースな地形が広がる。ほとんどがハイマツに覆われた広々とした斜面で、それが六合目付近まで続く(図 2-6)。

ハイマツ低木林は「ハイマツの海」と呼んでもいいほどの広がりを見せている。登山道沿いなどでハイマツの下をのぞいてみると、人頭大から径40 cmくらいの角礫がびっしりと堆積している。ところによってはその隙間を細かい礫が充填している。これも橄欖岩地と同様、氷期に基盤岩が凍結破砕作用によって割れてできた礫斜面であることは間違いない。ただ粒径が極端に異なるので、明らかに地質が変化したと考えられる。
　早池峰山といえば、これまで山体の上部はすべて橄欖岩（蛇紋岩）だと単純に考えていたのだが、中腹にそうでない部分があったのである。一合目から五合目までの斜面を覆っていたのは粗大な橄欖岩の岩塊だったが、五合目から上、七合目までの斜面に載っているのは、灰色や青灰色の礫、もしくは表面が白く風化した礫である。したがって、当初、私はこの礫は、橄欖岩の岩体に載ったままもち上げられた小田越層の砂岩ではないかと考えた。しかし産業技術総合研究所地質調査総合センター発行の地質図をみると、岩質は、斑礪岩〜閃緑岩、ドレライト（粗粒玄武岩）および玄武岩となっており、火成岩であることがわかる。砂岩などの堆積岩ではなかったが、同じような割れ方をする岩石だったことになる。
　帰ってから調べてみたら、この早池峰山の橄欖岩を中心とし、それに玄武岩などの火成岩が載った地質は、実は5億年以上も前の海洋地殻を構成していた岩体がそのまま陸地の一部になったものであることがわかった。岩体は全体が一つのセットになっているので、このセットをオフィオライトと呼んでいる。5合目の上で起こった、岩塊から礫への変化は実はオフィオライトの構造を反映したものであった。
　礫地を覆うハイマツ低木林の樹高は20〜40 cmくらいしかなく、これは冬の積雪深にほぼ一致していると考えられるので、ハイマツはお互いに支え合って強風の害から免れているとみることができる。ハイマツがびっしりと覆っているため、他の植物は分布が限定され、少ない。
　しかしハイマツの林床の礫地には、氷期に礫が斜面上を移動した時につくった、舌状の押出しや高まりといった微地形があり、それが斜面に比高数十cmのわずかな凹凸をつくりだしている。このうち出っ張った部分には風が強く当たるため、そこではハイマツの生育が困難になり、替わりにイワウメやクロマメノキ、イワスゲ、サマニヨモギ、ミヤマキンバイなどが生育し

図 2-7　強風地における礫の露出

て、草原（正確には風衝矮低木群落）をつくっている。

　風がさらに強く当たる場所では礫が広く露出し（図2-7）、植被率が下がる。が、そこにはイネ科草本とハヤチネウスユキソウやミヤマオダマキが多数分布している。

　七合目付近に至ると、地形はほとんどが上部から落下してきた岩屑が堆積した崖錐に変化し、ハイマツは減少して草原が優勢になる。ここではハヤチネウスユキソウやミヤマオダマキに加え、ミヤマアズマギク、ナンブトラノオ、ナンブトウウチソウ、サマニヨモギ、ミヤマヤマブキショウマ、キバナノコマノツメ、イワベンケイ、イワウメ、キンロバイ、ミヤマキンバイなどが加わって、まさにきれいなお花畑の様相を呈する。ナンブイヌナズナもこの辺りに多かったはずだが、今回はもう花が終わってしまっていた。

　こうして見てくると、早池峰山は蛇紋岩植物の代表的な分布地とされているが、そのコアになっているお花畑は、実は橄欖岩（蛇紋岩）地ではなく、玄武岩質の岩が砕けた礫斜面にあることがわかる。七合目の上部には橄欖岩の岩盤があって崖をつくっているので、そこから落下してきた橄欖岩や蛇紋岩の礫が混じり、影響を与えていることは確かなのだが、本当は蛇紋岩植物といっても、橄欖岩の岩しかないところはあまり好きではないのかもしれない。

　もう一つ、橄欖岩の岩塊斜面ではハイマツとコメツガの低木が優占し、また五合目より上の礫斜面ではハイマツが優占するため、草本が分布できる草原は七合目付近の風の強いところに限られ、それが蛇紋岩植物の集中的な分

布をもたらしている可能性がある。

　なおこの辺りから登山道の東側の浅い谷を覗きこむと、森林が谷筋に沿って上昇してきているのがわかる。図 2-2 にもそれが表現されており、標高 1700 m くらいまで亜高山針葉樹林がある。これは地質が橄欖岩でないことが原因だと思われるが、現地へ行けないので、正確なことはわからない。

4. 八合目から上

　七合目の上部は橄欖岩の大きな崖になっており、長い梯子のかかる岩場が続く。岩場を下から見上げると、表面の岩盤がタマネギの鱗片葉のように剝離して、その下の岩盤が露出しているのがみえる。なかなかおもしろい地形である。

　崖を越えると八合目の肩に出、地形は急に平坦になる。ここにも橄欖岩が露出していて、凹凸のある地形が続く。その先にはもう九合目の稜線がみえ、橄欖岩のつくる崖が立っている。しかしその手前には小規模だが、五合目から上を見た時の同じ、ハイマツに覆われたスムースな斜面が広がっている。実はここにも五、六合目と同じ火成岩の礫が斜面をつくっている。

　九合目で主稜線に出る。稜線上は広くなだらかで、雪が吹き溜まるところには湿性の植物群落ができている。一方、稜線の北側は南側より若干なだらかな斜面になっている。こちらは山頂のすぐ近くまで亜高山針葉樹林が上昇してきている。ここは五、六合目と同じ火成岩でできているようだが、残念ながら私は確認していない。

コラム　秋吉台と平尾台のカルストを比較する

　カルスト地形については中学校あたりの教科書に出てくるせいか、鍾乳洞、ドリーネ、ウバーレ、カレンフェルトなどといった用語までよく知られている。主に石灰岩の溶食で生じる地形で、中国の桂林のような、円錐状の高まりがいくつもできる場合もあれば、秋吉台（山口県）のように緩やかな丘陵をつくる場合もある。

　秋吉台と福岡県にある平尾台は岩手県の龍泉洞と並び、日本三大カルストと呼ばれることがある。しかしカレンフェルトをつくる１つ１つの石塔（ピ

図１　秋吉台のカレンフェルト

図２　秋吉台のピナクルとラピエ

図3 平尾台のカレンフェルト

図4 千貫岩

ナクル）は、秋吉台（図1）では先が尖っていて、その表面にはラピエという小溝が発達している（図2）。

　一方、平尾台ではピナクルは頭が丸まっていてラピエはみられない（図3）。その典型は図4に示した千貫岩で、丸みを帯び、ほとんどタコのような形をしている。千貫岩などという名前でなく、タコ岩の方がよほどあっていると思われるほどである。なぜこんな違いが生じたのだろうか。

　秋吉台は日本最大のカルスト台地で、古生代の石炭紀ないしペルム紀（3億1千万年前〜2億6千万年前）に堆積したサンゴ礁起源の石灰岩からなる。当時、古太平洋の赤道付近に、玄武岩質の火山がいくつも生まれ、それぞれの島を取り巻くようにサンゴ礁が生じた。このサンゴ礁の石灰岩は、島が沈

下して海山になるのに伴って500〜1,000 mもの厚さをもつようになり、最終的に秋吉台の他、平尾台、帝釈台、さらには糸魚川の明星山などに分布する石灰岩になった。これらの石灰岩地域にはいずれもカルスト地形が発達するが、平尾台だけが地形が異なっている。

　平尾台の石灰岩はどこが違うのだろうか。堆積の時期は秋吉台の石灰岩と同じであるから、問題はそれより後にある。

　実は平尾台の場合、約1億年前、地下にマグマが貫入してきた。このためここの石灰岩は高温で焼かれ、再結晶化して粗粒な結晶質石灰岩、つまり大理石に近いものになった。石灰岩は通常、灰色のものが多いが、平尾台の石灰岩は大理石と言ってもおかしくないほど白く輝いている。

　粗粒な結晶の間には微小な隙間ができ、その中にシアノバクテリア(藍藻)が入り込んで繁殖した。それが石灰岩を溶かし、石塔の頭を丸くしたのだそうである。この話は、カルスト地形や洞窟の研究家の浦田健作氏から伺ったのだが、お陰でなぞ解きが可能になった。シアノバクテリアというのは、生物の進化の歴史の中で初めて光合成の能力を獲得した藻類で、副産物として酸素の大量発生をもたらし、地球環境を大きく変化させた生物として知られている。平尾台の石灰岩が本来は白いのに、表面が黒ずんでいるのもシアノバクテリアの色が着いたものであろう。

第VI部

永久凍土地域の植生

第1章 大雪山・小泉岳の植生

研究のきっかけ

　1974年、筆者の大学院時代の先輩である福田正己は、木下誠一と連名で大雪山の高山帯に永久凍土のあることを報告した（福田・木下, 1974）。これは富士山と並び、我が国初の永久凍土に関する報告であった。しかし凍土の厚さがどの程度なのかわからないため、福田からは筆者らに厚さを調べる手伝いをしないかという打診があった。調査地域はやはり小泉岳のなだらかな山頂部である。永久凍土の厚さを調べるために、物理探査や穴掘りといった作業をしたのだが、その過程で大雪山の永久凍土地域の植物群落という、新しいテーマをみつけることになった。永久凍土地域の植物が場所によって大きく変わるのに気づいたのである。何が原因なのだろうと見ていくと、永久凍土の表面が夏になると解けるのだが、解け水は地下に浸透できないため、地下水面ができる。その深さがどうやら植物の分布に関わっているらしいということがわかってきた。そこで2年後にあらためて出直し、釧路市立博物館の新庄久志さんと柳町治君の協力を得て調査した。うまく結果がでたので、生態学会誌に載せ、永久凍土の国際会議でも発表した。

1. はじめに

　大雪山系は北アルプス北部とならび、わが国では高山植物相の最も豊富な山域であり、高山植物群落の発達の最もよい山域である。そこの植生は、わが国の高山植生を代表するものと言ってよいだろう。

　大雪山系の高山植生に関する生態学的研究は古くは鮫島・三角（1955）や館脇（1963）の研究をみる程度で、これ以外では大場（1969）の高山荒原植物群落についての報告があるだけであった。しかし1970年代に入って、Ito, K. and Nishikawa, T.（1977）、伊藤・佐藤（1981）、工藤編著（2000）などによる精力的な調査が行われるようになり、この地域の高山植生の性格や分布はようやくはっきりしてきた。

　ところで大雪山系の山頂部には、富士山頂とともに永久凍土が分布する。この永久凍土の分布域はまだ正確には把握しきれていないが、その存在はこ

の山域の高山植生の分布や群落の組成に、かなり影響しているのではないかと予想される。しかし、これについて考察したものはこれまでなかった。

本稿は、福田・木下（1974）によって永久凍土の分布することが確認されている小泉岳（2,158 m）付近の植生について、永久凍土の存在が植生に与えている影響を考察したものである。

2. 調査地域について

大雪山系は北海道の中央部に位置し、標高 2,000～2,200 m 前後の多数の山々からなる一大火山群である。この火山群は火山の地形と発達史の違いにより、北部大雪山と南部大雪山に大別される。北部大雪山は白雲岳・旭岳以北のドーム状火山の集合体で、御鉢平をとりまくように配列する。火山の発達史は 2 回のカルデラの形成期を含み、複雑で、活動は完新世にまで及んでいる。

一方、南部大雪山は高根ヶ原以南の高原状の山々で、溶岩台地からなる。標高はやや低く、トムラウシ山を除けば 1,900 m 台にとどまっている。溶岩台地は大雪山の基底溶岩の堆積原面で、その形成は更新世前期にさかのぼる（国府谷ほか，1966）。

本研究の調査地域である小泉岳は、北部大雪山の南東端にあり、白雲岳（2,229 m）と赤岳（2,078 m）の間に位置する小ピークである。この山は広くなだらかな山頂をもつ小火山体で、更新世後期の古大雪溶岩（角閃石輝石安山岩）の流出により形成されたものである。この溶岩の噴出は大雪山の火山活動の第Ⅱ期に相当している。

小泉岳は小ピークではあるが、独立峰であるため風が強くあたり、北側を除けば、すべて強風斜面となっている。斜面上では砂礫地が卓越し、そこには多角形土や条線土といった現成の小型の構造土や、新旧のソリフラクションロープが生じていて、活発な周氷河作用の存在を裏づけている。また植被が斜面物質の動きを食い止めることによって生じた植被階状土もみられる（小疇，1965）。表層の岩屑は安山岩角礫や風化物質のほか、新期の火山活動によって飛ばされてきたスコリアやパミス、あるいは溶結凝灰岩の破片等で構成されている。粒径は 5 cm 以下のものが卓越する。なお、福田・木下（1974）が永久凍土の確認をしたのは、白雲岳との鞍部に近い緩傾斜地である。

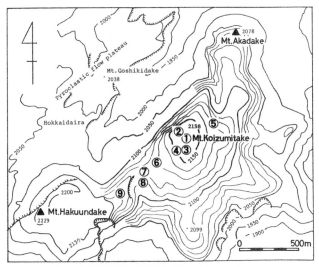

図 1-1 小泉岳山頂付近の地形と調査地点 (小泉・新庄, 1983)

3. 小泉岳における植物群落の組成

小泉岳の山頂部から白雲岳との鞍部にかけての斜面上に、9つの調査地点を設け（図 1-1）、植生調査を行った。それぞれの調査地点は 2-5 個の調査区からなる。1つの調査区は 2×2 m である。また比較のために白雲岳の東斜面にも調査地点を設けた（地点 9）。植生調査の結果は表 1-1 に示したとおりである。表の数字は種ごとの百分率被度を示す。

全調査地点を通じて植被率は 20〜40％程度と低く、砂礫地の占める割合が高い。これはこの山域が植物の生育にとってきびしい環境下にあることを示すものであろう。砂礫地には前述のように構造土が生じている。植物は全体としてイワウメ、ミヤマクロスゲ、ミネズオウ、ショウジョウスゲ、ミヤマキンバイ、コメバツガザクラ等の高山風衝矮低木群落の構成種が卓越しているが、実際には生育の場を異にするいくつかの群落が混入してきているとみることができる。表の群落組成はそれらの総体、つまり群落複合体（伊藤・佐藤, 1981）の形で表現されている。現場ではいくつかの植物群落がモザイク状に分布しているのをみることができる。

まず矮低木群落はローブとローブの間の凹地や古いローブの前面、あるい

表 1-1　植物群落の組成 （小泉・新庄，1983 を改変）数字はそれぞれの植被率を示す

地点	1		2		3		
標高	2,159		2,155		2,155		
方位	−		−		南南西		
傾斜	平坦		平坦		7		
群落の高さ（cm）	2–10		2–15		2–5		
植被率（％）	20		25		40		
調査枠	a	b	a	b	a	b	c
種数	9	10	15	16	12	13	12
イワウメ	10%	30	10	5	30	30	30
ミヤマクロスゲ		2	1		15	5	10
ミネズオウ		1			2	2	2
ショウジョウスゲ	15	10		1	2	1	5
エゾミヤマツメクサ			10	8			
ウスユキトウヒレン	2		1	5	1	2	2
ミヤマキンバイ	1	1	1	2	1	1	1
コメバツガザクラ	1	2	1		1	1	1
エゾハハコヨモギ	1		2	2			
チシマツガザクラ							
コメススキ				1	1	1	1
エゾオヤマノエンドウ							
イワヒゲ					1	1	
シロサマニヨモギ							
クモマスズメノヒエ			2	2			
ヒメイワタデ			1	1			
ウラシマツツジ							
キバナシオガマ							
エゾノマルバシモツケ							
クモマユキノシタ							
エゾイワツメクサ							
ホソバウルップソウ			10	20			
タカネスミレ			1	1			
コマクサ		1		1		1	1
エゾマメヤナギ			5	1			
エゾノタカネヤナギ							
ムシゴケ	2	10	2	1	25	10	10
エイランタイ属 sp.	2	10	2	1	10	30	20
スギゴケ属 sp.	1	1	2	1	1	1	1
ウスキエイランタイ							
ハナゴケ属 sp.							

	4			4–A		5		6			7	8	9	
	2,145					2,130		2,125			2,121	2,119	2,140	
	南西					南東		西			南	南	東	
	9					8		4			7	10	3	
	2					2–10		5			2–8	2–8	2–8	
	20			75		35		20			50	50	60	
	a	b	c	d	e	a	b	a	b	c	a	a	a	b
	11	11	14	10	13	16	14	13	7	11	13	16	16	15
	20	20	20	60	50	30	25	10	5	2	30	20	40	50
	1	1	4	40	30	6	6	2	2	1	1	2		1
	2	2	2	2	2	1	2	5		2	20	30	4	4
	1	2	2		20	1	2	2	10	4	6	6	25	6
	1	1	1	2	1	6	4	5	5	5	2	4	1	2
	1	1	1	1	1	1		1	1		1	1	1	1
	1		1	2	1					1			1	1
				6	2	2	1	1	2	1		1	6	6
						1	10				6	2		
		1			1	1	1					1		
													10	10
	1		1			2	1						1	
											2	4		
				1									2	1
													1	
							4							
													1	1
				1										
				1							1			
						1					1		1	
	a	b	c	d	e	a	b	a	b	c	a	a	a	b
	1	1	1	6	2	4	1	2				2		
		2	1		1			3	10	4		1		
	30	30	6	2	1	2	2	3		2				
	25	40	1		1	2	1	1					2	1
		2	1				1	2					2	1
							2						2	2
														1

は多角形土の粗粒部（径10〜20 cm程度の礫が集積し、相対的に安定している）に団塊をつくって成立しており、ムシゴケやエイランタイを伴うことが多い。この群落はこれまで報告されているコメバツガザクラ―ミネズオウ群集に相当しよう。

多角形土や条線土の粗粒部の縁辺地でやや不安定と思われる立地には、ウスユキトウヒレンやエゾハハコヨモギ、ヒメイワタデなどが分布する。小泉岳山頂の1、2、3の各地点では、タカネスミレ、コマクサとホソバウルップソウからなる群落が現れる。この群落の分布は多角形土や条線土の細粒部（2〜5 cmの礫が覆うか、直接シルト質の土層が表面に現れる）や新しいローブの上面といった、表土の攪拌や移動の激しい部分に限られている。この群落は従来報告されているコマクサ―タカネスミレ群集に相当しよう。

興味深いのはエゾマメヤナギとエゾノタカネヤナギの分布である。これらはウスユキトウヒレンやエゾハハコヨモギと同じく、構造土の粗粒部の縁に生育しているが、その出現地は2、4、5、6、8の各地点に限られている。この群落は伊藤らの報告しているエゾマメヤナギ―エゾオヤマノエンドウ群集に相当すると考えられるが、今回の調査ではエゾマメヤナギとエゾオヤマノエンドウの共存している地点はなく、エゾオヤマノエンドウは白雲岳の東斜面の地点9でみられるのみであった。

ところでヤナギ属の生育地というと、河川沿いなどの湿潤なところが多い。それゆえ本地域の2種類のヤナギも本拠地はかなり湿潤なところであろうと推定される。したがって本地域におけるこの2種類のヤナギ属の分布は、かなり異常な現象であるといえよう。本州中部山岳の高山帯強風地の例を挙げるまでもなく、一般に強風地は乾燥しているのが普通であり、ヤナギ属は通常そこには出現しない。すなわちこの山域の2種のヤナギ属の分布は、乾燥型の風衝地植物群落に、湿潤地の植物がまぎれ込んできた、ということを意味するわけで、これはこの地域独特の現象であるといえる。

伊藤・佐藤（1981）は、エゾマメヤナギ―エゾオヤマノエンドウ群落の立地が、緩傾斜で湿潤な山頂部であることを明らかにしている。これは上記の推定を裏づけるものである。しかし伊藤らはこうした湿潤な立地がなぜ生じているか、ということまでは明らかにしなかった。それゆえ、エゾマメヤナギ―オヤマノエンドウ群集の記載は行われたが、その分布理由の説明は

必ずしも十分なものではなかったといえよう。筆者らはこの現象を説明する鍵が永久凍土にあると考えた。

4. 永久凍土の分布と地温

　サーミスタ温度計の感部端子を地中に差し込み、地温の垂直的変化を調べていくと、地温はしだいに低下し、ある深度で氷点に達する。同時に感部はそれ以上挿入できなくなる。凍土の存在は以上の手順によって確認することができる。また細い金属棒を差し込んでいった場合、ある深度以上は差し込めなくなるが、その際の感触も石や基盤に突き当った時とは明らかに異なっており、これによっても凍土の存在を知ることができる。

　こうした手順によって筆者らが凍土の調査を行ったのは、高山植物の生育が最もさかんになり始める7月18日から23日（1981年）にかけての6日間である。調査の結果、凍土は小泉岳の全調査地点で確認され、予想以上の広がりをもっていることがわかった。しかし白雲岳東斜面の地点9では確認できなかった。

　筆者らは当初、永久凍土の分布はかなり限定されており、植物群落の組成や分布と直接的な関連があるだろうと予想していた。しかし凍土が広汎に分布することから考えると、この仮説は成立しそうもない。また永久凍土の影響として、地温の低下も予想したが、接地温度はどこでも日中15〜20℃まで上昇しており、晴天日には20℃を軽く超えると思われる。したがって植物の生育が制限されることはあり得ない。

　同じ理由で、凍土の融解深度も、直接的には植物の分布に関係のないことがわかる。この時期の融解線の深さ、つまり凍土層の上面は浅いところで−58cm、深いところで−110cmにあり、場所によりかなり異なっている（表1-2）。しかし植物群落の組成との間に特別な関係は認められない。以上の3点から、凍土の存在そのものは植物群落に対して直接的な影響を与えていないと判断した。

5. 地下水位と植物分布

　そこで次に注目したのが地下水面の深さである。一般に山頂部では水は流去するか浸透するかしてしまい、地下水面はみることのできないのが普通で

表1-2 地下水位の深さと活動層の厚さ (小泉・新庄, 1983)

地点	1	2	3	4	4-A	5	6	7	8	9
地下水位（cm）	deep	20-26	42	0	25	35	30	50	19	deep
7月下旬の活動層の厚さ（cm）	85	73	62		104	85	110	68	58	deep

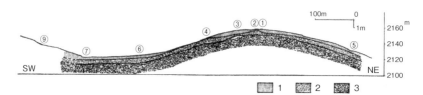

図1-2 小泉岳における活動層の厚さと地下水位（7月下旬）(小泉・新庄, 1983)
1：地下水位より上の活動層、2：地下水位より下の活動層、3：凍土層。数字は調査地点を示す

ある。しかし本地域の場合、地下水面はかなり浅いところにある。地下水面の深さは表1-2に示した通りで、最も浅いところでは地表面に現われており、調査地点の約半数で30cm以浅となっている。このように地下水位が高くなったのは、下層に永久凍土層が存在するために、地下水の浸透が妨げられ、地下水の飽和帯が生じたためと考えられる。地下水位は凍土の融解の度合とは直接関係はなく、むしろ地形上の位置に関係しているようにみえる。地下水位は小泉岳山頂の地点1、3ではやや深いが、山頂部緩斜面の地点2から緩斜面下方の地点4、6にかけては浅くなり、一部では地表面に現れて表流水となる。しかし白雲岳との鞍部付近では再び深くなり、鞍部からやや南へ下った緩斜面上の地点8では浅くなる。そして白雲岳の東斜面では再び深くなる。調査地点が少ないのではっきりとは描けないが、小泉岳一帯の地下水面と凍土上面の深さを模式的に示したのが図1-2である。

ところで表1-2に示した地下水面の深さと、エゾマメヤナギ、エゾノタカネヤナギの分布との関連を調べてみると、きわめてよい対応のあることがわかる。2種のヤナギの出現するところは、例外なく地下水面の浅いところであり、深いところには出現しない。その境界は-35cmあたりである。すなわち2種のヤナギの分布は湿潤な場所に限られており、その分布は地下水

面の高さによって決定されているといえそうである。なお、地下水面は凍土層の融解が進むにつれて、しだいに低下していくと予想されるが、植物の生育の最盛期である7月後半に、この程度の高さにあることの影響は大きいに違いない。

まとめ

1. 永久凍土の分布が確認されている大雪山系小泉岳一帯で植生調査を行った。ここではイワウメやミヤマクロスゲ、ミネズオウ等を主体とする高山風衝矮低木群落が卓越するが、一部ではその群落中にエゾマナヤナギ、エゾノタカネヤナギという、本来湿潤地に生育の本拠をもつと考えられるヤナギ属2種が混生する。これはこの山域独特の分布現象であると考えられる。

2. その原因を探るために永久凍土の分布、凍土上面の深さ、地温、地下水位の深さを調べた。このうち永久凍土は小泉岳の山頂部全域に分布しており、それによる説明は困難であった。永久凍土上面の深さ(すなわち融解層の厚さ)は、7月20日現在で-60〜$110\,cm$にあり、ヤナギ2種の分布と直接関係は認められなかった。また凍土の存在に起因する表層土壌温度の低下も認められず、それによる説明もできなかった。

3. 地下水位は小泉岳山頂と小泉岳—白雲岳の鞍部で深く、小泉岳山頂につづく緩斜面で高かった。これは表層地下水の動きによるものと考えられるが、この地下水位の深さと、2種のヤナギの分布との間には強い関係が認められた。ヤナギの分布は7月20日現在の地下水位が$-35\,cm$以浅の部分に限られている。地下水位が高いのは、地下に凍土層があって地下水の浸透を妨げているためと考えられ、こうした地下水位の上昇のため、本来乾燥型の植物群落である風衝矮低木群落中に、湿潤型の2種のヤナギが混在するようになったと考える。

第2章 極北の島・エルズミア島の植生

研究のいきさつ

　筆者は1983年、フェアバンクスで開催された永久凍土の国際会議に参加し、トロント大学のジョセフ・スボボダ教授と知り合いになった。そしてそれがきっかけで、教授と彼の指導学生たちが調査をしているカナダ北極圏エルズミア島の調査地に招待してもらうことができた。調査地域のスヴェルドラップパスはエルズミア島の中央付近の北緯79.5度にあり、筆者はそこに1997年の6月から7月にかけて滞在し、北極圏の自然を垣間みることができた。お招きいただいたスボボダ教授に心から感謝申し上げる。

1. カナダ北極圏のエルズミア島の自然

　カナダではハドソン湾付近から北極諸島にかけて広大なツンドラ植生が広がっている。ツンドラはそこに生育する植物群によって、①ヤナギなどの低木とワタスゲ湿原が優勢な辺北極（Low Arctic）、②クロマメノキやキョクチヤナギなどの矮低木群落と草本が優占する中北極（Middle Arctic）、③極地砂漠が広がり、草本がわずかに分布する真北極（High Arctic）の3つに分けられている（図2-1）。エルズミア島を含むクイーンエリザベス諸島は真北極の典型とみなされ、そこではまさに砂漠に似た荒涼たる景観が卓越する。

　ところが極地砂漠のところどころに草本や矮低木が青々と茂る草地が存在することが発見され（Bobb, T. A, and Bliss, L. C., 1974, Bliss, L. C., 1977)、この草地は極地オアシス（arctic oasis）と呼ばれるようになった（Svoboda, J., 1990）。スヴェルドラップパスも極地オアシスの一つである（図2-2）。極地オアシスの占める比率は、クイーンエリザベス諸島全体の1〜2%に過ぎないと推定されているが、生態学的に重要な場所であるため、そのいくつかについてはすでに大部の研究報告が出されている（Bliss, L. C. 1977, Svoboda, J. and Freedman, B. ed., 1981, 1994）。

　エルズミア島では標高1,000m弱の高原状の山地・丘陵地が卓越する。グリーンランドに面する東部を中心に、高地は氷帽に覆われるが（図2-3）、

354　第Ⅵ部　永久凍土地域の植生

図 2-1　カナダ北極圏の区分（小泉，1997bを改変）

図 2-2　極地オアシスの草原が広がるスヴェルドラップパス

　これはいわば2万年前にカナダを中心に五大湖付近までを覆っていた、巨大なローレンタイド氷床のなれの果てである。島の西部や、東部でも低地や谷では氷河はすでに消滅しており、そこでは厚い永久凍土が存在している。
　この島では北緯80度にあるエウレカ（Eureka）で気象観測が行われている。そこのデータによれば、年平均気温は－20℃と低く、年間を通じての最低気温は－42℃に達する。しかし7月の日最高気温は平均して8℃に達し（図2-4）、よく晴れた風のない日には20℃を越えることもある。気温の日較差は年間を通じて小さく、およそ5～6℃程度である。これは、夏は白夜のため一日中日が当たり、逆に冬の半年は終日日が当たらないことによる。

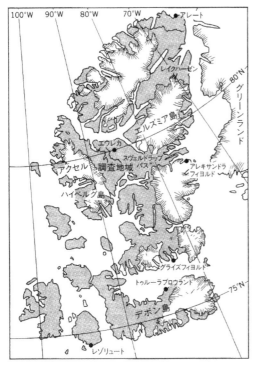

図 2-3 エルズミア島の氷河と調査地域 (小泉, 1997b)
ハッチで囲まれた白抜きの部分が氷河

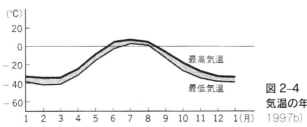

図 2-4 エウレカにおける気温の年変化 (小泉, 1997b)

年降水量は 50～200 mm と砂漠並みに少ない。植物の生育期間は短く、夏の 2～3 カ月に過ぎない。この間、平均気温は 4.4℃ と低いが、一日中日射があるために、植物の生育が可能になっている。

図 2-5　パスの両側の山地から延びる氷河

2. 最後の氷河の地　スヴェルドラップパスの自然

　スヴェルドラップパス（以下、パスと仮称）はテルズミア島のほぼ真ん中の北緯 79.5 度にある氷食谷である。上に開いた幅の広い U 字谷が大きくうねりながら東西に延び、島を二分する通路のような形になっている。その全長は 75 km に達する。谷底は幅 2～3 km で、ほぼ平坦である。パスとその周辺地域では、これまでの調査で 75 種の維管束植物が確認されており、それらは 7 つの植物群落に分けられている。

　調査用のベースキャンプはパスの谷中分水界に近いところにあったが、そこはパスでは最も高いところで標高は 250 m を越えていた。パスの南北は比高 500～750 m の山地になっており、このためパスはまさに回廊のようにみえる。南北の山地にはいずれも氷帽があり、そこからいくつもの氷河がパスに向かって舌状に延びている（図 2-5）。写真の氷河は 200～300 年前の小氷期には前進したが、現在は年に 10 m ほどの速度で後退しつつある。

　氷河時代にはパスはすべて氷河に覆われていた。しかし地球全体が現在よりも温暖になった 4,000～6,000 年前に氷河は後退し、現在のような姿になった。このためパスの底には氷河堆積物や氷河の解け水がもたらした砂質の堆積物があり、ところどころに大きな迷子石がみられる。現在、夏だけ流れる川がこれらの堆積物を浸食し、深さ 1～2 m の流路を刻みこんでいる。なおエルズミア島には現在、先住民は住んでいないが、パスでは 3,500 年前のものとされるウサギ狩り用に並べた石の列が発見されており、当時すでにここ

図 2-6　ドロマイトの山の北面に生じた崖錐

図 2-7　ドロマイト地域の斜面にできたソリフラクションローブ

が、草が生え、ウサギもいて、人が住める環境になっていたことを示している。

　パスの南北の山地は地質が異なっている。南側の山は古生界のドロマイト（炭酸塩岩の一種で白雲岩ともいう）からなるが、北側の山は、カナダ盾状地をつくる先カンブリア紀の花崗岩からなる。山の地形は地質の違いを反映して南北ではっきり異なっている。南側のドロマイトの山では急な崖の下に長大な崖錐斜面が発達するところが多い（図 2-6）。しかし地層が西に傾いているため、パスが北西に向きを変えると、傾いた地層は層理面がそのまま斜面を形づくるようになり、そこではみごとなソリフラクションローブが斜面を覆う（図 2-7）。ドロマイト地域では山地斜面を流れ下る沢は少ないが、稀に生じる沢は基盤を深くえぐって流れ、山麓に土砂をためて小さな扇状地をつくっている。

図 2-8 キョクチチョウノスケソウの群落

図 2-9 花崗岩地域の植物群落　白いのはキョクチチョウノスケソウの花

　北側の花崗岩の山はドロマイトの山に比べて傾斜が緩く、斜面上のいたるところに砂礫質の氷河堆積物が乗っている。氷河堆積物は直径数十 cm の巨礫から砂やシルトまでを含む。堆積物は厚いところと薄いところがあり、全体として階段状の斜面をつくる。斜面上部の沢筋に当たる部分では、氷河堆積物からは細粒物質が洗い流されて、巨礫だけが集まっている。また、巨礫の集積の下方に当たる沢筋では、細粒物質が集まってソリフラクションで移動し、巨大なローブを形成している。比高にして 500 m ほど上るとなだらかな山頂部に着き、その先は広大な氷帽の高まりにつながっていく。山頂部から延びる稜線の一部には氷食を受けた基盤の花崗岩が露出し、そこに迷子石が載っている。
　花崗岩地域の沢はドロマイト地域に比べて多く、斜面上を幾筋も平行して走っている。このうち氷河の解け水が流下する沢は勢いが強く、基盤岩を峡

図 2-10　イワヒゲの群落

谷状に深くえぐって流れている。しかしそれ以外の沢はごく浅いものがほとんどで、水量も少なく、斜面上にのった氷河堆積物を浅く削るように流れている。これらの小沢は山麓に小さな扇状地をつくっているが、氷河の解け水に起源する沢のように水量の多い場合は、山麓になだらかで広い扇状地をつくる。

3. 極地に生きる植物たち

パスとその両側の山地の植物群落は、地質および地形ごとに明瞭に異なるので、以下では北の花崗岩の山、南のドロマイトの山、それに氷河堆積物からなるパスの谷底の3つに分けて記述する。

(1) 北の山（花崗岩地域）

花崗岩地域では、氷河堆積物が斜面上を広く覆い、そこにキョクチチョウノスケソウ（*Dryas integrifolia*）が優占する群落ができている（図2-8）。ここでは巨礫の間を中小の礫が充填して安定した表土をつくり、植物は主として風の当たりにくい巨礫の陰や礫間の隙間に生育する（図2-9）。スゲ類やキョクチヤナギ（*Salix arctica*）、ユキノシタ科の *Saxiflaga oppositifolia*（以下、キョクチユキノシタと仮称）も分布し、地衣類、蘚苔類も多い。

この群落の植被率は高い場合には40％に達し、全体を平均した場合でも20％に達する。

この群落の存在は極地オアシスの成立に重要な役割を果している。小さ

図 2-11　氷河をバックにしたジャコウウシ

な流れが氷河堆積物を浸食してできた小沢沿いには、細粒物質に乏しいが、水分条件に恵まれた砂礫地が発達する。ここではきれいな花をつけるイワヒゲが優占し（図 2-10）、それにキョクチチョウノスケソウやスゲ類、キョクチヤナギが混じる。植被率は 60％ に達する。遠くからみると、黒くみえ、その存在がよくわかる。

イワヒゲについては、これまでの研究で 1 年にわずか 4 節の葉が成長するということが明らかになっている。年に 4 mm。あきれるほど遅い成長である。花崗岩の山から下ってきた川がパスに出るところには、大小のなだらかな扇状地ができており、そこから低地にかけての部分はスゲ類の $Carex$ $aquatica$（以下ではミズカヤツリと仮称）が優占する青々とした草地に覆われている．これはまさに極地オアシスを代表する草地である。植被率は 60％ 程度に達する。優占種はワタスゲ（$Euphorbia\ triste$）やムカゴトラノオ、ミズゴケ類で、地表に薄く水がたまり、流れのそばでは泥炭もできているので、景観上はほとんど湿原と言ってもよい。またキョクチヤナギは全域に広く分布する。キョクチヤナギはこのような湿ったところだけでなく、乾燥した土地にも分布しており、その環境適応力には驚かされる。

ところで、パスにはジャコウウシ（図 2-11）が生息しているが、大型の動物であるため、彼らが歩いた後は植被がひっかかれて表土が崩れることがある。そうした場所は凍結融解作用の働きを受けて土壌が不安定化し、そこにはピンクの花をつけるキョクチユキノシタが点々と現われる。

氷食を受け、尾根上に露出した花崗岩の基盤上では、植物はごく乏しく、

図 2-12　キョクチユキノシタ
中央下の黒い色の植物

景観上は無植生に近い。また、谷筋の巨礫だけの堆積物上でも植物はほとんどみられない。

(2) 南側の山（ドロマイト地域）

ドロマイト地域ではパスの南を限る急崖と、そこから落下した岩屑のつくる崖錐斜面が広い部分を占める（図 2-6）。岩屑は細かく、崖錐の上部に堆積した細粒物質が岩屑流となって斜面上を流れ下っている。崖からは凍結破砕作用によって岩片がつぎつぎに剥がれ落ち、また崖錐上では斜面物質の堆積や移動が激しいので、植物の生育は不可能で、結果として、ここは無植生となっている。

ドロマイトの基盤は通常、細かく砕かれ、岩片となって剥離していくが、一部の岩層は凍結破砕作用に抵抗し、破砕を免れて基盤のまま残っている。なぜこうなるのか原因は不明だが、石英分の多い層が抵抗性の高い地層になっているようにみえる。厚いドロマイトの地層の中にはこうした"硬い"地層が何枚かあり、それぞれ平坦な面と崖をつくりだしている。ここでも植物は皆無である。土壌もないし、水分条件もよくない。植物の生育は困難と言ってよいであろう。

南側の山を西に向かって進むと、ドロマイトの層理面がそのまま傾斜 5 度ほどのなだらかな斜面をつくる場所にでる。ここでは斜面上にみごとなソリフラクションローブが無数に生じており、特異な景観をつくっている（図 2-7）。ローブは長さ 2〜5 m、幅 1 m、高さ 30 cm 程度のものが多く、上面の表土は径 5〜6 cm 程度の礫が 4 割、泥が 6 割を占める。ローブ間の凹地

には径 15 cm から人頭大の礫が集積している。この斜面での植被率は 2% 程度で、ほとんど無植生にしかみえないが、キョクチユキノシタやキョクチヒナゲシがローブ間の凹地の大礫の周りにわずかに生育している（図 2-12）。ローブの上面はまれな例外を除き、無植生である。

ローブの構成礫をよく観察すると、ドロマイトの礫の中に花崗岩の礫がしばしば混じりこんでいるのがわかる。これは明らかにかつての氷河の堆積物に起源するものである。氷河の後退後、基盤のドロマイトが花崗岩礫をのせたまま凍結破砕作用を受けて破砕され、岩屑が花崗岩礫を含んだまま移動してソリフラクションローブをつくりだしたのであろう。

山から下ってきた川がパスにでるところには扇状地ができている。ここはドロマイト地域では例外的に植物群落が発達し、流れに近いところにはミズカヤツリやワタスゲ、それにスズメノテッポウの仲間やキンポウゲの仲間、ムカゴトラノオ、ミズゴケなどからなる草地が成立している。この群落はつぎに述べる谷底の平坦地の一部にまで広がっており、そこでは水流が広がって湿原のような景観を呈している。川からやや離れたところにはスゲ類やイネ科の草本からなる草地ができている。

(3) スヴェルドラップパスの谷底

パスの谷底の平坦地は、氷河堆積物や氷河の解け水がもたらした堆積物からなる。表土は砂礫または礫混じりのシルトないし砂で、表面はかなり乾燥している。ここでは全般的に植被は乏しく、ところどころに地面をはうように広がったキョクチヤナギのかたまりがみられるだけである。全体をならした場合の植被率は 10% 程度にすぎない。ただ迷子石の周辺、特に西側にはキョクチチョウノスケソウを混じえたかなり密生した群落ができることがある。これは迷子石の周囲に雪の吹き溜まりができやすく、水分条件がよくなっているためだと考えられる。

川沿いの低地の一部では氷河の解け水があふれて湿地状になり、そこにはさきに述べたなだらかな扇状地上と同じミズカヤツリとワタスゲの優占する草地群落ができている。

平坦地にはところどころ高さ数 m～20 m ほどのエスカー（氷河中に生じた水流によって形成された堤防状の高まり）またはドラムリン（氷河の動きによって生ずる長円形の高まり。砂礫や基盤からなる）と考えられる丘があ

**図 2-13
アースハンモック**

る。このうち長く延びるものはエスカー、楕円に近いような形をしたものはドラムリンと考えてよい。こうした丘の西側斜面の下部を中心にみごとなアースハンモックが分布する（図2-13）。これについてはすでに報告があり、直径15～60 cm、高さ20～50 cm程度とされているが、写真に示した場所のアースハンモックは特に大きく、楕円形の長径が80 cmを越すものが少なくない。

　アースハンモックは風成の砂やシルトから構成されるが、これはおそらく強い東風によって、氷河堆積物や氷河の解け水がつくった平地から吹き上げられた砂やシルト、レス（黄土）が、風下側の丘の背後に吹き溜まったものである。そこは雪の吹き溜まりも多く生じるために土壌水分がほかに比べて多くなり、その結果、凍上の作用を強く受けてアースハンモックをつくりだしたのであろう。アースハンモックはほぼ全面的に植物に覆われるが、そのおもなものはキョクチヤナギで、これにキョクチチョウノスケソウやキョクチユキノシタ、ムカゴトラノオ、イネ科の草本などが加わる。

　エスカーの丘はもともと砂礫からなるが、丘の上部は風食の作用を受けるせいか、ほとんど植物がつかず、砂や細礫が露出している。こうした厳しい立地には黄色のきれいな花をつけるキョクチヒナゲシが点在している。

4. 地質が決める極地植生

　極地の植物の生育環境の特色として、つぎの8つがあげられている（Svoboda, J. and Freedman, B. 1994）。①寒く長い冬、②涼しく短い夏の生

育期間、③栄養分の不足、④乾燥、⑤強風で砂や雪片が飛ぶことによる擦りみがき、⑥貧弱な土壌、⑦活発な凍結破砕作用と凍結融解作用、⑧動物による食害。

こうした悪条件に対する適応として、植物が次のような特色をもつことが指摘されている。飛砂などの害を避けたり、暖かい接地温を利用したりするために、丈を低くし、地表面をはうような形をとるものが多い。また、エネルギーと栄養分を節約するために、常緑のものがほとんどである。種子が発芽しても成熟した個体になれるものは稀なので、栄養繁殖するものが多く、そのためきわめて長寿である。栄養分に対する要求が少なく、貧栄養でも生育が可能である。乾燥や低温に対する耐性が大きく、雪解けの後、すぐに成長を開始する能力をもつ。

パスとその両側の山地における環境条件も植物の生活形もまさに指摘の通りである。しかしこれまで述べてきたように、南のドロマイトの山地と北の花崗岩の山地では植物の分布状況に著しく差があり、これは上にあげたような一般論では片づけることができない。一口に言ってしまえば、ドロマイトの山は極地砂漠に含まれるのに対し、花崗岩地域とパスの谷底は極地オアシスに含まれるということである。なぜこうなるのだろうか。

パスに近いアレキサンドラフィヨルド（Alexandra Fiord）の極地オアシスを調べた Freedman *et al.*（1994）は、気候条件を重視し、低地を取り囲む山地斜面が日光を反射し、かつ赤外線を放射して低地を暖めるために、オアシスができるのだと主張した。彼らはこれを"オーブン効果"と呼んでいる。この効果の影響で、1980～1988年の夏の気温がアレキサンドラフィヨルドでは平均5.1℃に達したのに、周囲に極地砂漠が広がるエウレカでは4.4℃に止まったという。このオーブン効果はデボン島のトゥルーラブロウランド（Truelove Lowland）からも報告されており（Bobb, T. A. and Bliss, L. C. 1974）、スヴェルドラップパスについても同じ効果の存在が推定されている（Svoboda, J. 1990）。

しかしながら筆者は、この効果だけでは北の山と南の山の植物群落の分布の違いは説明できないと考える。温度条件だけを考えれば、なだらかな南向きの斜面をもつ南側の山のほうが、北側の山よりも有利だと考えられるのに、実際の植物群落の発達程度は北側の山のほうがはるかによいからである。明

らかに気候条件とは別の説明が必要である。

　筆者は植物群落の発達の差をもたらした最大の原因は、南北の山の地質の違いだと考える。ただし重要なのは、地質の違いがもたらす表土の化学成分の違いではなく、筆者が日本アルプスの白馬岳などから報告したような、現在の気候条件下での凍結破砕作用や凍結融解作用に対する反応の違いである。南の山では、ドロマイトが凍結破砕作用を受けて細かい岩屑を生産し、それは崖から落下して長大な崖錐斜面をつくっている。また斜面がなだらかなところでは、岩屑はソリフラクションによって移動して無数のソリフラクションローブをつくり出す。いずれの斜面上でも岩屑の移動は活発で、筆者はこの表土の不安定さが植物の定着を困難にしていると考える。ローブとローブの間の礫の集中部にわずかにキョクチユキノシタがみられるが、これはこの部分が比較的安定しているからであろう。またドロマイト地域では、地層中の硬い部分が岩盤となって露出しており、そこでは土壌の欠如と水分不足のために植物の生育は困難である。ドロマイト地域で植物の生育のいいのは扇状地上だけである。ここでは細粒物質が洗い流されてしまったために、表土は砂礫を主体とするものとなって安定している。これに加えて水分条件もいいために、青々とした草地が出現し得たのだろう。

　これに対して、北の山をつくる花崗岩はカナダ楯状地を構成する花崗岩の一部にあたり、もともと基盤に入った節理（割れ目）が少ないため、岩盤は凍結破砕作用をほとんど受けつけず、ごく一部の例外的なところを除いて現在岩屑の生産は生じていない。しかし斜面上は氷河の堆積物が覆い、それは砂、シルトから礫、巨礫までを含んでいるためにきわめて安定している。植被の定着がよいのはこうした条件によるものだと考えられる。

　花崗岩地域では浅く小さな沢がたくさんあるのも植物の生育にとっては有利といえる。小さな流れに沿ってイワヒゲの群落ができているし、水流がパスにでるところにはミズカヤツリを主体とする草地ができる。このことも極地オアシスの成立には重要な条件となっている。

　以上のような事実から筆者は、極地の厳しい環境条件が極地砂漠を成立させ、オーブン効果によって特に恵まれたところに極地オアシスが成立すると考えるよりも、極地の気候環境は本来、極地オアシスを成立させるだけの可能性をもっているが、岩屑の生産・移動が活発で斜面物質が不安定なところ

では、その可能性が失われてしまうのだとしたほうがいいのではないかと考えた。花崗岩地域のようなところではこの可能性はそのまま実現されるが、ドロマイト地域のようなところでは可能性は失われてしまうということである。実際にこれまで極地オアシスの報告されているところをみると、いずれも基本的に花崗岩地域に一致している。つまりオアシスが成立しているのは花崗岩地域に限られる可能性が高い。真北極の地質図をみると、ドロマイト地域や石灰岩地域が広い面積を占め、花崗岩地域の占める割合は小さい。極地オアシスの占める比率が2％弱というのは、花崗岩地域の面積の割合を示しているように思われる。

　なおすでに述べたように、ドロマイト地域で植被が乏しいのは岩石の化学成分の影響によるものではない。したがってドロマイト起源の岩屑であっても、いったん氷食をうけ、その後堆積したというような場合は、さまざまな粒径のものが混じっているから、安定し、そこでは植物の生育が十分可能である。たとえば低地にはドロマイトからなる迷子石の岩塊があり、その周囲の氷河堆積物にもドロマイト起源の物質が多い。しかし周囲にはキョクチャナギやキョクチチョウノスケソウの群落が広がっている。

おわりに

　極地オアシスの成因を巡って、筆者はトロント大の大学院生と一緒に現地を歩きながら以上のような説明をしたが、それはそれまでの「オーブン効果」の否定につながるわけだから、当然ながら猛反発を受けた。彼らは「オーブン効果」を裏づけるために南北の山地を歩き回り、気温などの調査をしている。そこに教授の友人だという見知らぬ日本人がやってきて、それまでの調査結果をあっさり否定するのだから当然であろう。いろいろ議論をしたが、最後は「そんな話は未だかつて聞いたことがない」ということで物別れに終わってしまった。

第3章　黄河源流地域の植生

研究のきっかけ

　1985年はアジア太平洋戦争の終結40周年の記念の年に当たり、中国でもこれを記念して、それまで外国人の立ち入りを禁じていたチベット高原に、制限つきながら海外の報道陣や山岳団体などを受け入れることになった。日本ではNHKと日本山岳協会の2つが承認された。筆者が参加したのは、「日中合同黄河源流青蔵高原探検隊」というチームで、中国側の登山団体と共同で登山と科学的調査を行うことが目的である。

1. 世界最大の高原・チベット高原

　黄河源流地域はチベット高原の東部にあたる高原である。その高山植生はごく新しい地質時代に起源したと考えられており、夏でも雪が降り、霜が降りるといった気象条件や永久凍土の存在を反映して、きわめて独特のものとなっている。

　中国西部のチベット自治区から青海湖にかけて広がる高原は、青蔵高原（青海西蔵高原の略称）と呼ばれる、世界最大の高原である。ここは平均高度が4,000mを超す高地であることからさまざまの分野の研究者の興味をひいてきたが、外国人の立ち入りは、政治的な理由でごく近年まで拒否されてきたため、そこの自然や人間生活についてはごく断片的にしか紹介されることがなかった。

　この地域は知られざる青蔵高原の中でも特に科学的な調査報告の少ないところで、青蔵高原の一部を構成するチベット高原に比べてさえ、調査の立ち遅れが目立つ。特に植生に関しては、このことが顕著で、中国全般の植生を扱った大部の著作『中国植被』（1983）にみられる概括的な記述を除けば、わずかに衛星写真から植生の判読を行なった研究がある程度である。その意味でこの地域の植生を観察できたのは、大変幸運であった。

　青蔵高原の高山植生は、北方のツンドラ植生との類縁関係が強いとされるわが国の高山植生とは異なり、北方ツンドラとの関係はほとんどないらしい。北方との共通種はきわめて少なく、大部分の高山植物は第四紀に入ってから、

青蔵高原の急激な隆起に伴って進化したものだと考えられている。したがってこの地域の高山植生は、世界的にみてもアフリカの高山帯の植生などと並ぶ、独特のものといえよう。本稿ではその一端をわが国の高山植生と対比しながら紹介したい。

2. 青蔵高原の生態環境

植生の分布について触れる前に、まず青蔵高原北部の生態環境について簡単にのべよう。

この地域の年降水量は 350〜550 mm である。したがって気候的には半乾燥地域に属する。ただ降水が夏に集中するため、植物の生育には有利で、全体としてはかなり密度の高い草原が展開する。反面、標高 4,000 m を超える部分では、「チベットでは 1 日に四季がある」といわれるほど天気の変わり方が激しく、晴天でも突然、雪になってしまうようなことが珍しくない。したがって植物には天候の急変、特に雪に対する耐性が必要である。逆に冬季は乾季にあたるためにほとんど雪が降らず、植物はいちじるしい低温と強風に直接さらされるという、苛酷な条件下に置かれる。冬季はジェット気流が直撃するために、高原は暴風の支配下に入ってしまうのである。

気温は低い。平均気温 0 ℃の線は黄河源流地域では標高 3,500 m 付近にある。高原上では夏でも日中の気温がようやく 10 ℃を超える程度にすぎず、これは植物の生育期間をいちじるしく短いものにしている。生育可能期間はたとえば、標高 4,500 m ではわずか 8 週間程度にすぎない。またそれにもまして植物にとって重要なのは、夏の生育期における、夜間の冷えこみである。標高 4,500 m を超える部分では、朝方の接地温がほぼ連日、0 ℃を大幅に下回り、植物体はひどく凍結してしまう。これは植物にとってはきわめて苛酷な条件である。普通の植物ならば、一度の凍結で枯死してしまうだろう。青蔵高原に綿毛をもつ植物が多いのはこの反映かもしれない。

熱帯高山ではこのような高度帯はほぼ無植生の構造土帯になっている。また北方ツンドラでは日較差が小さいため、こうした場所は稀にしか生じない。つまりこの高原の温度環境は熱帯高山や北方ツンドラよりも植物にとってはきびしいといえる。このことはこの高原の高山植物の起源を考える際、かなり重要な条件になりそうである。

わが国の高山帯はこれに比べると夏の条件がはるかに温和である。日中は15〜20℃まで気温が上昇するし、夜間も氷点下になることはまずない。植生分布は冬の環境条件によってほぼ決定されており、この点がこの高原との大きな相違点になっている。

　青蔵高原では、冬季は零下20〜30℃まで気温が低下し、地面は硬く凍結してしまう。その結果、黄河源流地域では標高4,300 m付近から不連続な永久凍土が出現し、4,500 mを超えると全域が永久凍土地域となる。これも植生分布に関わる重要な要因である。

　一方、青蔵高原では空気が稀薄であるため、著しく日射が強い。それは20〜30 cm積もった雪が2、3日中にほとんど融けてしまうほどである。強い日射は接地温もいちじるしく高め、たとえば筆者が1985年6月21日の午後2時に標高4,600 mの草地で測定したところ、気温は10.8℃にすぎないのに接地温は24〜30℃程度まで上昇していた。このような地温の上昇は、植物の生産力を高めるが、同時に、植物の矮小化（植物の大部分は高さ数cm以下である）に貢献していると思われる。なお、日射とともに紫外線も強く、これはこの高原の植物の花を黄や紫など、色あざやかなものにしていると考えられている。このほか、植物分布に関わる要因としては、地表面の凍結融解に伴う岩石の破砕やソリフラクション（土壌の流動）、扇状地や沖積地における表面洪水（浅い水流が地表面に広がって勢いよく流れるもの）などを挙げることができる。これらについても後で詳しく述べるが、この影響を受けた植生は面積的には相当の広さをもっているようにみうけられた。

3. 植生の垂直分布

　筆者らのたどったコースは、青海省西寧市を基点に、青海湖（北緯37度）から青康公路を南下して、黄河上流の馬多（マド）という町に至り、そこから西に向かって黄河源流地域（北緯35度）に進む、というものであった（図3-1）。緯度的には日本アルプス全域とほぼ同緯度である。標高は青海湖が3,200 m、黄河源流地域が4,300〜5,200 mである。植生分布の概要を述べると次のようである。まず青海湖周辺では、*Achnarherm chingii*、*A. splendis*あるいは*Stipa grandis*といった、イネ科草本が卓越する。これは中央アジアからつづくステップ植生のながれらしい。前の2つは高さ50〜60 cmに達する

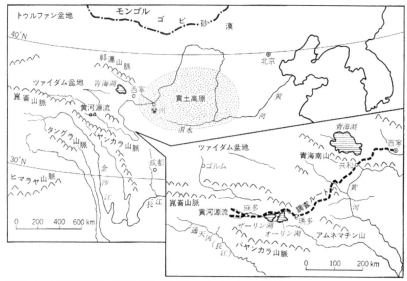

図 3-1 黄河源流地域の位置と調査ルート (小泉, 1986)

剛壮な多年生植物である。

標高 3,400 m を超えるあたりからヒゲハリスゲの仲間である *Kobresia humilis* が現われ、すぐ優勢になった。これはスゲ類に似た幅広の葉をもつ草本で、高さは 4 cm ほど。一見芝生状のきれいな草原をつくる。この *K. humilis* や同属の *K. pygmaea* はこれより上部の高度帯の優占種となり、その状態は氷河周辺地域の下限までつづく。ただ、*K. pygmaea* については、青海湖の湖岸に広がる沖積平野でも優占しているのを観察した。その生育地は野地坊主ができていることからみて、寒冷湿潤な環境であると考えられる。どうやら本来の高度帯より低い、飛び地的な分布らしい。

なお、*Kobresia*（ヒゲハリスゲ属）は、最近の DNA による研究で *Carex*（スゲ属）に統合されることになったようである。しかしここではわかりやすさを優先し、*Kobresia* を用いることにしたい。

K. humilis や *K. pygmaea* の優占は、標高 3,600〜3,800 m 付近で一時中断する。われわれは共和盆地の南の峠を越える際、この高度帯で、太めのろうそくのような奇妙な形をした低木をみた（図 3-2）。高さは 40 cm ほど。

第3章 黄河源流地域の植生　371

図3-2　マメ科の低木
Caranga jubata　花はきれいだが、鋭いトゲがある

図3-3　星宿海　元代に黄河の源泉とされた湖沼群。海抜約4,350m

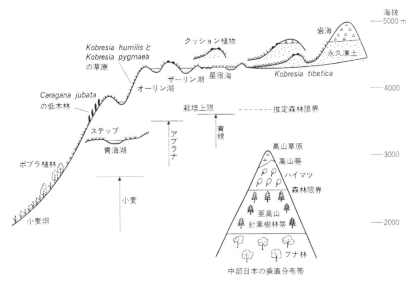

図3-4　黄河源流地域と中部日本の垂直分布帯の比較（小泉，1986）

　明らかにマメ科とわかるピンクのきれいな花をつけており、疎ながら明瞭な低木林をつくっている。葉は小さく、長いトゲが全身を覆う。この植物は

図 3-5 永久凍土地域の指標植物 Kobresia tibetica
もこもこした湿性の草原をつくる

Caragana jubata といい、中国ではこれを高山低木林の一種とみなしている。

オーリン、ザーリンの2つの湖と星宿海（図 3-3・3-4）を過ぎ、最後の集落・麻多公社を抜けた、標高 4,300 m を超える辺りから、Kobresia tibetica という、別種のヒゲハリスゲ属が現われ始めた（図 3-5）。これは K. pygmaea などと同じ属とは思えないほどゴワゴワした植物で、高さも 20 cm 程度とはるかに高い。この植物は 4,500 m を超す高地では、山地斜面を除いて圧倒的な優勢を誇り、黄河源流地域はもっぱらこの植物群落に占拠されていると言ってもよい。この植物群落の分布は明らかに永久凍土の分布と関連しており、青蔵高原を特色づける植生となっている。

標高 4,700 m を超えると、氷河周辺の岩礫地に入る。植物は急に乏しくなり、Saussurea wellby（キク科トウヒレン属）のように、地表にへばりつくような形をした植物がわずかに点在するだけになってしまう（図 3-6）。この高度帯の下限はかなり明瞭で、上部は雪線までつづく。雪線は標高 5,200 m ぐらいにあるらしい。しかし西隣りの崑崙山脈に比べ、黄河源流域を含むバヤンカラ山脈は氷河の発達が悪いから詳しいことは不明である。

以上、垂直分布帯の概要を述べたが、こうした垂直分布帯は、実際には地形と関連して現われるさまざまな植物群落によって大きく乱され、複雑な植生分布のパターンが生じている。次にこれについて触れるが、その前に垂直分布に関連する一、二の問題について先に検討しよう。

図 3-6　*Saussurea wellby*　中国名を雪蓮といい、トウヒレン（キク科）の仲間

4. 高山帯の下限はどこか

　この地域は半乾燥地帯であるため、四川省や雲南省からチベット高原に入る場合とは異なり、自然の森林はまったくみることができない。当然のことながら森林限界ははっきりせず、通常の定義による高山帯の下限は決めることが困難である。しかしながら植林されたポプラは標高 3,000 m でも十分な成長を示しているし、日月山や青海湖周辺では標高 3,500 m までアブラナや大麦の高地用改良種・青稞（チンコー）が広く栽培されているので、針葉樹ならばそれ以上の高さまで生育が可能だろうと推定できる。『中国植被』によれば、黄河源流地域のすぐ南東の金沙江流域では標高 4,200 m まで亜高山針葉樹林が上昇しているし、青海北方の祁連山脈でも 3,200 m まで森林がある。世界的には最暖月 10℃ の線が森林限界に一致するとされているので、それだとおよそ 3,600 m が推定森林限界線ということになる。日本の北アルプスの森林限界は 2,500〜2,600 m にあるから、ここの推定森林限界は同緯度にしてはずいぶん高い。これは山塊効果によるものだと考えられるが、世界的な視野からみると、むしろ日本の森林限界の方が異常に低すぎるらしい（Swan, L. W. 1967）から、こちらの方が正常なのかもしれない。

　一方、この問題に関連しては植物社会学者の大場による、*Kobresia* 属の

生育する領域こそが高山帯であるとの主張がある（大場・高橋, 1978）。大場は日本の高山植生とヨーロッパや北アメリカの高山植生とを比較して、わが国の高山では、強風地に出現するオヤマノエンドウーヒゲハリスゲ群集だけが、真の高山植物群落とみなすことができる群落だと考え、この主張を導いた。つまり大場の考えでは、*Kobresia* 属の植物は高山帯の指標植物だということになる。この考えに立つと、われわれは本地域の標高 3,400 m 付近で、真の高山帯に入ったわけである。この大場の考え方はすっきりしているが、本地域に適用するにはやや難点があるように思われる。アブラナや青稞がこの高度を超えて栽培可能であるというのがその理由の一つだが、*Kobresia* 属そのものにも問題がありそうである。同行した中国の植物学者・杜慶（中国科学院西北高原生物研究所）や周興民によれば、この *Kobresia* 属の植物は青蔵高原でいちじるしく分化しており、40 数種を数えるという。しかもこのうち約 10 種は青蔵高原の固有種で、逆に北方ツンドラとの共通種は *Kobresia bellardii* つまりヒゲノハリスゲただ 1 種にすぎない。したがってこの高原の *Kobresia* は、北方ツンドラのものとはほぼ別系統と考えることができる。このように、青蔵高原の *Kobresia* が北方種と別系統で、ごく新しい地質時代に急激に分化したものだとすれば、その中に亜高山性の種や、高山帯に本拠地をもちつつ亜高山帯の領域にまで分布域を拡大したものがあっても別に不思議ではない。後で述べるように *K. humilis* や *K. pygmaea* は植生の上部限界付近にまで生育しているが、その広い生育高度域からみると、どうも後のようなタイプの植物ではないかと思われる。筆者はおそらくこの地域における亜高山森林の欠如が、*Kobresia* 属に本来の分布域をこえた分布の低下をもたらしたのだろうと予想している。大場説の適用は北方起源の *Kobresia* の分布域だけに限定する方が無難かもしれない。

5. 地形と植生の関係

広大な青蔵高原では一つ一つの植物群落の広がりが大きい上、垂直的な成帯性がかなりはっきりしているから、「地形と植生との関係」などということを問題にするのは、邪道かもしれない。事実、中国の植生に関する報告をみると、この関係はほとんど問題にされていないし、筆者自身、崩壊地の植生を調べようとして、同行していた杜先生に、「そんなものは例外ですよ。

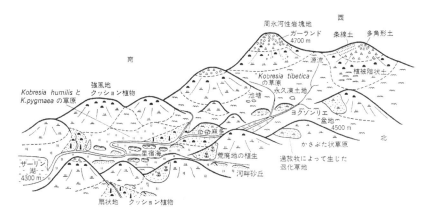

図 3-7　黄河源流地域における地形と植生の関係（模式図）(小泉, 1986)

もっと大切なものがあります」といわれた経験をもっている。未調査の地域がまだ広く残っている中国では、分布の概要を把握することがまず大切なのかもしれない。

　しかし、事実として筆者には山の植生が、よく中国でコラム状、あるいは細長い三角形の垂直分布帯として表現されるような単純なものではなく（図3-7）、地形ときわめて密接に関連しつつできあがっているように思えた。これは明らかに、日本アルプスあたりのこまごました山地でもっぱら調査をしてきた、筆者の体験から生じた見方である。野外ではこのため、一つの植物群落の成因をめぐってしばしば杜先生との間に意見の齟齬をきたした。意見はなかなかまとまらなかったが、これはもう文化の違いとしかいいようがない。仕方がないのでここではあえて筆者の考えで押し通したい。長い目でみれば、異なった立場からの意見が役に立つこともあるだろうと思うからである。

　さて地形との関連でまず目立つのは、強風地に現れる、クッション植物を主体とした群落である。クッション植物というのは、矮低木が密生して、座布団状に盛り上がった塊をつくるもので、一見、丸い岩の表面についたコケか何かのようにみえる（図3-8）。しかしれっきとした維管束植物である。内部は小枝が細かく分かれて密生しており、低温と強風に耐えるためにこうした奇妙な形になったのだと考えられている。*Arenaria musciformis*（ナ

図3-8 クッション植物 Androsace tapeta（サクラソウ科）

デシコ科ノミノツヅリ属）や *Androsace tapete*（サクラソウ科）がその代表的なものである。群落としては他に *Leontpodium*（ウスユキソウ属）や *Oxytropis*（オヤマノエンドウ属）、*Saussurea*（トウヒレン属）、*Saxifraga*（ユキノシタ属）などを伴う。このクッション植物群落は中国では、高山草原より上の雪線との間に生ずる植生だと考えている。つまり、中国ではこの群落を垂直分布上の一つの帯とみなしているわけで、確かに4,500 m を超える尾根上ではこの植生が卓越する。しかし、同一高度でも条件のいいところでは *Kobresia humilis* や *K. pygmaea* の優占する草原が分布して、こうした草原の成立可能なことを示しているので、筆者はクッション植物の群落は強風地の植物群落とみなした方がよいのではないかと考えている。4,500 m を超えるような高度では、*K. humilis* や *K. pygmaea* の草原も至るところで風食をうけ、穴だらけ、あるいは階段状になっている。しかしそうであってもこれは本来の高度帯をなす植生だと考える。ここではこの植生を"かさぶた状草地"と仮称したい。風食のきっかけは、ナキウサギやヒマラヤマーモットの穴掘りである。穴があけられると、そこから裸地がたちまち拡大していくらしい。日本では天然記念物であるナキウサギが、ここではネズミと同様、害獣として駆除の対象となっているのがおかしい。

　ところでクッション植物はおもしろいことに、明らかに表面洪水の作用のある氾濫原でもみることができた。星宿海盆地東部の黄河の支流ザーチューが黄河本流に注ぐ付近や、麻多公社北東方の草競馬の行なわれる川沿いの草地がこれに該当する。*Arenaria musciformis* や *Androsace tapete* をはじめ、強

図 3-9 突然の雪

風地と共通のクッション植物が多い。しかし他に *Rodiola juparensis*（イワベンケイ属）や *Myricaria prostrata*（ギョリュウ科）、*Rheum*（タデ科ダイオウ属）などが高い頻度で出現する。麻多公社付近の草地では *Oxytropis* や *Astragalus*（マメ科ゲンゲ属）が目立った。このうち *Rheum* や *Astragalus* は、カルチューの石ころだらけの河原でもみることができたので、氾濫原特有の植物だと思われる。それにしても強風地の植物がなぜこれほど、氾濫原に出現するのか、不思議である。これに対する正確な答えはまだないが、筆者は突然、水（または雪）にさらされ（図 3-9）、以後は乾燥するといった環境条件の類似性や、表面洪水あるいはソリフラクションによる表土の撹拌や除去といった、土壌条件の類似性が効いているのではないかと想像している。いずれにしてもクッション植物という生活形の起源をとく鍵が、この辺にありそうな気がする。

6. 永久凍土上の植物群落

地形分布を示す 2 番目の植生は、*Kobresia tibetica* の群落である。この群落は主として標高 4,500 m 以上の山麓の緩斜面上や小河川沿いのわずかに傾いた沖積地に広く分布する。前に述べたように、黄河源流地域はほとんどこの群落に占拠されており、独特の景観を呈している。この群落は内部の至るところに、池塘に似た大小の浅い池のあるのが特徴で、車で行ったわが隊をさんざん悩ませたが、中国ではこのことに着目してこの群落を沼沢化草原と呼んでいる。ただ泥炭の集積はみられない。半乾燥地域にもかかわらず、こ

うした湿性の植物群落が広く分布するのは、実は地下に永久凍土が存在するからである。永久凍土は地下への水の浸透を妨げるため、凍土の融け水や雨水、雪融け水などは地表面近くに滞留し、表土を水で飽和させてしまう。こうした環境は低温の上、根腐れを起こしやすく、植物には決して好ましいとはいえないが、$K.\ tibetica$ はこうしてできた湿った環境にうまく適応し、分布を拡大したのである。ただ永久凍土地域であれば、どこでも $K.\ tibetica$ の群落ができるかというと、そうではない。屋根上や山腹斜面には永久凍土は存在するが、$K.\ tibetica$ は分布せず、もっぱらクッション植物の群落やかさぶた状草地がそこを被っているのである。

両者の分布を分ける原因は明らかに地下水面の高さの差にある。$K.\ tibetica$ の分布地では、地下水面は地表面にごく近いところにあるのに対し、クッション植物やかさぶた状草地の分布地では、地下水面は直接、観測できるような浅い位置には存在しない。

この両者の分布地には活動層（永久凍土表層の融解した部分）の厚さにも大きな差がある。6月下旬から7月上旬にかけての時期に筆者が調査したところでは、活動層の厚さは $K.\ tibetica$ の分布域で 20～50 cm と薄く、逆にクッション植物やかさぶた状草地の分布地では 80～90 cm 以上と、はるかに融解が進んでいた。後者の場合、融解の進行に伴って地下水位が低下し、地表面近くは乾燥に転じたと考えられる。おそらく尾根筋や山腹斜面上では、雨水や凍土の融解水が流去しやすいために、土壌は乾燥して、比熱が小さくなり、凍土の融解が進むが、水がたまりやすく、地下水の浸み出しもありそうな山麓緩斜面上では、土壌は湿っていて比熱が大きいため凍土の融解が遅れ、結果的に地下水面の上昇をきたした、ということなのであろう。単純な地形と植生との関係ではやはりないのである。氾濫原のクッション植物の分布地でも、やはり地下の浅いところに永久凍土は存在しないので、この仮説はどうやら正しそうである。ここでは流水の影響を受けて凍土の融解が進んだのだろう。

おわりに

この後、筆者らは黄河の水源に当たる氷体を訪れた（図 3-9）。氷体のあること自体、大変不思議な現象だが、説明はページ数の都合で割愛する。興

図 3-9　源流の氷体

味のある方は雑誌『科学』の記事（小泉, 1986）をご覧いただきたい。

　わずかな期間、垣間みたにすぎないが、黄河源流地域の植生を、日本の高山植生との比較を念頭に置きながら紹介してきた。共通点よりもむしろ異なる点の多いのに驚いてしまう。本稿ではわずかしか触れなかったが、動物や人間活動との関わりの大きいのも印象的であった。わが国の高山ではこうした働きはほとんど考える必要がないが、そうした高山地域は世界的にはむしろ珍しい部類に属するものかもしれない。人間の住む場所の上限が、これまで教えられてきたように、空気の稀薄さによって決められているのではなく、むしろヤクを養いうる草の上限によって決められている、ということがわかったのも収穫であった。

コラム　アカエゾマツとミズバショウのつくる静かな空間
　　　——北海道根室半島落石岬

　北海道根室半島の付け根の南側に落石岬という小さな岬がある。回りを絶壁に囲まれ（図1）、ほとんど島に近いが、ここは高さ50mほどの平坦な台地が広がっていて、そこには湿性の草原とアカエゾマツのみごとな純林（図2）が交互に現れる。アカエゾマツはわが国では北海道と早池峰山にしか分布しない珍しい針葉樹で、北海道でも橄欖岩地や蛇紋岩地、砂丘上、あるいは湿原の周囲など、厳しい環境条件の場所にしか分布しないことが知ら

図1　落石岬の絶壁

図2　アカエゾマツの純林

図3　土饅頭の上に生えるアカエゾマツ

れている。

　落石岬のアカエゾマツはおもしろいことに、高さ50 cm、直径1 mくらいの点在する土饅頭の上に生えている（図3）。そして私たちが訪ねた6月には、土饅頭の間の水たまりにミズバショウが大きな葉を広げていた。濃い緑の針葉樹と薄緑の大きな葉をもつ草本の奇妙な組み合わせだが、こじんまりして美しい極楽のような景色が展開し、同行したグループの中には、死んだらここに葬ってもらいたいわ、などという高齢のご婦人が少なくなかった。

　土饅頭は谷地坊主とか地形学の用語でアースハンモックとか呼ばれる地形で、地面の一部が凍結によって持ち上がってできたものである。道東の地形の形成に関わる従来の研究を参考にして考えると、岬は13万年ほど前、基盤に当たる根室層群の頁岩層（図4）の表面が波の浸食で平らに削られ、台地の原形ができた。その後、徐々に隆起したが、2万年前には氷河期がやってきて一帯はツンドラと化し、もっぱら高山植物が生育するようになった。そして地下には永久凍土ができた。

　この台地の上には微妙な高さの差があるが、わずかに高くなった部分では強風で雪が吹き払われるため、凍結の作用を強く受け、そこに土饅頭がたくさんできたと思われる（まったく逆に土饅頭は凹んだ場所にできた可能性もあるが、詳しくはわからない）。ただ土饅頭は、現在の気候では、大雪山のような海抜2,000 mに近い高地の湿っぽい場所にできるから、この土饅頭ができたのが寒冷な氷河期であるという推定は間違いないであろう。

　氷河期が終わると変化が起きる。平らで水はけが悪いことに加え、雨や霧

図4　根室層群の頁岩層

　の多い道東の気候のせいで、台地の表面は高山植物に替わって湿性の草原に覆われることになった。しかし土饅頭の上は回りより50 cmくらい高くなっているから、その分わずかに乾燥していて樹木にとっては生育しやすい。そこでその上にアカエゾマツが侵入し、生育して現在森をつくるようになったとみられる。ただ貧栄養だし、酸性も強いので、アカエゾマツの成長は遅く、そのために背は低く、ずんぐりしている。一方、土饅頭と土饅頭の間には水たまりができ、そこにはミズバショウが生育するようになった。

　落石岬はサカイツツジという植物が国の天然記念物に指定され、それを見に来る人がいるらしい。サカイツツジは樺太やカムチャツカ半島に分布する植物で、落石岬はその南限の自生地として指定されたものである。しかしこのアカエゾマツとミズバショウの織り成す植物景観は、岬の特異な地形・地質と気候、自然史のなかで生じた珍しいもので、それ以上に素晴らしいものといえよう。

第VII部

ニュージーランドの自然

第 1 章 ニュージーランドの氷河と植生
——日本との対比を通じて

研究のきっかけ

　大学院生だった頃、ニュージーランドの高山植生についての論文を読んだことがある。そこには亜高山帯の針葉樹林がなく、常緑のナンキョクブナが森林限界をつくり、それを超えるとすぐに高山帯になるという、北半球とは異なった垂直分布帯が発達するということが書いてあった。また日本の高山のように風が強いという特色もあった。これを読んでぜひ現地を見てみたいと思ったが、なかなか機会がなく、2016 年にようやく念願がかなった。

1. 山地と氷河

　ニュージーランドは赤道をはさんで日本列島に対置されることの多い南半球の島国である。緯度でみると、北島は日本の中部地方から東北地方の南部にあたり、南島は東北北部から北海道に当たっている。つまり中部以北の東北日本がニュージーランドに該当し、近畿地方以南は該当する部分がないといえる（図 1-1）。このように緯度からみると、両国の自然にはそれほど違いはなさそうに思われるが、実際には大きな違いがあった。

　両国とも国土の 7 割、8 割が山地という山国で、最高峰は富士山が 3,776 m、アオラキ山（クック山、図 1-2）が 3,724 m とよく似た標高を示す。また 3,000 m 級の山はニュージーランド 26、日本 22 とほとんど差がない。しかし両国には大きな違いがある。

　それは、日本には現在、氷河はないが、ニュージーランドでは南島のサザンアルプスに氷河がよく発達し、標高 2,300 m 以上はほとんど氷河に覆われているということである。氷河は大小 360 に上り、長いものは 10 km を超えるという。言ってみれば日本アルプス以北の高山に軒並み氷河がかかったようなものである。不思議としか言いようがないが、そもそもニュージーランドの高山にはなぜ氷河があるのだろうか。

　これにはいくつもの条件が重なっていることがわかる。まずサザンアルプ

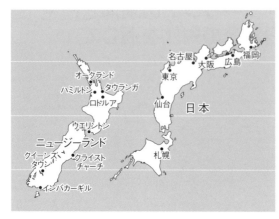

図 1-1 ニュージーランドと同じ緯度に置いた日本列島

図 1-2 アオラキ山

スが西のタスマン海に面して屹立していることである。これに強い偏西風が当たるため、山脈の西側では山麓で 4,500〜6,700 mm、山頂部で 10,000 mm もの年降水量があり、それが大量の積雪をもたらして、氷河の形成につながっているという（小疇, 2009）。しかし雪の量だけなら日本海側の多雪山地でも、雪庇やカールの内部、谷筋の雪渓などでは厚さ 30〜50 m もの大量の積雪が生じることがある。これらはなぜ氷河にならないのだろうか。

　違いは夏の気温にある。ニュージーランドは西岸海洋性気候で夏涼しいため、雪が解けにくく、高山では夏も雪が降る。このため降り積もる雪は融解を上回って蓄積し、氷河ができるのである。ちなみに南緯 43°にあるホキティカと北緯 43°にある札幌の気温は表 1-1 のようになっており、ホキティカは

表 1-1 ホキティカと札幌の気温

	最暖月	最寒月
ホキティカ	15°	6.6°
札幌	21.7°	-4.6°

図 1-3 山麓に延びた氷河がつくった湖とモレーン

夏涼しく、冬寒くない気候であることがわかる。札幌はその正反対である。つまり日本では夏暑いため、雪は解けてしまい、氷河にならないのである。

氷期の大陸氷河も北米や北欧でよく発達したが、東シベリアではできなかった。これについてもほとんど議論されていないが、おそらく夏暑いということが、原因なのであろう。

ニュージーランドの氷河は全体が0℃であるため、温暖氷河と呼ばれ、世界でもこことパタゴニアとタスマニアにしか存在しない。氷が軟らかく流動しやすいのが特徴で、時には森林限界よりもはるか下の標高 800 m 付近まで延びている氷河もあり、木生シダが繁茂する亜熱帯性の森林の横を氷河が流れるという、珍しい風景が生まれることになった。

2. U字谷と氷河湖とフィヨルド

氷期の氷河も、日本では日本アルプスなどに山岳氷河ができたにすぎないが、ニュージーランドではサザンアルプスを覆って大陸氷河が発達した。その痕跡は南島西海岸の多数のフィヨルドの他、東海岸や北海岸のアウトウォッシュプレイン、あるいは南島内陸部にある深いU字谷と細長く延び

図1-4 U字谷の壁を覆うナンキョクブナの森

図1-5 フィヨルドの壁から落ちる無数の滝

る氷河湖にみることができる（図1-3）。

　U字谷の壁の上部にはまれに小さなカールがみられ、谷底には氷河堆積物やモレーンや迷子石がみられるが、全体としてみれば、きわめて単純でわかりやすい地形である。切り立った岩壁には標高1,000～1,200 m程度までナンキョクブナの森がびっしりと付着しており（図1-4）、その上限は昔、論文でみた写真の通り、直線状に延びている。単純な地形なので、単純な森林の分布になったと思われるが、複雑な地形と植生分布に慣れた日本人には、かえって不思議に思われる植生景観である。

　南島の南西にあるフィヨルドランド国立公園を訪ねた時、途中の峠を越えるところで猛烈な豪雨になり、筆者らはU字谷の壁を流れ落ちる無数の滝を観察することができた。滝は豪雨の時だけ発生するものだそうである。標

第1章 ニュージーランドの氷河と植生—日本との対比を通じて 389

図 1-6 小氷期のモレーン群
右奥の明るいところがマウントクック村

高が 1,000 m を超えたせいか、壁に着いていた森はなくなり、岩壁が露出するようになった。高い岩壁にかかった滝は迫力があり、圧倒された。

ミルフォードサウンドというフィヨルドに着いてからも豪雨は変わらず、フィヨルドの高い壁から流れ落ちる滝はみごとなものだった（図1-5）。滝のそばは森が成立しないため、そこだけ基盤が露出している。滝の大きさによって基盤岩の露出部の幅が決まっているようで、なかなかおもしろい。

ミルフォードサウンドというフィヨルドの名前は実は間違いで、フィヨルドをサウンド（入江）と誤認したのが始まりだという。しかし地名を変える訳にはいかず、現在に至ったものだという。

3. 小氷期のモレーンと迷子石

マウントクックの麓にマウントクック村がある。マウントクックトレッキングの基地であり、村の北のはずれに、マウントクックを正面に眺めるためにつくられたというハーミテイジホテルがある。

ホテルから 2 km ほど北にトレッキングのスタート地点になっているキャンプ場がある。その周辺の地形を見ておや、と思った。高さ 10 m 程度のモレーンの丘が何列も並んでいる。ガイドが植物の名前しか教えてくれないので、これはいつのモレーンかと聞いたら、何と、400 年前のだという。氷期のモレーンでなく、小氷期のモレーンである。モレーンの列は谷の下流側（南側）にもあり、マウントクック村の手前まで続いているのがわかる（図1-6）。後でわかったことだが、この日歩いた片道 6 km ほどのコースはすべ

図 1-7　登山道横の迷子石

て小氷期のモレーン、またはそれが川で浸食されたところに当たっていた。日本では小氷期のモレーンは見つかっていないが、ニュージーランドでは夏の気温が少し下がるだけで、積雪の解ける量が減るため、ただちに氷河が前進することになるのだろう。なお一番新しいモレーンは 70 年前のだそうである。

　モレーンの間を縫うようにして歩いて行くと、ところどころに径数 m～10 m を超すような大きな岩塊が転がっている。迷子石である（図 1-7）。多くが 200 年か 300 年くらい前に運ばれてきたものだから、実に生々しい。

4. 植物と動物について

　ニュージーランドでは亜寒帯針葉樹林（亜高山針葉樹林）が欠如していると述べたが、これはニュージーランドに限ったことではなく、南半球全体に共通することである。800 万年くらい前、北半球の高緯度地域では気候の寒冷化に伴って、トウヒ属やモミ属、マツ属からなる針葉樹が温帯林から分かれ、北極を取り巻くように針葉樹林帯ができた。これが亜寒帯針葉樹林の誕生である。しかし南半球では亜寒帯に当たるところに陸地が存在しなかったために、亜寒帯針葉樹林は発達しなかった（酒井, 1995）。ただ針葉樹がないわけではなく、フィヨルドランド国立公園の中のキーサミットという山へのトレッキングの際、私たちはイチイやビャクシン、イヌマキの仲間の植物を観察した。またここでは見なかったが、アラウカリアというナンヨウスギ科の樹木は、ニュージーランドやチリの山岳地帯に亜高山帯の針葉樹林によ

図 1-8　ナンキョクブナの雨林

く似た森林をつくることで知られている。アラウカリアは南半球固有の植物だと考えられてきたが、中生代には世界中で繁茂していて、草食恐竜が食べていたことがたことが近年、判明した。樹高は 30〜80 m に達し、この木の葉を食べるために、恐竜は首が長くなったのだという説もあるという。

　一方、ナンキョクブナはかってブナの仲間と考えられてきたが、近年、違うことが判明し、独立した科に昇格した。1 科 1 属で、ニュージーランドには 5 種が分布する。ブナと同様、直径 1 m を超す大木になるが、葉は小さく、いずれの種も 1 円硬貨程度でしかない。ただしその優占の程度は高く、標高の低いところでは大木が密生するのに加え、幹や枝には着生植物がびっしりと着き、おどろおどろしい雨林の状態を呈する（図 1-8）。

　動物については、何となく、オーストラリアの付録のように思われている。しかしそれは間違いで、カンガルーなどの有袋類やカモノハシはニュージーランドには分布しない。ニュージーランドの代表はやはりキーウィであろう。ニュージーランド固有の飛べない鳥で、1 科 1 属。5 種いるそうだが、全部合わせても 3 万個体に過ぎず、すべて絶滅危惧種である。キウイフルーツはこの鳥に因む名前だが、そちらの方が有名になったので、キウイと書かれることが増えてきた。他には 2 種のムカシトカゲが有名だが、トカゲ 60 種、カエル 7 種はすべて固有種だし、昆虫の 95%、鳥類の 71%、淡水魚の 86%も固有種だという。やはりオーストラリアの亜流ではないのである。

第2章　北島・トンガリロ国立公園の自然を読む

　ニュージーランドの南島を代表するのは氷河と雨林だったが、北島は火山の島である。富士山に似た美しい火山ナウルホエ（2,291 m）をはじめとするいくつものピークがあり、火砕流堆積物を各地でみることができる。火山がないのは島の東部の海岸寄りだけである。なぜこうなったのかから考えてみよう。

1. プレート境界のねじれ

　ニュージーランドは太平洋プレートとオーストラリアプレートの境界に位置する（図2-1）。

　特に北島は島のすぐ東にプレート境界があり、一見すると日本の東北地方によく似ている。こういう場合、海洋プレートである太平洋プレートが、大陸プレートであるオーストラリアプレートの下に潜り込むのが一般的で、ナウルホエ等の火山を擁するタウポ火山群は、プレートの沈み込みによってできたマグマが噴出したものと理解できよう。

　だが、実際のところ、太平洋プレートはオーストラリアプレートの下に潜り込むというより、オーストラリアプレートの上に載っていた浅海性の堆積物を押しつぶして紙を皺くちゃにしたような奇妙な付加体をつくり（図2-2）、それからようやくオーストラリアプレートの下に潜り込む。そのためタウポ火山群のマグマはかなり浅い地下でできている。しかしその理由はよくわからない。また日本海溝に当たる顕著な海溝はここには存在しない。

　ところでプレート境界は北島の南部で大きく西に曲がり、さらに南に曲がってサザンアルプスの西側を通ってさらに南下する。つまり2つの島の間で大きくねじれるわけだが、その結果、大陸性のオーストラリアプレートが太平洋プレートの下に潜り込むという、ありえないことが生じた。世界中でここと台湾の南部にしかみられない現象だという。海溝がないことから考えても、ここのプレート境界は、南太平洋によくある横ずれ型（トランスフォーム断層）が陸上に出たものである可能性が高い。

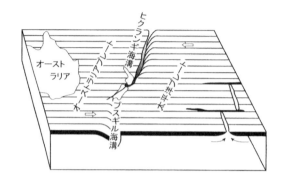

図 2-1 ニュージーランド付近のプレート境界（植村，2004 に加筆修正）

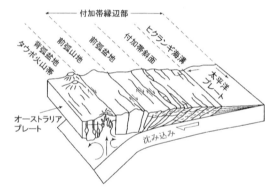

図 2-2 北島の地質の成り立ち（太田，1997 を改変）

2. トンガリロ国立公園

　私たちはウェリントン空港からバスで、北島の真ん中にあるトンガリロ国立公園を目指した。トンガリロ国立公園が近づくと、火砕流堆積物らしい凝灰岩や凝灰角礫岩からなる丘陵や台地が目立つようになってきた。丘陵をつくったり、台地をつくったりしていることから考えると、火砕流の噴出はここ数万年の間に何回も繰り返し発生したらしい。火山学者の調査によれば、この火砕流をもたらしたのはタウポ火山で、恐るべき噴火を繰り返してきた。火山噴火の規模を示す指数に「火山爆発指数」がある。8 段階に分かれ、阿蘇 4 （阿蘇カルデラをつくった 4 回目の大噴火のこと）や姶良火山の巨大噴火は指数 7 に該当する。これは噴出物が $100 \sim 1{,}000 \ \text{km}^3$ の噴火である。タウポ火山では紀元 181 年に指数 7 の巨大噴火が発生し、ニュージーランド

図 2-3　ルアペフ火山

最大の湖タウポ湖をつくっている。この時は中国やヨーロッパにまで火山灰が降ったという。

　ところがタウポ火山の噴火はこれにおさまらない。タウポ火山では 2 万 6,500 年前にも爆発指数 8 の噴火が起こっているのである。爆発指数 8 は最大規模の噴火で、$1,000 \, km^3$ を超える噴出物を出した噴火が該当する。これは破局噴火と呼ばれるが、このランクの噴火はここ 100 万年の間に地球全体で 3 回しか起こっていない。1 回は 64 万年前のイエローストーンの噴火、2 回目は 7 万 3,000 年前のインドネシアのトバ火山の噴火、そして最新の噴火がタウポ火山である。タウポは見かけによらず凶暴な火山なのだ。なおタウポ火山群では 1886 年にもタラウェラ火山の噴火で 150 人が死亡している。

3. トンガリロ火山群

　トンガリロ国立公園には 3 つの火山がある。1,967 m のトンガリロ、富士山にそっくりのナウルホエ（2,291 m）、それに山頂部に氷河を載せるルアペフ（2,797 m）である（図 2-3）。もともとはマオリの人々の聖地だったが、聖地がヨーロッパ人に荒らされることを恐れた首長によって政府に寄付され、1894 年にニュージーランド最初の国立公園となった。現在は世界複合遺産に指定されている。

　私たちが泊まった国立公園の宿舎は 3 つの火山の西麓にあり、そこからは、3 つの火山がよくみえた。私たちが選んだのは、トンガリロ・クロッシ

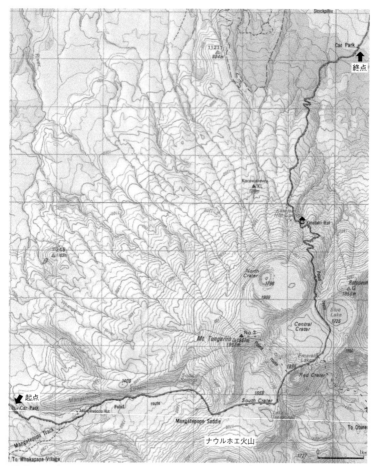

図 2-4 歩いたコース　トンガリロトレッキングコース（滑田，1998）

ングという、長さ 20 km、標高差 1,000 m あまりのコースである（図2-4）。ナウルホエ火山の肩にあたる火山性の台地に登り、トンガリロ火山の東の高原を通って北麓に降りる、多様な火山地形や火山植生が観察できるコースである。図の太い線がそれにあたり、南西の隅が起点で図の北東の隅が終点である。南東の隅に、いくつもの火口とカルデラが並んでいるのがみえる。

図 2-5　ナウルホエ火山から流れ下る溶岩流（黒い部分）

4. 生々しい溶岩流

　最初に驚かされたのは、ナウルホエ火山から流れ出した、生々しい溶岩流である。ススキのような植物や低木に覆われたなだらかな谷筋を登っていくと、突然、古い溶岩からなる崖に出会う。それを越えると谷を埋めた溶岩台地になっており、そこに向かってナウルホエ火山の山頂やその近くから黒い溶岩流がいくつも流れ下っているのがみえる（図 2-5）。溶岩流は合流したり、分かれたりを繰り返して網の目のような模様をつくり、最後は溶岩台地の上に舌状に広がっている。浅間山の鬼押出し溶岩流に似た荒々しい景観である。

　この景観から 200 年くらい前に出た溶岩流かと予想したが、登りながら観察すると、溶岩流は玄武岩質で、生々しいもの、わずかに植物の侵入したもの、ガンコウランによく似た植物などが何種類か生育するようになったもの、コメススキに似た丈の低いイネ科の草本が広く覆うようになったものなど、植被の着き方によっていくつかに分けられそうである。これは溶岩がごく新しい時期に何回も流れたことを意味している。

　ところが登りきったところにある解説板を見てびっくり。200 年前どころの話ではない。一番新しい溶岩は 1975 年に流れたもので、その前が 1954 年と 1949 年、そしてその前が 1870 年だとある。つまり一番新しいのはわずか 41 年前に流れ、その前が 62 年前と 67 年前、そのさらに前が 146 年前となる。いずれも 233 年前に流れた鬼押出し溶岩流より新しく、この火山が実に頻繁に溶岩を流していることがわかる。網の目のような模様をつくっ

図2-6 マウンテンデイジー

図2-7 トンガリロ火山の東尾根に生じた火口とひしゃげたドラム缶のような筒（右下）

ているのは、古い溶岩を乗り越えて次の溶岩が流れたためである。溶岩の流動性が高いため、溶岩層は薄く、乗り越えたり、合流したりが簡単に起こるようである。私たちは、溶岩の流出の時期に絡めてここの植生遷移を調べればおもしろいだろうなあ、と話しながら、この場所を通過した。

　肩の高原に出ると急に植物が増えた。溶岩の流れる範囲から外れ、火山礫地になったのが効いているようである。イネ科の草本とマウンテンデイジーという白い花をつけるキク科の植物が目立つ（図2-6）。

3. 3つのカルデラと火口群

　ナウルホエ火山の肩に続く高原には、トンガリロ火山の南西、東、北東に、

図 2-8　エメラルド湖

図 2-9　黒い溶岩の末端

　直径 1 km ほどの小さいカルデラが 3 つ並んでいる。その内部はいずれも平坦な砂礫地になっている。そこにはイネ科の丈の低い草本が株をつくって点在するだけで、ほとんど無植生に近いから、形成の時期はそれほど古いとは考えられない。

　南のカルデラの縁を上がり、トンガリロ火山から東に延びる尾根の上に出る。そこに異様に赤い色をした火口があった。火口は長さ 200 m 弱の割れ目を形成し、中央にひしゃげて破れたドラム缶のような形をした筒状のものがみえる（図 2-7）。ガイドの説明によれば、火道の周囲が固まったものだというが、こんな奇妙な地形は見たことがない。

　そこから下ると、エメラルド色をした火口湖が 3 つみえてくる（図 2-8）。

図 2-10　遷移初期の群落

図 2-11　遷移のやや進んださまざまな植物が密生する群落

1つは大きく、2つは小さいが、このコース最大の売り物である。近くには火山ガスが噴いている。大分疲れてきたので、ニュージーランド人のガイドに、「この辺に山小屋があれば、みんな助かるのにねえ」と言ったら、「いつ噴火するかわからない、こんな恐ろしい場所に山小屋をつくるもの好きはいないよ」と一蹴されてしまった。そこを過ぎると2番目のカルデラの中に入る。このカルデラにはトンガリロ火山から流れ込んだ黒い溶岩流が、堤防状の幅の広い高まりをつくっている（図2-9）。

再びカルデラの縁に上がると、右手前方に径400mほどの火口湖がみえる。ブルーレイクである。この湖の湖畔にはイネ科草本がマット状の高まりをつくって生育しているが、その頂部は風食によって削られている。風食は世界

図 2-12　かさぶた状の芝の剝離

的にみるとかなり稀な現象である。ニュージーランドの高山も日本の高山と同様、偏西風の影響を受けて風が強いのであろう。

4. 長い下りで

　この湖からは長い下りになり、どんどん下っていく。北側のカルデラを囲む稜線が火山ガスの影響を妨げてくれるせいか、植被は急に豊かになり、さまざまな種類の植物が現れるようになった。火山ガスの影響が減ると、まず生育するのがコメススキに似たイネ科植物だが、それに続いて白い大きな花をつけるマウンテンデイジーが群落をつくる（図 2-10）。マウンテンデイジーはよく似た種の総称らしく、ちゃんと分けると、20 種くらいになるらしい。この次に現れるのは、ガンコウランやイワウメに似た、丈の低いさまざまの植物が密生する群落である（図 2-11）。その多くがキク科の草本らしく、常緑である。いかにも高山植物らしい群落だが、南島の森林限界以上で見た植物とは大きく異なっているから、高山植生ではなく、火山性の遷移途中の群落とみなすのが正しいようである。

　1,400 m にある避難小屋の手前で変化が起こった。道が尾根筋から谷筋に移ると、植被が土層ごとかさぶた状に剝がれる現象がみられるようになった（図 2-12）。谷に沿う強風の吹きあげによる風食と凍結の緩みの両方が原因のように思われるが、これも類似の現象を見たことがない。

　避難小屋が近づくと、植被には火山ガスの影響が再び現れ、併せて径

図 2-13 火山弾が壊した庇

40 cm くらいの火山弾の落下によって生じた穴が頻繁にみられるようになってきた。北カルデラから流れ出る水流のため、稜線の一部が切れており、そこからガスや火山弾が飛んでくるらしい。避難小屋はちょうどその位置にあるため、屋根と庇に火山弾が直撃し、大きな穴が開いていた（図 2-13）。2012 年の小噴火によるものだというが、危険だからという登山規制はない。登山はあくまで自己責任でということらしい。

さらに下ると、標高 1,300 m くらいで突然、雨林に変化した。苔むした大木が生えている。ここで火山活動の影響がなくなったということなのだろう。

5. 終わりに

今回のコースもありえないようなことがいろいろと起こる実におもしろいコースであった。北島にはこのほか、オークランドの街中に多数の単性火山の高まりがあるが、これについては残念ながら割愛する。

第 VIII 部

河川と水辺の植生

第1章　40年ぶりによみがえった多摩川のカワラノギク

　40年ぶりに奇跡的によみがえった多摩川のカワラノギクについて紹介したい。カワラノギクは多摩川、相模川、鬼怒川などの河川中流部の玉石河原に生育する二年生草本で、きれいな花をつけることから、東京では多摩地域を代表する植物とみなされてきた（図1-1）。多摩川では1970年代まで分布域は限られていたものの、ほぼコンスタントにみることができた。しかしその後の流路の掘り込みや河川改修の進展、出水の減少等によって玉石河原が減り、さらにススキやツルヨシなどが繁茂したため、分布地域も個体数も激減した。現在、分布するいずれの都県でも絶滅危惧植物に指定されている。

1. 過酷な環境に生育するカワラノギク

　玉石河原はカワラノギクにとって実に厳しい環境である。養分に乏しい上、夏は強い日射にさらされて地温は50℃を超え、ひどく乾燥する。冬は冬で寒風と低温と乾燥にさらされる。過酷としか言いようのない環境だが、カワラノギクはそのような場所に適応して生活してきた。逆に土壌ができて条件が緩和されると他の植物が生育を始めるため、その場を明け渡さざるをえないという宿命を負っている。言ってみれば、高山のコマクサのような性質の植物である。

2. 出水とカワラノギク

　多摩川で現在、カワラノギクがみられるのは、あきる野市と福生市に挟まれた川原である。ここは現在あきる野市と陸続きになっているが、元々は福生市に属しており、多摩川の流路変更で、あきる野市と陸続きになったものである。そこで以下では「あきる野市側」という呼び方をしたい。
　カワラノギクは2001年8月の台風に伴う出水で、あきる野市側以外の生育地はほぼすべてが消失し、絶滅が危惧される事態となった。この時あきる野市側の生育地も大きなダメージを受けて個体数は激減した。その後、2003年から2004年にかけてかなり回復したが、大きく増えることはなかった。

図 1-1　カワラノギクの花

図 1-2　カワラノギクの一斉開花（2013 年 10 月）

　一方、2007 年 9 月、多摩川にはふたたび大きな出水があり、あきる野市側の生育地は全面、玉石河原と化した。カワラノギクは絶滅したかにみえたが、2010 年の秋の時点では、散在する程度に戻り、玉石河原はススキ草原になっていた。
　しかしながら 2013 年の 10 月になると、あきる野市側のカワラノギクは一斉に開花し、河原一面が白くなるという様相を呈した（図 1-2）。密度と面積から推定した開花個体数はおよそ 20 万株に達する。一時的ではあるが、絶滅の恐れは解消したと言っていいであろう。なぜこんなことが可能になったのか。地生態学的な視点から推理してみよう。

3. カワラノギクの分布地

　カワラノギクの分布するのは、福生市福生とあきる野市草花の間にかかる

図 1-3　玉石河原に生育するカワラノギク

　永田橋の上流側の河原で、多摩川の右岸側（あきる野市側）に当たる。この下流側で傾斜が緩やかになるため、ここは洪水時には玉石が堆積しやすい場所になるようである。
　ここでは 2013 年、長さ 300 m、幅 20 m ほどの範囲でカワラノギクが一斉に開花したが、実はその前年の 2012 年の 10 月にも 2013 年のおよそ 5 分の 1 程度の開花が起こった。つまりほぼ絶滅状態にあったカワラノギクが、実質的に回復したのは 2012 年の 10 月であり、全面的に開花したのが 2013 年 10 月ということになる。
　なぜ開花が起こったのか。可能性としてあり得るのは 1 つしかない。多摩川の出水である。それによりそれまで茂っていたススキなどの草原が削り取られ、そこに大きな丸石が流されてきて玉石河原ができたということである。図 1-3 に示したように、カワラノギクの生育地には、径 20〜50 cm くらいの玉石がごろごろしている。
　筆者はこの玉石が 2011 年の出水によって運ばれてきて堆積したものだと考えた。筆者は 2012 年 4 月に日野市付近の多摩川にかかる多摩大橋の下流の河原を歩いていて、およそ 100 m 四方もの広い場所の植被が削り取られ、基盤岩の連光寺砂礫層が露出しているのを観察した（図 1-4）。基盤岩の表面はツルツルに磨かれ、水流の強さを感じさせた。またその上流側では、径 3〜4 m もある基盤岩のかたまりが、津波石のように置かれているのを見た（図 1-5）。一帯では牛群地形（図 1-6）やみごとな甌穴も観察できた（図 1-7）。甌穴は内側に植物がつき始めているものの、地形の新鮮さから見て

図1-4 出水で露出した連光寺砂層

図1-5 洪水で運ばれてきた泥岩の固まり

図1-6 牛群地形

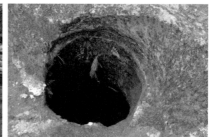
図1-7 甌穴（ポットホール）

まだできて間もないと判断した。これが2011年の増水によるものだと考えた理由である。したがって翌2012年秋の開花は、成長の早い個体が1年で開花したものだと考えられ、2013年の開花は2年生の個体が一斉に開花したものだと考えられる。

4. 出水の大きさとカワラノギクの盛衰

　1970年代には1974年に狛江市で家が流されるという洪水があったが、多摩川ではそれ以降、顕著な洪水はなく、現在に至っている。水位の記録があるのは1989年以降で、2000年以降は流量の記録もある（残念なことに、2012年以降、水位も流量も記録に欠落が多く、使えなくなっている）。データのある1989年から2015年までの27年間に、普段の水位より2m以上水位が上昇したものを出水とみなし、図1-8に示した（参考のため2m未満のものも示してある）。これをみると、2m以上の出水は10回あり、そのうち7回は2mをわずかに超える「小出水」である。これに対し、2001年と

第1章　40年ぶりによみがえった多摩川のカワラノギク　409

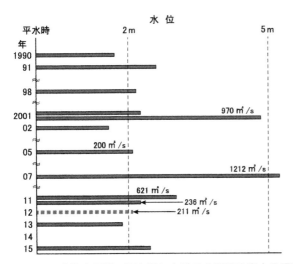

図 1-8　青梅市長淵の調布橋における多摩川の出水の履歴（国土交通省：水文水質データベースより作成）

2007 年には水位 5 m 前後という「大出水」があり、2011 年には 3 m 強の「中出水」があった。この 3 回の出水時の流量はそれぞれ 970 m³、1212 m³、621 m³ と、小出水（200 m³ 程度）に比べて 6 倍から 3 倍に達する（ちなみに多摩川の平時の流量は 10〜15 m³ である）。出水の水位・流量とカワラノギクの盛衰の関係をあらためて整理してみよう。

　1980 年代から 90 年代にかけては、1991 年と 1998 年に小出水が起こっているが、水位が上がっただけで、カワラノギクが分布を拡大するまでには至らなかった。

　2001 年と 2007 年の大出水当時の状況を筆者は直接観察していないが、2007 年の出水時の現地の写真をみると、現在カワラノギクが分布する場所は全面的に玉石河原になり、堤防に近いニセアカシアなどが生えている段丘状の微高地だけに緑が残っている。実はこの微高地については、筆者のゼミの市川晴菜さんが卒業研究で調べている。彼女は空中写真の判読によって、この低い段丘が 1947 年のカスリーン台風の増水の際に運ばれてきた玉石が堆積した場所であることを明らかにしている。

　2007 年の大出水はさすがにこのレベルまでは達しなかったが、カワラノ

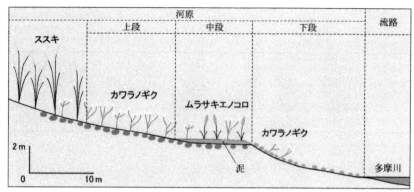

図 1-9　カワラノギク生育地の地形断面（小泉, 2016a）（2015 年 11 月）

ギクの生育地をほとんど壊滅させたために、種子の供給ができず、分布の拡大にはすぐにはつながらなかったと思われる。2001 年の出水も大きすぎてやはり似たような状況だったのだろう。

　ところが 2011 年の中出水はカワラノギクの生育地を半分残す程度の規模で、新たにできた玉石河原には、水没から免れたところにあったカワラノギクから種子が供給され、それが、翌年の小開花と 2013 年の一斉開花を可能にしたと考える。つまりカワラノギクにとっては、出水が大きすぎても駄目、小さすぎても駄目といった具合で、2011 年のように、既存の生育地を半分程度残し、その下側に玉石河原ができるのが、一番よかったということになる。その条件が満たされたのが 40 年ぶりということなのであろう。

5. カワラノギクの分布と河床の地形

　現在のカワラノギクの分布するところは、図 1-9 に示したように、なだらかに傾斜した斜面になっていて、そこは多摩川の通常の水面よりおよそ 3～5 m ほど高い段丘状の地形をつくり、川寄りは 2 m ほどの崖とそれに続く斜面になっている。便宜上、ススキ群落と多摩川の水路の間を上段、中段、下段に区分したが、以上で述べた出水の履歴を併せ考察すると、2007 年の出水ではススキ群落のある高さまで玉石河原になったが、2011 年の出水では上段まで洪水が達し、そこにあった植被を削り取って代わりに玉石を置いていったものと推定できる。その玉石河原に、水につからなかった場所に

あったカワラノギクから種子が供給されて発芽し、2 年後に一斉開花に至ったのであろう。

6. 2015 年の個体数と植生遷移

ところで 2015 年の 10 月下旬と 11 月初旬に、カワラノギク観察会に参加した人たちにお願いし、上段、中段、下段のそれぞれで、カワラノギクの開花個体の数を調べてもらった。上段では 2 m×2 m の枠 13 に平均して 29.5 個体があったが、中段では 8 枠調査して、平均 11.1 個体、下段では 9 枠調査して平均 4.4 個体であった。中段の株は丈が 30 cm 程度と低く、下段の株はダメージを受け、下流側に傾いているものが多かった。

上段、中段、下段の数の違いをもたらした条件は何なのだろうか。上段が 2011 年にできた玉石河原であることはすでに述べたが、中段はなぜ数が少ないのだろうか。足元をよく観察すると中段には厚さ数 cm の泥が載っていることがわかった。出水の履歴をみると、2015 年 9 月 8 日に小出水があったので、この出水の際、水は中段にまで達して泥が堆積したと推定した。前年に撮影した下段の写真の下半分には白い色の礫地が写っているが、2015 年はその場所に玉石が載っているので、15 年になって出水があったことがわかる。中段の株が少なく、丈が低いのはこの出水の影響であろう。この泥の載った場所にはムラサキエノコロが多数、生育を始めており、上段とは明らかに違った群落をつくっている。今後は中段の方が、遷移が先行する可能性が高い。下段は強い水流の影響を直接受けたために、数が少なく、傾いたものが多いのであろう。

上段の個体数は 2013 年に比べ、4 分の 1 程度にみえた。植生遷移が始まっており、カワラノギクに代わってオオマツヨイグサなどが増えつつある。カワラノギクは一時的に広がったが、またもや絶滅危惧種への道を歩み始めているようにみえる。

ただ 2017 年秋の時点で、上段には 2 m×2 m の枠に平均 14.1 の開花個体、中段では 10.8 個体が生育していたから、危惧したほどは減っていない。いずれにせよ、次の中出水が早目に起こることを期待したい。

追記　この文が出た後、東京都河川局と市民グループが 2000 年頃から播

種と河原の掘り起こしを行っており（小倉ほか, 2011）、その効果が出たのではないかという意見が寄せられた。これについてはほかにも多数の文献があり、確かに効果があったように見える。また 2007 年の出水の 2 年後にかなりの開花が見られたという写真も見せていただいた。一方、多摩川に秋川が合流する地点の黄龍側で調べた報告（若松ほか, 2014）によれば、2007 年の出水ではカワラノギクはほとんど増えなかったという。場所による違いが大きそうで、判断が難しいが、出水の影響はやはり大きそうである。この問題の解決には、出水の規模や新しい玉石河原の広がり、礫の大きさ、河川の断面形など、それぞれの場所における地形学的な視点からの検討が必要だと考える。本稿で筆者が示したのは 1 つの作業仮説である。今後の調査に当たってたたき台の 1 つとして、ご検討いただくようお願いしたい。

コラム　東海丘陵要素植物群の分布と地質の成り立ち

　東海地方の美濃三河高原（岐阜県南部と愛知県中部）を中心とする丘陵地には、シデコブシ（図1）、ヒトツバタゴ（図2）、ハナノキ、ミカワバイケイソウ、トウカイモウセンゴケ、シラタマホシクサなど、この一帯だけに分布が限られている植物が生育しており、周伊勢湾要素（井波, 1966）とか東海丘陵要素（植田, 1989）とか呼ばれてきた。これには　およそ15種の植物が含まれている。

　図3には、東海丘陵要素の代表的な植物である、シデコブシとヒトツバタゴの分布を示した（植田, 2002）。黒丸がシデコブシ、白丸がヒトツバタゴだが、かつて木曽川のつくった扇状地の扇頂から扇央にかけてヒトツバタゴが優占するのに対し、シデコブシは扇央から扇端にかけて分布の中心がある。後者には瀬戸、土岐、多治見、瑞浪といった窯業地域が含まれている。

　また東海丘陵要素には入らないが、ヤチヤナギ、イワショウブ、ミズギク、ミカヅキグサ、サワギキョウ、ヌマガヤなど北方系とみなすことのできる植物も共存している。このことから筆者は、本来ならば標高1,000mを超すような高地の湿原に分布していた植物が、氷期に低地まで分布を広げた後、何らかの事情で低地の湿原に残存したものだと考えている。

　ただ丘陵地と言っても、これらの植物が生育しているのは、丘陵の谷筋に生じた湧水湿地であることが多く、近年、こうした植物の分布する湿地群を「東海丘陵湧水湿地群」と呼ぶことが増えてきた。

　東海丘陵要素植物群の分布は、瀬戸地方など土岐砂礫層の分布地域にほぼ一致するとされている。水を浸透させにくい粘土質の層の上に水を浸透させやすい砂礫質の層（土岐砂礫層）が積み重なっているために、豪雨の際、地下水が地表に湧出して土砂崩れを起こし、その跡に湿地ができると説明されてきた（植田, 2002）。湿地は遷移が進むため長もちしないが、場所を変えて新たに湿地ができるため、湿地の植物群は維持されてきたのだという。

　これは確かにその通りだと考えるが、この説明だけでは東海丘陵要素植物群の分布がなぜこの辺だけに限られているのかという点については、何も

図1　シデコブシの花

図2　ヒトツバタゴの花

説明しておらず、その点がこの説の欠点であった。粘土質の堆積物の上になぜ突然、礫層が堆積したのか、地質学的に説明する必要がある。

　筆者はこの地域の地形・地質の成り立ちを基にして、図4のような説明を考えた。

　この一帯には、100〜300万年くらい前、東海湖という浅い湖が広がっていた。周囲には低い丘陵地があるだけで、気候も現在より暖かく、亜熱帯のようだったから、岩石の風化が進み、粘土が生成されて雨に流され、東海湖に堆積した。それが現在、瀬戸物の原料として採掘されている粘土層である（地質学の分野ではこの地層を瀬戸陶土層、または瀬戸層群と呼んでいる）。

　ところがおよそ100万年前になると、南からやってきた伊豆半島が本州

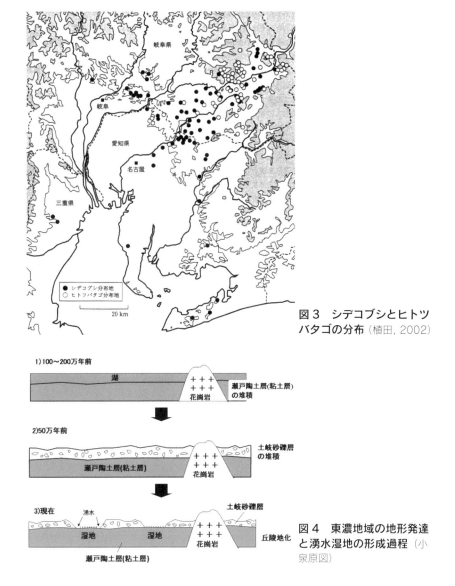

図3 シデコブシとヒトツバタゴの分布 (植田, 2002)

図4 東濃地域の地形発達と湧水湿地の形成過程 (小泉原図)

に衝突し、丹沢山地を北に押してその下に潜り込み始める。するとその圧力を受けて、まず南アルプスが隆起をはじめ、80〜50万年前になると、中央アルプスや飛騨高原も隆起し始めた。その結果、こうした山岳地域では浸食

が活発化し、岩屑が木曽川や飛騨川によってそこから運び出されることになった。川が運んだ砂利は当時の川の出口付近に堆積し、中津川付近を扇頂とする大きな扇状地ができた。この扇状地の堆積物を土岐砂礫層と呼んでいる。この堆積によって、厚い砂礫層が、瀬戸陶土層を直接覆って堆積することになった。

 その後、土岐砂礫層も浸食されて丘陵化し、いくつも谷が入るが、下が粘土層によって抑えられているために、地下への水の浸透が妨げられ、谷間では湧水がきわめて豊かになった。それが水を好むシデコブシなどの生育を可能にした条件である。このような自然史的な背景をもつ地域は、日本列島では他にはないから、それが東海要素の分布を限定することになったと考えられる。

 この説明は地質学的にみてもきわめてオーソドックスな説明で、これによって東海丘陵要素の植物群の分布がこの一帯だけに限られている理由が説明できたと考えた。

 しかしこの説明は、地質学の研究の進展に伴って瓦解してしまった。理由は2つある。1つは東海湖の存在が否定され、粘土層は河川の網状流によって堆積したと学説が変わったことである。ただこれは粘土層の生成条件が変わっただけで、致命的な変化ではない。

 問題はもう1つの方にある。それまで粘土層の堆積は200万年前を中心とする更新世前期頃とされていたのだが、粘土層に挟まれる火山灰層の研究により、年代が一気に800万年前から900万年前に遡ることになったのである。土岐砂礫層については新しい年代は出ていないが、粘土層の直上に堆積しているのだから、粘土層に近い年代になるだろう。この年代が果たして正しいのか疑問が残るが、筆者が上で述べた仮説は残念ながら否定されてしまったといえよう。

 では800万年前ころ、東濃地域で粘土層から砂礫層の堆積に急変するような変化がなぜ起こったのだろうか。これについては想像もつかず、謎のまま残っている。将来の研究者によるなぞ解きを待つばかりである。

第2章　渥美半島のシデコブシ

　シデコブシ（図2-1）は、白ないし薄いピンクの美しい花をつける、東海丘陵要素を代表する植物である。瀬戸地方や豊田市付近に分布の中心があるが、それ以外にも、三重県の一部や愛知県の渥美半島（田原市）に例外的に分布している（コラムの図3）。渥美半島の場合、分布地はいずれも水気の多い場所だが、ここには土岐砂礫層は分布していないので、分布を土岐砂礫層とからめて説明することはできない。しかし私はこれまでの調査で、渥美半島のシデコブシの分布地が大きく2つのタイプに分かれることに気がついた。以下、それぞれについて紹介する。

　1つはチャートの基盤からなる山麓緩斜面上に成立したものである。藤七原湿地と椛のシデコブシ分布地がこれに当たる。この2地区では、山麓に扇状地状に広がった緩やかな斜面上に、シデコブシの群落がある（図2-2）。両地区とも基盤の層状チャートが露出し、その表面にチャートの礫と薄い土壌がまばらに乗っていて、その間を水が薄層をつくって静かに流れている。

　ここのチャートは古い地質時代（ジュラ紀）に、太平洋の海底で放散虫が堆積することによって生じたきわめて硬い岩で、風化しにくく地下に水を通さない。このため、基盤の表面を水が薄く広がって流れ、湿地ができやすい。この湿地には、シデコブシやシラタマホシクサ、ヌマガヤ、ヤチヤナギ、サ

図2-1　シデコブシの花

図2-2 なぐさのシデコブシ

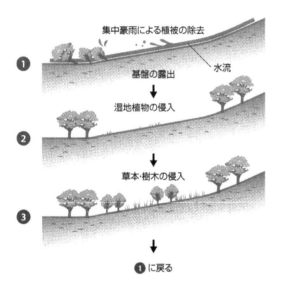

図2-3 湿地の維持されるメカニズム（小泉原図）

ワギキョウなどの湿地の植物が生育している。湿地には時間の経過とともに、コシダなどのさまざまの草本や、イヌツゲ、ノリウツギ、アカマツなどの樹木が入り込み、ついには藪のようになってしまう。そのため湿地は次第に乾燥しつつあり、地元の人々は、湿地の植物はいずれ滅びてしまうのではないか、と危惧しており、一部ではノリウツギなどの伐採も始めている。

しかし私は、こうした丘陵地の麓の緩斜面に生じた湿地は、次のようなメ

図 2-4 藤七原湿地の表面に散乱するチャートの礫
豪雨の際、運ばれたものとみられる

図 2-5 伊川津のシデコブシ群落

カニズムで維持されているのだろうと考えている。それは、200〜300年に一回は必ず起こる豪雨の際、イヌツゲやノリウツギ、アカマツなどの樹木も、草本も薄い表土も、一挙に除去されるだろうということである。チャートは固いため、樹木は岩盤に根を深く張ることができない、このため樹木は浅く根を張っただけで立っており、豪雨に伴う水流の勢いに抵抗することは困難である。

こうしてすべてが振り出しに戻り、チャートの岩盤が露出して、表面を浅い水流が流れ、湿地が再生する（図2-3）。藤七原湿地では、斜面の上部に破砕されたチャートの基盤があり、その下方にはところどころにチャートの岩塊が乗っていて（図2-4）、過去に豪雨による表土や植物の除去があった

図 2-6　黒河湿地のシデコブシ

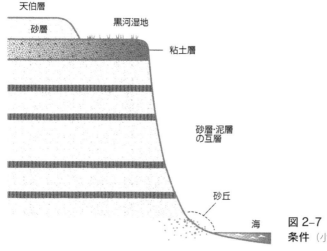

図 2-7　黒河湿地の形成条件（小泉原図）

ことを裏づけている。

　豊橋市の東にはシラタマホシクサやミミカキグサ、ミカワバイケイソウなどが生育していることで有名な「葦毛湿原」がある。海抜60mから75mのなだらかな山麓緩斜面に位置する湿原で、基盤はやはりチャートでできている。私は、この湿原が維持されているメカニズムも、藤七原湿地などと同様、豪雨による表土や植物の除去だったと考えている。表土が時々除去されるため、湿原であるにもかかわらず、泥炭の堆積はみられない。

伊川津のシデコブシ分布地はここで述べたタイプの変形で、山麓にあった海岸段丘の堆積物が水流によって除去されて、細長い窪みをつくり、基盤が露出したところに湿地が生じたものである（図 2-5）。
　もう1つのタイプは、海成段丘堆積物中の粘土層が湿地を形成したもので、黒河湿地がこれに当たる（図 2-6）。渥美半島に広がる海成段丘（天伯原台地）は、13万年前の海面の高かった時期に堆積した海成の砂層からなるが、隆起した台地の表面から5、6 m下に粘土層があり、それが水の浸透を止めて湿地を形成することになった。粘土層の上にある砂層の基底の部分を地下水が流れたため、砂層は徐々に浸食されて砂が除去され、露出した粘土層の表面に湿地が生じたのである。湿地の表面は平らで、水がたまっており、シデコブシに加え、イグサなどの湿地植物が生育している（図 2-7）。
　シデコブシの開花は3月下旬である。それぞれのタイプの湿地に咲く美しいシデコブシの花をぜひ現地でご覧いただきたい。また秋にはシラタマホシクサやミカヅキグサなどが花をつける。これも一見の価値がある。

コラム　沖縄県・具志頭海岸の植生分布

　沖縄県沖縄島の南西部に具志頭海岸というところがある。平和記念公園のある、摩文仁の丘から5kmほど北上したところにあり、サンゴ礁がよく発達することで知られている。干潮時にはわずかに頭を出したサンゴ礁の上を伝って500mほど沖合にあるサンゴ礁の縁まで歩いて行くことができる。地元ではこの海岸をオオビシ（大干瀬）と呼び、子供や大人の磯遊びの場として親しまれている（図1）。
　オオビシは、普段は海面下にあり、干潮時にわずかに頭を出すサンゴ礁が広がる。ここでは頭を出した岩の表面に付着した緑色の海藻が広くみられる。
　その内側（内陸側）には、オオビシより30～50cmほど高く、段丘状になったサンゴ礁がある（図2）。ここでも緑色の海藻が断片的に付着しているが、基盤のサンゴ礁が露出し、無植生になった部分が多い。
　そしてその内側には、2段目の地形面よりもわずかに高くなった面がある。ここは水面からは離れるが、図3の手前側のように、基盤が露出し、ほぼ無植生に近い。わずかに高くなっているが、おそらく頻繁に海水をかぶるためであろう。
　そしてさらに内陸側にはイネ科の草原に覆われた、一段高い面がある（図

図1　オオビシ

図2　2段目のサンゴ礁

図3　3段目のサンゴ礁

4)。現海面からの比高は2mほどである。この面には基部がえぐられてキノコ状になった岩がいくつも見られ、特異な景観を示す。

　この海岸一帯の植生分布はどのようにしてでき上がってきたのだろうか。これまでの海岸地形の研究を参考に推論してみよう。

　まず一番高い面は、根元を削り取られたキノコ岩がいくつも見られることから、古いサンゴ礁の島が、海面が現在よりも高かった縄文時代（6,000～7,000年くらい前）に、波の浸食で生じた地形面だと推定できる。キノコ岩の側面には波で削られたみごとなノッチ（凹み）ができている。縄文時代以降、海面が低下したために全体が段丘化し、浸食は受けなくなったとみられ

図4　キノコ岩とその回りの草原

るが、2m程度の比高では台風の際の高潮や津波をかぶる可能性が高く、実際にときどき海水をかぶるために森林の成立することはないのだと思われる。生えているのはおそらく塩分につよい植物なのだけに違いない。

　次に現在の海面より30〜50cm程度高い地形面とそれよりわずかに高い地形面（図2）は、沖縄の地形の研究者である、河名俊男さんや目崎茂和さんによって、2,400年前の地震で隆起したサンゴ礁だと推定されている。かつてはオオビシのように海面すれすれにできたサンゴ礁だったものが、地震による隆起により、これだけの段差が生じたものである。しかし隆起した分、高潮などの際の波の当たり方が強まったため、海藻ははぎ取られ、基盤が露出するようになったと思われる。

　このようにこの海岸では、海水準の低下と地震にともなう隆起という、異なった原因でサンゴ礁の段丘化が生じ、植生分布が分かれている。こういう海岸は珍しい。

コラム　伊豆半島・大瀬崎の礫洲に成立したビャクシンの林

　こんなひどい恰好をした木は見たことがない。富士山五合目のカラマツの変形もすごいが、ここのは潮風に痛めつけられてもっと荒々しく、想像を超える形に変形している（図1、2）。伊豆半島・大瀬崎のビャクシン林のことである。

　大瀬崎は伊豆半島の北西の角にある岬である。北側と西側は海に面しており、このうち北側は駿河湾を隔てて、正面に富士山を望み、実に風光明媚である。

　ここには伊豆半島の西側を北に向かって流れる沿岸流によって運ばれてきた土砂が堆積し、長さ1 kmに達する見事な砂州が発達している（図3）。発達の理由は以下のようである。

　大瀬崎から南に続く海岸線には、達磨火山の山麓を構成する未固結の堆積物が露出している。ここからは強風に起因する波の浸食によって、大量の土砂が削り取られ、沿岸流によって北に運ばれていく。そして大瀬崎で急に陸

図1　変形したビャクシン

図2　ビャクシン林

図3 長さ1kmに達する砂州

地がなくなるために、土砂がそこに堆積して長い砂州を作ったのである。ただこの砂州は砂州とは名ばかりで、実際は砂ではなく、直径数10cmもある巨礫が堆積している。したがって砂州よりも、礫州と呼んだ方が適切なほどで、未固結の火山堆積物と異様に強い沿岸流が、このゴロゴロした巨礫からなる礫洲を形成したといえよう。

大瀬崎ではふくらんだ砂洲の先端部にできた神池が有名で、なぜ淡水の池ができたのか不思議なことから、伊豆の七不思議に数えられてきた。しかしここの自然を代表するものといえば、やはり礫州の上にできたビャクシンの巨木林であろう。ここのビャクシンは樹齢数百年、中には千年を越えると推定される巨木が130本近くあり、いずれも風に吹きさらされて幹が曲がったり、割れたりして変形し、奇怪な形をしている。ビャクシンは海岸の岩場にまれに生育しているのを見ることがあるが、これだけ変形した巨木が集まった樹林はよそでは見られず、国の天然記念物になっているのも当然と思われる。ただなぜここにこんな特殊な森林が成立したのかは分かっていない。

礫州は一番高いところでは6m近くあり、また現在形成中の礫州が海岸に沿うように伸びている。したがってこの高い方の礫州は現成のものではなく、海面がもっと高かった時期に、沿岸流の作用で生まれたものだと考えられる。私は、約7,000年前の温暖な縄文前期にできた可能性が高いと推定しているが、その後、4,000年前から3,000年前にかけては、気候が寒冷化して海面が2～3mくらい下がり、礫洲は海水をかぶらなくなったとみら

**図4 巨礫の上に生える
ビャクシン**

れる。

　礫州ができる前に岬だった海岸近くの岩場にも、ビャクシンの巨木が生えていることから考えると、礫州が海水の影響を受けなくなるにつれて、そこから礫洲に飛んだ種が発芽し、ビャクシンが生育するようになったと推定できる。このことは現在でも、礫の間から伸び始めているビャクシンの若木があることから裏づけられるが、生育を始めたばかりのビャクシンは海からの強い潮風や、台風の際などの強風に痛めつけられ、ひどく変形したとみられる。後から生育を始めた個体は古い樹木に守られ、それほどひどい変形を被らないでもすんだはずである。

　現在、ビャクシンの林の中には、タブノキやクスノキが生育を始めており、遷移が進みつつある。このまま経過すれば、ビャクシンの林は次第に衰え、タブノキやクスノキが取って代わるということになりそうだが、もともと厳しい条件の場所であり、時には高潮や津波も起こるから、先行きはまだ予断を許さないところがある。

おわりに

　これでおしまいです。慣れない分野の話をここまでお読みいただき、感謝します。ありがとうございました。

　ここで紹介したのは、ドイツのトロールに始まる景観生態学や地生態学とは違った、日本流の地生態学です。私のある学会での発表を聞いていた外国の科学出版者の方が、「あなたのやっているような研究は世界的に見ても誰もやっていないように思います。英語で出版したらいかがでしょうか」と、出版を勧めてくれました。

　確かにその方のおっしゃるように、私がやってきたように、地形・地質や自然史をベースに群落の成因を探るという研究は、世界的にもまだまだ乏しいように感じます。この本の執筆のきっかけはこの方のお勧めですが、この本の刊行が呼び水になってこの分野の理解が進むことを期待しています。

　ところでお読みになってのご感想はいかがでしょうか。難しいというのが正直なところかもしれません。実際に私はこの本で紹介した事例を、野外で案内することがよくあるのですが、従来型の「これは○○です」といった説明しか体験したことのない参加者の中には、最初戸惑う人が少なくありません。彼らは最初、このガイドはいったい何を言いたいのだろう、何を伝えたいのかさっぱりわからない、といぶかしげに私を見ます。私にも彼らの戸惑いがわかりますから、「この観察会では、この植物がなぜここにあるのかを考えているのですよ」と答え、「ほら、ここで植物の種類が変わりました。どうしてでしょうか」などとあらためて疑問を投げかけます。

　これを繰り返しているうちに、参加者の皆さんも、私の質問の意図がわかり、そのうちに「おっ、また矮性のミヤマアズマギクが出てきたぞ、もしかしたらここも蛇紋岩地ではないか」などと言い始めます。

　このように現地で植物や地形・地質を観察していると、大方の人は地生態学の方法や視点を理解してくれ、地生態学に次第に興味をもつようになってくれます。したがってこの分野の普及には現地観察会をもっと増やせばいいのですが、人数にしても回数にしても限界があります。止むを得ず、私は理解者を増やそうと易しい普及書を執筆してきました。この本もその延長上に

ありますが、この本は最終的には英訳して日本人以外の皆さんにも読んでもらいたいという意図があります。自然史の素養の豊かなイギリス人やドイツ人には、この本は歓迎されるのではないかと期待しています。

いろいろなテーマの話が次々に出てきて戸惑った方もおられるかもしれません。しかしこれはいろいろなテーマを示して読者の皆さんの参考にするためですので、ご了解ください。正直に言いますと、私が野外でみつけて何らかの形で報告したテーマは、この本で扱ったものの、2倍くらいに達します。それは『自然を読み解く山歩き』（JTBパブリッシング）や『観光地の自然学』（古今書院）、『日本の山と高山植物』（平凡社新書）、『ここが見どころ日本の山』（文一総合出版）、『山の不思議発見』（ヤマケイ新書）などの出版物となって刊行されています。そうした書物で探していただければ、参考になる事例はもっと増えると思います。

私の周りでは、こうした発想に慣れた人が次第に増えてきました。彼らは次の野外観察会をとても楽しみにしてくれています。人によっては私の受け売りではありますが、巡検を主宰してくれる人も出て来ました。大変ありがたくまたうれしいことです。

これもすでに書いたことですが、私がガイドを務めてきた巡検グループの会員は、身体を使うだけでなく、頭もよく使うせいか、実に健康で生き生きしており、なかなか年を取りません。これも知的登山、または知的観光の効用ではないかと思います。知的で健康な老後を送るためにも地生態学はきわめて有効です。ぜひ野外で試してみてください。

この本の作成に当たり、たくさんの方のお世話になりました。指導してくれた先生方、調査を手伝ってくれた人、コメントを寄せ、励ましてくれた人、図の転載を許可してくれた人。すべてお名前を挙げたいところですが、スペースの都合で割愛させていただきます。末尾になりますが、この手のかかる本の編集を担当してくださった、文一総合出版の椿 康一さんに、心からの感謝をささげます。ありがとうございました。

小泉武栄

参考・引用文献

【和文】

赤松直子・青木賢人（1993）東京都秋川源流域におけるシオジ・サワグルミ林の立地条件. 第40回日本生態学会大会講演要旨集, D1 27.
浅野一男・鈴木時夫（1967）赤石山脈の高山植物社会 II, 高山崩壊地草原と草本性高山ハイデ. 日本生態学会誌, 17：251－262.
アスキンズ, R. A., 黒沢令子訳（2003）『鳥たちに明日はあるか──景観生態学に学ぶ自然保護』. 文一総合出版.
畔上能力（1968）稲城市の植物. 稲城市史研究, 創刊号：67－74.
荒牧重雄他編（1989）『空から見る日本の火山』. 丸善.
有井仁美・小泉武栄（1991）千葉県清澄山におけるヒメコマツの分布とその存続条件. 学芸地理, 45：39－51.
五百沢智也（1979）『鳥瞰図譜 ＝ 日本アルプス［アルプス・八ヶ岳・富士山］の地形誌』. 講談社.
石井実・植田邦彦・重松敏則（1993）『里山の自然をまもる』. 築地書館.
石川慎吾（1988）揖斐川の河辺植生：Ⅰ. 扇状地の河床に生育する主な種の分布と立地環境. 日本生態学会誌, 38（2）：73－84.
石黒富美男（1935）磐梯山の植生について. 日本林学会誌, 17（3）：175－184.
石塚和雄（1949）八甲田山における積雪と植物群落との關係─特に雪田の植物群落について. 生態学研究, 11（3－4）：193－203.
石塚和雄編（1977）『植物生態学講座1　群落の分布と環境』. 朝倉書店.
井出久登・武内和彦（1985）『自然立地的土地利用計画』. 東京大学出版会.
井出久登・亀山章（1993）『緑地生態学─ランドスケープ・エコロジー』. 朝倉書店.
伊藤浩司（1973）大雪山の植物群落. 『写真集 大雪山 中央高地の自然』, 2－12. 北海道撮影社.
伊藤浩司（1984）高山の群落生態. 『寒冷地域の自然環境』, 143－160. 北海道大学出版会.
伊藤浩司編（1987）『北海道の植生』. 北海道大学出版会.
伊藤浩司・佐藤謙（1981）大雪山系現存植生図概説：大雪山系自然生態系総合調査. 23p. 北海道生活環境部自然保護課.
岩田慶治（1976）『コスモスの思想─自然・アニミズム・密教空間（NHKブックス）』. 日本放送出版協会.
岩田修二（1974）白馬岳山頂付近の地形─地形と残雪・氷河とのかかわりあい. 地理, 19（2）：28－37.
岩田修二（1980）白馬岳の砂礫斜面に働く地形形成作用─移動様式とその強度─. 地学雑誌, 89（6）：319－335.
岩田修二（2011）『氷河地形学』. 東京大学出版会.

岩田修二（2018）『統合自然地理学』. 東京大学出版会.
植田邦彦（1989）東海丘陵要素の植物地理Ⅰ. 定義. 植物分類, 地理, 40：190－202.
植田邦彦（2002）東海地方の植生の特色. 広木詔三編『里山の生態学』, 41－122.
植村善博（2004）『図説 ニュージーランド・アメリカ比較地誌』. ナカニシヤ出版.
上本進二（1978）白馬連峰の岩石組織と山稜形. 地理学評論, 51（4）：327－333.
牛丸周太郎（1969）乗鞍火山の地形・地質. 日本自然保護協会調査報告, 36：21－48.
梅澤芳・増沢武弘（2009）八ヶ岳におけるコマクサ純群落の成立要因. 長野県植物研究会誌, 42：21－28.
ウルフ, A. 鍛原多惠子訳（2017）『フンボルトの冒険 自然という〈生命の網〉の発明』. NHK出版.
大角泰夫（1970）本邦の高山土壌の分類と生成. ペドロジスト, 14（2）：68－84.
太田陽子（1997）ニュージーランドの変動地形. 貝塚爽平編『世界の地形』, 39－56. 東京大学出版会.
大場達之（1967）亜高山帯と高山帯. 宮脇昭編『原色現代科学大事典3－植物』, 329－420. 学研.
大場達之（1968）日本の高山寒冷気候下における超塩基性岩地の植生. 神奈川県立博物館研究報告, 1（1）37－64.
大場達之（1969）日本の高山荒原植物群落. 神奈川県立博物館研究報告, 1（2）：23－70.
大森博雄・島津弘（1986）白神山地自然環境保全地域の地形と地質.『白神山地自然環境保全地域調査報告書』, 7－27. 日本自然保護協会.
小笠原和夫・鈴木時夫・結城嘉美（1956）雪と植生, 特に月山雪田について. 月山朝日山系総合調査報告書, 214－240. 山形県.
小笠原和夫（1965）北アルプス立山・剱の積雪調査―積雪の地形的分布と植生との関係についての提唱―.『北アルプスの自然』, 123－151. 富山大学.
小川豪司・内藤正彦・吉村真（2011）多摩川の礫河原再生事業 実施詳細計画の検討. リバーフロント研究所報告, 22：86－95.
沖津進（1983a,b）ハイマツ帯は高山帯か―高山帯についての考察―1, 2. 北方林業, 35（6）：169－172, 35（7）：196－201.
沖津進（1984a）ハイマツ群落の生態と日本の高山帯の位置づけ. 地理学評論, 57A（11）：791－802.
沖津進（1984b）大雪山地の森林限界支配要因. 日本生態学会誌, 34（4）, 439－444.
沖津進（1985）北海道におけるハイマツ帯の成立過程からみた植生帯構成について. 日本生態学会誌, 35（1）, 113－121.
沖津進（1991）ハイマツ群落の現在の分布と生長からみた最終氷期における日本列島のハイマツ帯. 第四紀研究, 30（4）：281－290.
沖津進・伊藤浩司（1984）北海道山岳の森林限界高度とWI 15. 日本生態学会誌, 34（3）：341－346.
沖津進（2001）北海道のハイマツ帯の下限高度はなぜばらつくのか？. 水野一晴編

『植生環境学―植物の生育環境の謎を解く―』, 24-36. 古今書院.
小野有五（1990）ヒマラヤのディレンマをめぐって. 地理, 35（1）: 74-82.
貝塚爽平（1964）『東京の自然史』. 紀伊国屋書店.
貝塚爽平・小池一之・遠藤邦彦・山崎晴雄・鈴木毅彦編（2000）『日本の地形4 関東・伊豆小笠原』. 東京大学出版会.
ガスカール, P., 沖田吉穂訳（1989）『探検博物学者フンボルト』. 白水社.
金子史朗（1990）『レバノン杉のたどった道　地中海文明からのメッセージ』. 原書房.
上高地自然史研究会編・若松伸彦責任編集（2016）『上高地の自然誌　地形の変化と河畔林の動態・保全』. 東海大学出版部.
河内晋平（1977）八ヶ岳地域の地質. 地域地質研究報告（5万分の1地質図幅）, 地質調査所.
川村寿郎・内野隆之・川村信人・吉田孝紀・中川充・永田秀尚（2013）早池峰山地域の地質, 地質調査総合センター.
環境省生物多様性センター. 東アジア各国の動植物種数. www.biodic.go.jp/cbd/s5/1-4_3.pdf.
菊池多賀夫（1994）藤七原シデコブシ生育地の地形.『藤七原湿地植物群落調査報告書』. 田原町教育委員会.
菊池多賀夫（2001）『地形植生誌』. 東京大学出版会.
木佐貫博光・梶幹男・鈴木和夫（1992）秩父山地におけるシオジ林の林分構造と更新過程. 東京大学農学部演習林報告, 88: 15-32.
北村四郎（1993）北村四郎選集Ⅴ『植物の分布と分化』. 保育社.
吉良竜夫・依田恭二（1958）山の生態系. 現代生物学講座5『生物と環境』, 231-269. 共立出版.
倉本宣（2013）多摩川カワラノギクプロジェクト―市民と研究者と行政との協働による新しい保全活動. 地理, 58（10）: 42-50.
ケールマン, D., 瀬川裕司訳（2008）『世界の測量　ガウスとフンボルトの物語』. 三修社.
小疇尚（1965）大雪火山群の構造土. 地理学評論, 38（3）: 179-199.
小疇尚（1970）日本の周氷河地形とその形成条件. 地理学評論, 43, 107-109.
小疇尚・杉原重夫・清水文健・宇都宮陽二朗・岩田修二・岡沢修一（1974）白馬岳の地形学的研究. 駿台史学, 35: 1-86.
小泉武栄（1974）木曽駒ヶ岳高山帯の自然景観―とくに、植生と構造土について―. 日本生態学会誌, 24（2）: 78-91.
小泉武栄（1976）レバノン山脈の気候地形. 地学雑誌, 85（2）, 65-78.
小泉武栄（1979a）高山の寒冷気候下における岩屑の生産・移動と植物群落, I. 白馬山系北部の高山荒原植物群落. 日本生態学会誌, 29（1）: 71-81.
小泉武栄（1979b）同上, Ⅱ. 北アルプス北部鉢ヶ岳付近における蛇紋岩強風地の植物群落. 日本生態学会誌, 29（3）: 281-287.
小泉武栄（1980a）同上, Ⅲ. 北アルプス北部鉢ヶ岳付近の花崗斑岩地及び古生界砂

岩・頁岩地の風衝植物群落. 日本生態学会誌, 30 (2) : 173-181.
小泉武栄（1980b）同上, Ⅳ. 木曽山脈檜尾岳付近の現成および化石周氷河斜面の風衝植生. 日本生態学会誌, 30 (3) : 245-249.
小泉武栄（1982）同上Ⅴ, 乗鞍火山の高山植生, 東京学芸大学紀要第 3 部門, 34, 73-88.
小泉武栄（1983a）高山帯における無植生地について.『現代生態学の断面　沼田眞教授退官記念和文論文集』, 249-254. 共立出版.
小泉武栄（1983b）世界的視野からみた日本の高山帯. 長野県植物研究会誌, 16 : 53-57.
小泉武栄（1986）黄河源流地域の植生. 科学, 56 (9) : 554-565.
小泉武栄（1989）北アルプス薬師岳における斜面発達と強風地植物群落. 日本生態学会誌, 39 (2) : 127-137.
小泉武栄（1992）カタクリを用いた自然誌教育の試み. 野外教育（東京学芸大学附属野外教育実習施設), 3 : 13-21.
小泉武栄（1993a）『日本の山はなぜ美しい―山の自然学への招待―』. 古今書院.
小泉武栄（1993b）「自然」の学としての地生態学―自然地理学の一つのあり方―. 地理学評論, 66A (12) : 778-797.
小泉武栄（1995）白馬岳高山帯「節理岩」における植生遷移と斜面発達. 地学雑誌, 104 (4) : 503-514.
小泉武栄（1996）日本における地生態学（景観生態学）の最近の進歩. 生物科学, 48 (3) : 113-122.
小泉武栄（1997a）地すべり地の土地利用と植生に関する従来の研究. 学芸地理, 52 : 25-34.
小泉武栄（1997b）地球温暖化の中の極地植生. 科学, 67 : 850-861. 岩波書店.
小泉武栄（1998）『山の自然学（岩波新書)』. 岩波書店.
小泉武栄（1999）日本海側多雪山地における地すべり起源の植物群落. 東京学芸大学紀要第 3 部門, 50 : 49-59.
小泉武栄（2005）風食による植被の破壊がもたらした強風地植物群落の種の多様性―飯豊山地の偽高山帯のおける事例―. 長野県植物研究会誌, 38 : 1-9.
小泉武栄（2007）『自然を読み解く山歩き』. JTB パブリッシング.
小泉武栄（2009）『日本の山と高山植物（平凡社新書)』. 平凡社.
小泉武栄（2011）ジオエコツーリズムの提唱とジオパークによる地域振興・人材育成. 地学雑誌, 120 (5) : 761-774.
小泉武栄（2013）『観光地の自然学　ジオパークに学ぶ』. 古今書院.
小泉武栄（2016a）多摩川の河原になぜ絶滅危惧種・カワラノギクがよみがえったのか？. 地理 61 (1) : 10-16. 古今書院.
小泉武栄（2016b）『「山の不思議」発見（ヤマケイ新書)』. 山と渓谷社.
小泉武栄（2017）多摩地域におけるカンアオイ属の植物 3 種の分布に関する植物地理学的研究―多摩地域の地形発達史からの考察―. 学芸地理, 73 : 3-15.
小泉武栄・柳町治（1982）木曽山脈主稜部における周氷河性岩屑生産. 第四紀研究,

20：281－287.

小泉武栄・新庄久志（1983）大雪山永久凍土地域の植物群落．日本生態学会誌, 33 (3)：357－363.

小泉武栄・田村光穂（1985）高山の寒冷気候下における岩屑の生産・移動と植物群落，Ⅵ. 南アルプス赤石岳の強風地植物群落．日本生態学会誌, 35 (2), 253－262.

小泉武栄・鈴木由告・清水長正（1988）多摩川源流域の森林立地に関する地形・地質学的研究. とうきゅう環境浄化財団研究助成, No. 114.

小泉武栄・関秀明（1988）高山の寒冷気候下における岩屑の生産・移動と植物群落，Ⅶ. 北アルプス蝶ヶ岳の強風地植物群落．日本生態学会誌, 38 (3)：201－210.

小泉武栄・関秀明（1992）風化被膜から推定した木曾駒ヶ岳の化石周氷河斜面の形成期．季刊地理学, 44 (4)：245－251.

小泉武栄・青柳章一（1993）風化皮膜から推定した北アルプス薬師岳高山帯における岩屑の供給期．地理学評論, 66A (5)：269－286.

小泉武栄・酒井啓・赤松直子・青木賢人・島津弘（1994）三頭山における集中豪雨被害の緊急調査と森林の成立条件の再検討．とうきゅう環境浄化財団研究助成, No.164.

小泉武栄・押本絵里・牧野智子（1995）多摩丘陵西部におけるタマノカンアオイの分布・生態と保護・育成に関する研究. とうきゅう環境浄化財団研究助成, No.86.

小泉武栄・辻村千尋、目代邦康、酒井啓（1999）羽後朝日岳の山頂部における階段状地形の成因とその生態学的意義.『和賀山塊の自然』, 81－86. 和賀山塊自然学術調査会.

小泉武栄・佐藤寛子（2000）多摩地域におけるカンアオイ類の分布・生態と保護・育成に関する地生態学的研究. とうきゅう環境浄化財団研究助成, No.126.

小泉武栄・佐藤謙（2014）『列島自然めぐり　ここが見どころ 日本の山　地形・地質から植生を読む』. 文一総合出版.

小出博（1952）『応用地質　岩石の風化と森林の立地』. 古今書院.

高山地形研究グループ（1978）『白馬岳高山帯の地形と植生』. 寒冷地形談話会.

国府谷盛明・松井公平・河内晋平・小林武彦（1966）5万分の1地質図幅 大雪山. 北海道開発庁.

国立防災科学技術センター（1984）地すべり地形分布図. 防災科学技術, No.85.

小林国夫（1955）『日本アルプスの自然』. 築地書館.

小林国夫（1956）日本アルプスの非対称山稜. 地理学評論, 29 (8)：484－492.

小林国夫（1958）御嶽一ノ池の構造土.『御嶽研究　自然編』, 97－110. 木曽教育会.

後藤稔治・菊池多賀夫（1997）東海地方の丘陵地にみられるシデコブシ群落とその立地について. 日本生態学会誌, 47 (3)：239－247.

小松陽介（1999）谷密度からみた蛇紋岩山地の特性―2種類の谷の定義による評価―. 地理学評論, 72A (1)：30－42.

近田文弘（1981）『静岡県の植物群落』. 第一法規出版.

酒井暁子（1995）河谷の侵食作用による地表の攪乱は森林植生にどのように影響しているのか？. 日本生態学会誌, 45（3）: 317−322.
酒井昭（1982）『植物の耐凍性と寒冷適応　冬の生理・生態学』. 学会出版センター.
酒井昭（1995）『植物の分布と適応環境』. 朝倉書店.
坂本峻雄（1965）壱岐・対馬の地質. 壱岐・対馬自然公園学術調査報告書, 19: 9−25.
崎尾均（2017）『水辺の樹木誌』. 東京大学出版会.
佐々木博（2015）『最後の博物学者アレクサンダー＝フォン＝フンボルトの生涯』. 古今書院.
佐藤留太郎・大野栄寿・佐藤一大・諏訪彰（1956）1954 年春の磐梯山の山くずれ. 験震時報, 20（4）: 29−36.
地すべり学会東北支部編（1992）『東北の地すべり・地すべり地形』. 地すべり学会東北支部.
四手井綱英（1963）立山付近に分布するハイマツの物質生産について. 日本林学会誌, 45（6）: 169−173.
四手井綱英（1968）ヨーロッパの自然をみて. 科学朝日, 28: 87−93. 朝日新聞社.
四手井綱英（1972）ヨーロッパの森と林. 『朝日講座　探検と冒険 5』, 118−139. 朝日新聞社.
島津弘（1991）山地河川の支流における礫径および河床形態の縦断変化と本流への礫供給. 地理学評論, 64A（8）, 569−580.
島野光司（1998）何が太平洋ブナ林におけるブナの更新をさまたげるのか？. 植物地理・分類研究, 46（1）: 1−21.
島野光司（2007）ブナ林の更新とその地理的変異. 植生情報, 11: 26−42.
島野光司・沖津進（1993）東京郊外奥多摩, 三頭山に分布するブナ・イヌブナ林の更新. 日本生態学会誌, 43（1）: 13−19.
島野光司・沖津進（1994）関東周辺におけるブナ自然林の更新. 日本生態学会誌, 44（3）: 283−291.
清水建美（1977）石灰岩と植物. 『自然と生態学者の目』, 123−127. 共立出版.
清水長正（1994）早池峰山における斜面地形に規定された森林限界. 季刊地理学, 46（2）: 126−135.
清水寛厚（1967）飯豊山地の高山帯における草本, 矮低木群落の植物社会学的研究. 日本生態学会誌, 17: 149−157.
下伊那地質誌編集委員会編（1976）下伊那の地質解説. 下伊那教育会.
下川和夫（1980）積雪の作用に関する諸研究. 駿台史学, 50: 296−318.
下川和夫（1982）雪崩のつくる地形. 地理, 27（4）: 37−43.
下川和夫・横山秀司（1982）谷川連峰における自然景観の地生態学的研究. 日本地理学会予稿集, 18: 88−89.
下鶴大輔（1988）磐梯山の概要. 地学雑誌, 97（4）: 1−13.
水津一朗（1974）『近代地理学の開拓者たち』. 地人書房.
杉浦直（1974）景観生態学の理論と方法. 東北地理, 26（3）: 137−148.

杉浦直（1981）景観の生態学．野間三郎・岡田真編『生態地理学』，146－169．朝倉書店．
鈴木時夫・結城嘉美・大木正夫・金山俊昭（1956）月山の植生．『月山朝日山系総合調査報告書（1955）』，144－199．山形県．
鈴木秀夫（2001）竹内啓一・杉浦芳夫編『二〇世紀の地理学者』．古今書院．
鈴木由告（1965）白馬岳山系のコマクサ群落．東京都立墨田川高等学校 研究紀要，1：15－27．
鈴木由告（1968）雪倉岳周辺の礫地植生と土壌．東京都立武蔵丘高等学校 研究紀要，3：1－31．
鈴木由告（1977）秩父金峰山の垂直分布に関する一考察．植物と自然，11（4）：11－17．
鈴木由告（1986）多摩川中流域におけるカタクリ群落の分布と生態および保護育成に関する研究．とうきゅう環境浄化財団研究助成，No. 87.
鈴木由告・清水長正（1985）秩父山地破風山における岩塊斜面上に成立する低木群落．東北地理，37（2）：133－134．
スタンプ，L. D., 椎名重明訳（1957）イギリスの国土利用．農林水産業生産性向上会議．
相馬秀広・岩田修二・岡沢修一（1979）白馬岳高山帯における砂礫の移動プロセスとそれを規定する要因．地理学評論，52（10）：562－579．
平朝彦（1990）『日本列島の誕生（岩波新書）』，岩波書店．
高岡貞夫（2001）遷急線によって規定される山地斜面のブナの分布域．植生学会誌，18（2）：87－97．
高岡貞夫（2002a）山地斜面のブナの分布からみた植生帯境界の構造と後氷期の斜面発達過程．専修人文論集，70：371－393．
高岡貞夫（2002b）植生からのアプローチ．横山秀司編『景観の分析と保護のための地生態学入門』．古今書院．
高岡貞夫（2016）上高地の植生．上高地自然史研究会編『上高地の自然誌』，38－57．
高橋伸幸・佐藤謙（1994）高山帯風衝砂礫地にみられる冬季卓越風指標としての"しっぽ状"植生．季刊地理学，46（2）：136－146．
武内和彦（1976）景観生態学的土地評価の方法．応用植物社会学研究，5：1－60．
武内和彦（1985）東ドイツにおける地生態学の現状と課題．応用植物社会学研究，14：35－41．
武内和彦（1991）『地域の生態学』．朝倉書店．
竹内真冴也（2012）八ヶ岳におけるコマクサの分布に関する地生態学的研究―硫黄岳～横岳稜線を対象として―．東京学芸大学環境教育専攻卒業論文．
舘脇操（1951）コマクサの分布と生態．植物生態学会報，1（1）：17－21．
舘脇操（1963）大雪山の植物．日本自然保護協会調査報告，第 8 号「大雪火山群の研究」，25－59，日本自然保護協会．
ターナー，M. G.・ガードナー，R. H.・オニール，R. V., 中越信和・原慶太郎監訳（2004）『景観生態学―生態学からの新しい景観理論とその応用』．文一総合出

版.
田村俊和（1974）谷頭部の微地形構成. 東北地理, 26（4）: 189－199.
田村俊和（1987）湿潤温帯丘陵地の地形と土壌. ペドロジスト, 31: 135－146.
田村剛（1948）『国立公園講話』. 明治書院.
千葉茂樹・木村純一（2001）磐梯火山の地質と火山活動史―火山灰編年法を用いた火山活動の解析―, 岩石鉱物科学, 30（3）: 126－156.
辻村太郎（1937）『景観地理学講話』. 古今書院.
辻村太郎（1954）『地理学序説―地形と景観―』. 有斐閣.
津屋弘達・村井勇・村井和子（1963）南アルプス・塩見岳・赤石岳付近の地形と地質. 日本自然保護協会調査報告, 4: 49－56.
手塚章（1997）『続・地理学の古典―フンボルトの世界』. 古今書院.
徳山明（1975）南アルプスの地質.「南アルプス・奥大井地域学術調査報告書」, 31－44. 静岡県.
内藤大輔・小泉武栄（1994）山梨県櫛形山における遺存植物ヒメザゼンソウの生育環境とその存続理由. 山梨植物研究, 7: 18－35.
中尾剛（2011）磐梯山爆裂カルデラ内の植生分布に関する地生態学的研究. 東京学芸大学大学院地理学専攻修士論文.
中越信和（1996）景相生態学の研究手法と解析. 沼田眞編『景相生態学―ランドスケープ・エコロジー入門』, 14－19. 朝倉書店.
中静透・山本進一（1987）自然撹乱と森林群集の安定性. 日本生態学会誌, 37（1）, 19－30.
中条広義（1983）木曾御嶽山高山帯における表面礫の移動と植生―ミヤマタネツケバナ群落の成立要因について. 日本生態学会誌, 33（4）: 461－472.
中野尊正（1956）世界の山地の種々相と山地の地形.『現代地理学講座2　山地の地理』, 3－48. 河出書房.
中村太士（1990）地表変動と森林の成立についての一考察. 生物科学, 42（2）: 57－67.
中村太士（1996）河川流域の景相生態. 沼田眞編『景相生態学―ランドスケープ・エコロジー入門』, 33－38. 朝倉書店.
滑田広志（1998）『ニュージーランドハイキング案内』. 山と渓谷社.
難波清芽（2013）富士山北西斜面の森林限界移行帯における森林植生のタイプと遷移に関する地生態学的研究―側火山噴火との関わりから―. 東京学芸大学社会系教育課程地理学専攻博士論文.
西川治（1988）『地球時代の地理思想―フンボルト精神の展開』. 古今書院.
西来邦章・松本哲一・宇都浩三・高橋康・三宅康幸（2007）中部日本, 八ヶ岳地域の火山活動期の再検討. 地質学雑誌, 113（5）: 193－211.
日本自然保護協会編（1969）乗鞍岳の自然. 日本自然保護協会報告, 36号. 日本自然保護協会.
沼田眞（1982）『環境教育論　人間と自然とのかかわり』. 東海大学出版会.
沼田眞編（1996）『景相生態学―ランドスケープ・エコロジー入門』. 朝倉書店.

生原喜久雄・相場芳憲・井上一彦・カダール＝ソエトリスノ（1989）北関東地方におけるシオジの更新に関する研究．東京農工大学農学部演習林報告, 26：9-49.
波田善夫・中村康則・能美洋介（1999）海上の森の自然—多様性を支える物質と水，保全生態学研究, 4（2）：113-123.
羽田野誠一（1974）最近の地形学 8. 崩壊性地形（その 2）．土と基礎, 22（11）：85-93.
馬場篤・斎藤慧・坂下諭（1988）『磐梯山・雄国の植物』．歴史春秋社．
原田経子・小泉武栄（1997）三国山脈・平標山におけるパッチ状裸地の形成プロセスと浸食速度．季刊地理学, 49（1）：1-14.
原山智・山本明（2003）『超火山槍穂高』．山と渓谷社．
日浦勇（1979）『蝶のきた道』．蒼樹書房．
平松計之助・山本光男（1970）飯豊連峰の植生, 山形県総合学術調査会『飯豊連峰』, 277-284.
広木詔三（1976）裏磐梯泥流上の植物相．名古屋大学教養部紀要 B, 20：37-62.
広木詔三（1979）裏磐梯泥流上における植物群落の生態学的研究．生態学研究, 19（2）：89-112.
広木詔三編（2002）『里山の生態学—その成り立ちと保全のあり方』．名古屋大学出版会．
福井幸太郎・小泉武栄（2001）木曽駒ヶ岳高山帯での風食ノッチの後退とパッチ状裸地の拡大．地学雑誌, 110（3）：355-361.
福嶋司（1972）日本高山の季節風効果と高山植生．日本生態学会誌, 22（4）：62-68.
福田正己・木下誠一（1974）大雪山の永久凍土と気候環境（大雪山の事例とシベリア・アラスカ・カナダとの比較を中心としての若干の考察）．第四紀研究, 12（4）：192-202.
藤澤正平（1983）『ギフチョウとカンアオイ』．ギフチョウ研究会．
藤本潔・宮城豊彦・西城潔・竹内裕希子編（2016）『微地形学—人と自然を繋ぐ鍵』．古今書院．
フンボルト著, エンゲルバルト・ヴァイグル編, 大野英二郎・荒木善太訳（2001-2003）『新大陸赤道地方紀行』（上・中・下）．岩波書店．
ボッティング, D., 西川治・前田伸人訳（2008）『フンボルト—地球学の開祖』．東洋書林．
前川文夫（1953）植物における変異と地史との関連について．民主主義科学者協会生物学部会編『生物の変異性』, 35-46. 岩波書店．
前川文夫（1977）『日本の植物区系』．玉川大学出版部．
前川由己（1979）多摩丘陵東部におけるカンアオイ属の分布．生物科学, 31（1）：33-41.
牧田肇（1981）磐梯山爆裂火口内 1954 年崩壊堆積物上の地形と植生．野口英世記念館編, 学報, 3（1）：5-6.

増沢武弘（1997）『高山植物の生態学』. 東京大学出版会.
増沢武弘編（2010）『南アルプス　地形と生物』. 静岡県.
町田洋・渡部真（1988）磐梯山大崩壊後の地形変化. 地学雑誌, 97（4）：326-332.
松井健・武内和彦・田村俊和（1990）『丘陵地の自然環境―その特性と保全』. 古今書院.
三島佳恵・檜垣大助・牧田肇（2009）白神山地の小規模地すべり地における微地形と植生の関係. 季刊地理学, 61（2）：109-118.
水野一晴（1984）赤石山脈における「お花畑」の立地条件. 地理学評論, 57A（6）：384-402.
水野一晴（1986）大雪山南部・トムラウシ山周辺の溶岩台地上における高山植物群落の立地条件. 地理学評論, 59A, 449-469.
水野一晴（1989）北アルプス三ッ岳周辺の風衝地における斜面構成物質との関係から見た高山植物群落の立地. 日本生態学会誌, 39（2）：97-105.
水野一晴（1990）北アルプスのカールにおける植物群落の分布と環境要因の関係. 地理学評論, 63A（3）：127-153.
水野一晴（1994）ケニヤ山, Tyndall 氷河の後退過程と植生の遷移およびその立地条件. 地学雑誌, 103（1）：16-29.
水野一晴（1999）『高山植物と「お花畑」の科学』. 古今書院.
水野一晴編（2001）『植生環境学―植物の生育環境の謎を解く―』. 古今書院.
三村弘二（1988）磐梯火山の地質と活動史. 地学雑誌, 97（4）, 280-284.
宮脇昭編（1987）『日本植生誌 東北』. 至文堂.
宮脇昭・大場達之（1963）南アルプス植生調査報告―塩見, 烏帽子, 小河内, 荒川, 赤石, 大沢岳について―. 日本自然保護協会調査報告, 4：56-67.
宮脇昭・大場達之・奥田重俊（1969）乗鞍岳の植生―主として飛騨側の高山帯と亜高山帯について. 日本自然保護協会調査報告, 36：51-128.
村山正郎・片田正人（1958）5万分の1地質図「赤穂」および説明書. 地質調査所.
目代邦康・小泉武栄（2007）佐渡島大佐渡山地稜線における裸地、草地の分布とその成立環境. 季刊地理学, 59：205-213.
森下博三（1969）乗鞍岳の気象と気候. 日本自然保護協会報告, 36：1-20.
森定伸・山崎道敬・能美洋介・波田善夫（2014）開析溶岩台地における斜面上側の地質が花崗岩域の植生に及ぼす影響. 植生学会誌, 31（1）19-31.
森本幸裕編（2012）『景観の生態史観　攪乱が再生する豊かな大地（WAKUWAKUときめきサイエンスシリーズ2）』. 京都通信社.
守屋以智雄（1988）磐梯火山の地形発達史. 地学雑誌, 97（4）：293-300.
八木浩司・斎藤宗勝・牧田 肇（1998）『白神の意味。Shirakami field report』. 自湧社.
柳田誠（1994）支こつ降下軽石1（Spfa-1）の年代資料. 第四紀研究, 33（3）：205-207.
柳田誠（1996）斜面変動と地形発達. 日本応用地質学会平成8年度シンポジウム予稿集, 26-37.
山中二男（1971）四国地方の石灰岩地植生. 高知大学学術研究報告（自然科学）, 20

(2) 13−94.
山中二男（1977）蛇紋岩地帯の植物.『自然と生態学者の目』, 127−132. 共立出版.
山中二男（1979）『日本の森林植生』. 築地書館.
山本進一（1981）極相林の維持機構―ギャップダイナミックスの視点から. 生物科学, 33（1）: 8−16.
結城嘉美（1970）飯豊連峰の植物. 山形県総合学術調査会『飯豊連峰』, 223−228.
横山秀司（1979）東アルプスにおける森林限界の地生態学的研究. 地理学評論, 52（10）: 580−591.
横山秀司（1980）地生態学とは何か. 地理, 25（6）, 118−124.
横山秀司（1981）地生態学図とその応用について. 地図, 19（1）: 1−6.
横山秀司（1983）山地の森林限界と地因子との関係について. 地理学評論, 56（9）: 639−652.
横山秀司（1991）飛騨山脈における森林限界の景観生態学的研究（1）. 宮崎産業経営大学研究紀要, 4（1）: 1−19.
横山秀司（1992）飛騨山脈における森林限界の景観生態学的研究（2）. 宮崎産業経営大学研究紀要, 4（2）: 45−57.
横山秀司（1995）『景観生態学』. 古今書院.
横山秀司（2002）ヨーロッパにおけるグリーン・ツーリズムとエコツーリズム. 地理科学, 57（3）: 168−175.
横山秀司編（2002）『景観の分析と保護のための地生態学入門』. 古今書院.
吉井義次（1939）火山植物群落の研究（1）. 生態学研究, 5（3）: 107−116, 212−224, 327−338.
吉岡邦二・金子多賀夫（1962）八甲田山石倉岳付近の植物群落の分布と地形との関係. 日本生態学会誌, 12（1）: 26−31.
琉球大学ヤマネコ研究会（大河原陽子・中西希・伊澤雅子）（2018）ツシマヤマネコの高密度地域、密度回復地域、低密度地域における、競合種ツシマテンとの食性比較. 自然保護助成基金助成成果報告書, 26: 41−49. 自然保護助成基金.
渡辺悌二（1986）立山、内蔵助カールの植生景観と環境要因. 地理学評論, 59A: 404−425.
渡辺悌二（1989）ネパール・ヒマラヤ、ランタン村の立地と雪崩. 地理, 34（9）: 102−108.
渡辺悌二（1992）アメリカ合衆国における「山岳の地生態学（ジオエコロジー）」の最近の進展. 地学雑誌, 101（7）: 539−555.

【欧文】
Bergeon, J−F. and Svoboda, J.（1989）Plant communities of Sverdrup Pass, Ellesemere Island. N.W.T. MUSUK−OX, 37: 76−85.
Billings, W. D. and Bliss, L. C.（1959）An alpine snowbank environment and its effects on vegetation, plant development and productivity. Ecology, 40（3）: 388−397.

Billings, W. D. and Mark, A. F. (1961) Interactions between alpine tundra vegetation and patterned ground in the mountains of Southern New Zealand. Ecology, 42 (1) : 18−31.

Bliss, L. C. (1966) Plant productivity in alpine microenvironments on Mt. Washington, New Hampshire. Ecol. Monogr, 36 (2) : 125−155.

Bliss, L. C. ed. (1977) Truelove lowland, Devon Island, Canada. : A high arctic ecosystem. University of Alberta Press.

Bobb, T. A. and Bliss, L. C. (1974) Susceptibility to environmental impact in the Queen Elizabeth Islands. Arctic, 27 (3) 234−237.

Brink, V. C. (1964) Plant establishment in the high snowfall alpine and subalpine regions of British Columbia. Ecology, 45 (3) : 431−438.

Ellenberg, H. (1978) Vegetation Mitteleuropas mit den Alpen. Verlag Eugen Ulmer.

Franz, D. I. H. (1979) Ökologie der Hochgebirge. Verlag Eugen Ulmer.

French, H. M. (1976) The periglacial Environment. Longman.

Friedel, H. (1961) Schneedeckensdauer und Vegetationsverteilung im Gelände. Mitt. Forstl. Bundes-Versuchsanst. I−I, 59 : 319−369.

Ganssen, R. (1972) Bodengeographie. Koehler.

Gellatly, A. F. (1984) The use of rock weathering-rind thickness to redate moraines in Mount Cook National Park, New Zealand. Arct. Alp. Res., 16 (2) : 225−232.

Gerrard, A. J. (1990) Mountain Environment : An examination of the physical Geography of mountains. Belhaven Press.

Haestie, H. and Stephans, P. M. (1960) Upper winds over the world. Geophysical Memoirs, London, 13 : No. 103.

Hara, M. (1983) A study of the regeneration process of a Japanese beech forest. Ecol. Rev., 20 : 115−129.

Hayashi, N. (1935) On a snow patch-association at Mt. Hakkoda. Sci. Rep. Tohoku Imp. Univ., (Ser.4) 9 : 253−278.

Holtmeier, F. -K. (1973) Geoecological aspects of timberline in Northern and Central Europe. Arct. Alp. Res., 5 : A45−A54.

Ishikawa, S. (1983) Ecological studies on the floodplain vegetation in the Tohoku and Hokkaido District. Ecol. Rev., 20 : 73−114.

Jahn, A. (1964) Slope morphological features resulting from gravitation. Zeit. Geomorph. Supple., 5 : 59−72.

Johnson, P. L. and Billings, W. D. (1962) The alpine vegetation of the Beartooth Plateau in relation to cryopedogenic processes and patterns. Ecol. Monogr., 32 : 105−135.

Kempe, N. and Wrightham, M. eds. (2006) Hostile Habitats. Scotland's Mountain Environment. Scottish Mountaineering Trust.

Kikuchi, T. (1975) Vegetation of Mt. Iide. Ecological Review, 18 : 65−91.

King, R. B. (1971) Vegetation destruction in the sub-alpine and alpine zones of the Cairngorm Mountains. Scott. Georg. Mag., 87 (2) : 103−115.

Klikoff, L. G. (1965) Microenvironmental influence on vegetational pattern near timberline in the central Sierra Nevada. Ecol. Monogr., 35 (2) : 187−211.

Koizumi, T. (1978) Climato−genetic landforms around Jabal ad Douara and its surroundings, Syria. Hanihara. K. and Sakaguchi, Y. ed. Paleolithic site of Douara Cave and Paleogeography of Palmyra Basin in Syria. University Museum, University Tokyo Bulletin, 29−51.

Koizumi, T. (1996) Recent progress in Geoecolgy in Japan. Geogr. Rev. Japan, 69B (2) : 160−169.

Kruckeberg, A. R. (2004) Geology and Plant life. The effect of landforms and rock types on plants. University of Washington Press.

Leser, H. (1976) Landschaftsökologie. Ulmer.

Matthews, J. A. (1992) The ecology of recently deglaciated terrain : a geoecological approach to glacier foreland. Cambridge University Press.

Mikesell, M. W. (1969) The deforestation of Mount Lebanon. Geogr. Rev., 59 (1) : 1−28.

Nagy, L. and Grabherr, G. (2009) The Biology of alpine habitats. Oxford Univ. Press.

Nakashizuka, T. (1984) Regeneration process of climax beech (*Fagus crenata* Blume) forests, Jap. J. Ecol., 34 : 75−85.

Nakashizuka, T. (1987) Regeneration dynamics of beech forests in Japan, Vegetatio, 69 : 169−175.

Nakashizuka, T. and Numata, M. (1982) Regeneration process of climax beech forests I. Structure of a beech forest with the undergrowth of *Sasa*. Jap. J. Ecol., 32 : 57−67.

Ohba, T. (1974) Vergleichende Studien über die alpine Vegetation Japans. 1. *Carici rupestris−Kobresietea bellardii*. Phytocoenologia, 1 (3) : 339−401.

Raup, H. M. (1971) The vegetational relations of weathering, frost action, and patterned ground processes, in the Mesters Vig District, Northern Greenland. Medd. Grønland, 194 : 1−91.

Reisigl, H. and Keller, R. (1987) Alpenpflenzen im Lebensraum. Gustav Fisher Verlag.

Roberts, B. A. and Proctor, J. ed. (1992) The ecology of areas with serpentinized rocks : a world view. Kluwer Academic Publishers.

Sakai, A. and Osawa, M. (1993) Vegetation pattern and microtopography on a landslide scar of Mt. Kiyosumi, central Japan. Ecological Research, 8 (1) : 47−56.

Sakai, A. and Osawa, M. (1994) Topographical pattern of the forest vegetation on a river basin in a warm-temperate hilly region, central Japan. Ecological Research, 9 : 269−280.

Schroeter, C. (1908) Das Pflanzenleben der Alpen. Albert Raustein Verlag.

Schroeter, C. (1926) Pflanzenleben der Alpen. Zweite Auf. Verlag von Albert Raustein.

Sprugel, D. G. (1976) Dynamic structure of wave regenerated *Abies balsamea* forest in the north-eastern United States. Journal of Ecology, 64 (3) : 889−911.

Svoboda, J. and Freedman, B. ed. (1981) Ecology of a high arctic lowland oases Alexandra Fiord, Ellesemere Island, N.W.T., Canada. Department of Botany, University of Toronto and Dalhouse University.

Svoboda, J. and Freedman, B. ed. (1994) Ecology of polar oasis : Alexandra Fiord, Ellesemere Island, Canada. Captus University Publications.

Swan, L. W. (1967) Alpine and aeolian regions of the world. In Arctic and Alpine environment. Wright, H. E. Jr. and Osburn, W. H. ed., 29−54, Indiana Univ. Press.

Tranquillini, W. (1979) Physiological Ecology of the Alpine Timberline : Tree Existence at High Altitudes with Special Reference to the European Alps, Springer Verlag.

Troll, C. (1943) Die Frostwechselhaufigkeit in den Luft−und Bodenklimaten der Erde. Meteorol. Zeitshr., 60 : 161−171.

Troll, C. (1944) Strukturböden, Solifluktion und Frostklimate der Erde. Geol. Rundschau, 34 : 545−694.

Troll, C. (1950) Die geographische Landschaft und ihre Erforschung. Studium Generale, 3 : 168−181.

Troll, C. (1959) Die tropischen Gebirge, ihre dreidimensionale klimatische und pflanzengeographische Zonierung. Bonn. Geogr. Abhandl., 25.

Troll, C. (1968) Geo-ecology of the Mountainous Regions of the Tropical Americas. Colloquium. Geographicum 9.

Troll, C. (1972) Geoecology and the world-wide differentiation of high-mountain ecosystems. Troll, C. ed. Geoecology of the high mountain regions of Eurasia, 1−16. Franz Steiner Verlag.

Troll, C. (1973a) The upper timberlines in different climatic zones. Arct. Alp. Res., 5 : A3−Al8.

Troll, C. (1973b) High mountain belts between the polar caps and the equator : Their definition and lower limit. Arct. Alp. Res., 5 : A 19−A27.

Washburn, A. L. (1973) Periglacial processes and environment. Edward Arnold.

White, P. S. and Pickett, S. T. A. (1985) Natural disturbance and patch dynamics : An introduction. The ecology of natural disturbance and patch dynamics, 3−13. Academic press.

著者紹介

小泉武栄（こいずみ　たけえい）

1948年長野県飯山市生まれ。東京大学大学院博士課程単位取得。理学博士。東京学芸大学教授を経て現在、名誉教授。専門は自然地理学、地生態学。高山や極地の植生分布と地形、地質、自然史との関わりを主に研究してきた。著書に『山の自然学』（岩波新書）、『日本の山はなぜ美しい』（古今書院）、『自然を読み解く山歩き』（JTBパブリッシング）、『ここが見どころ日本の山』（文一総合出版）、『登山と日本人』（KADOKAWA）、『日本の山と高山植物』（平凡社新書）など多数。

地生態学からみた日本の植生

2018年11月20日　初版第1刷発行

著　者　小泉武栄
発行人　斉藤　博
発行所　株式会社文一総合出版
　　　　〒162-0812　東京都新宿区西五軒町2-5
　　　　TEL：03-3235-7341
　　　　FAX：03-2369-1402
　　　　郵便振替　00120-5-42149
印刷所　奥村印刷株式会社

2018 ⓒTakeei Koizumi
ISBN978-4-8299-6540-5
NDC471 A5判 148×210mm 448P
Printed in Japan

JCOPY ＜(社)出版者著作権管理機構 委託出版物＞ 本書の無断複写は著作権法上での例外を除き禁じられています。複写される場合は、そのつど事前に、(社)出版者著作権管理機構（電話 03-3513-6969、FAX 03-3513-6979、e-mail：info@jcopy.or.jp）の許諾を得てください。

文一総合出版の本

列島自然めぐり
ここが見どころ 日本の山　地形・地質から植生を読む

小泉武栄・佐藤謙 著／新書判／224ページ
ISBN 978-4-8299-8802-2
定価：本体2,200円＋税

山登りが好きな方、自然が好きな方に最適！　日本全国から自然が楽しめる個性豊かな山、約100カ所を紹介。なぜここにコマクサが咲いているのか、なぜこの山には固有種が多いのか、山の自然学の第一人者が自らの写真と長年の観察から地形・地質と植生の関わりを明らかにする。山の自然の成り立ちを楽しむ知的登山のススメ。

列島自然めぐり
日本の地形・地質　見てみたい大地の風景116

北中康文 写真　斎藤眞・下司信夫・渡辺真人 解説／新書判／288ページ
ISBN 978-4-8299-8800-8
定価：本体2,200円＋税

旅行好きな方、自然が好きな方にぴったり！　日本全国の美しい自然景観、世界遺産、ジオパークなど116カ所を豊富な写真と詳しい解説で紹介。その場所がいつのようにしてできたのか、イメージすることで大地の営み、ひいては地球を感じることができる新しい図鑑兼ガイドブック。

景観生態学　生態学からの新しい景観理論とその応用

M. G. ターナー・R. H. ガードナー・R. V. オニール 著
中越信和・原慶太郎 監訳／A5判／400ページ
ISBN 978-4-8299-1062-7
定価：本体3,800円＋税

生物多様性の保全が社会的要請とされている現代、すべての土地利用に景観生態学の視点が欠かせなくなっている。自然と人間と時間の相互作用の結果形成された「景観」を良好に維持・活用するために必要な視点と思考の枠組みとその応用的可能性をわかりやすく記述した待望のテキスト。

保全生物学のすすめ 改訂版
生物多様性保全のための学際的アプローチ
リチャード.B.プリマック・小堀洋美 著 ／ A5判 ／ 400ページ

ISBN 978−4−8299−0133−5
定価：本体 3,800 円＋税

生物多様性保全の理論と応用について、包括的に紹介した入門書。最新情報を盛り込み大幅改訂。日本の生物多様性の現状と保全の取り組み事例も多数収録。

地図でわかる樹木の種苗移動ガイドライン
津村義彦・陶山佳久 著 ／ B5判 ／ 176ページ

ISBN 978−4−8299−6524−5 2015年6月6日発売
定価：本体 5,500 円＋税

その土地で世代を重ねてきた天然林は、地域ごとに独自の存在。その地域に適した特徴を内在している。植林や造園にともなって他地域産の苗が植えられた場合、交配を通じてその特徴が破壊されるおそれがある。それに対応する地域性種苗の活用に必須の基礎資料。どの範囲の種苗を使えばよいのか、遺伝子解析をもとに図示した。

ブナ林再生の応用生態学
寺澤和彦・小山浩正 編 ／ A5判 ／ 312ページ

ISBN 978−4−8299−1071−9
定価：本体 3,600 円＋税

1950年代以降「役に立たない林」として伐採が進められた日本のブナ林。しかし森林の重要性が社会的にも広く理解されるようになった現在、失われた美しい景観と生物多様性を取り戻すための再生への取り組みが始まっている。そのような取り組みを効果的に進めていくためには、ブナ林の優占種であるブナの生物的特性、とくに種子生産を中心とした繁殖に関する特性や、自然再生における「風土性の原則」を理解しておく必要がある。北海道での先進的な取り組みから得られた成果を踏まえ、これらの理解に必要な科学的情報をまとめ、技術者、研究者、市民、行政担当者の連携をつなぐ。

保全遺伝学入門

R. フランクハム・J. D. バルー・D. A. ブリスコウ 著
西田睦 監訳／高橋洋・山崎裕治・渡辺勝敏 訳 ／ A5判 ／ 752ページ
ISBN 978-4-8299-6528-3
定価：本体 7,200 円 + 税（オンデマンド版）

Introduction to Conservation Genetics（2002）の全訳。生物多様性の保全を図るうえでは、景観の多様性、群集の多様性、種の多様性、種内の遺伝的多様性、の4つの階層すべてに目配りをする必要がある。これらのうち、遺伝的多様性を測る手法は近年めざましく発展しており、実際の保全の現場で活用できる状況が整ってきた。本書では、野生生物保全の目標を「進化可能性の維持」と定義し、そのために必要な集団遺伝学の考え方、手法を現実に即して解説している。必然的に個体数が少なく、したがって遺伝的多様性が低くなった絶滅危惧種の集団をどのように管理し増やしていくのか、そのときに何に注目すべきかなど、さまざまな成功例、不成功例を詳しく検討しながら身につけていくための教科書。進化生物学、集団遺伝学の基礎を体系的に概観することもできる。専門課程に進む人だけでなく、意識の高い学部1、2年生にもぜひお薦めしたい本。演習・復習問題（解答付）、用語解説も充実。

植物群落モニタリングのすすめ
自然保護に活かす『植物群落レッドデータ・ブック』

財団法人日本自然保護協会 編集／大澤雅彦 監修 ／ A5判 ／ 432ページ
ISBN 978-4-8299-1064-1
定価：本体 4,200 円 + 税

1996年に発行された『植物群落レッドデータ・ブック』の調査により、日本の重要な植物群落の約3割が、すぐに何らかの対策を必要とする危機的な状態にあることがすでに明らかになっている。それから10年、植物群落とそれをめぐる状況はどのように変わったのか。それは何を物語り、これから何が必要なのか。各地からの報告と、未来に向けての長期モニタリングを提案する、『植物群落レッドデータ・ブック』を自然保護活動に利用するためのガイドブック。